GLOSSAIRE

BOTANIQUE

GLOSSAIRE

BOTANIQUE

LANGUEDOCIEN, FRANÇAIS, LATIN

DE L'ARRONDISSEMENT DE SAINT-PONS

(Hérault)

PRÉCÉDÉ D'UNE ÉTUDE

DU DIALECTE LANGUEDOCIEN

PAR

MELCHIOR BARTHÉS

Pharmacien de 1re classe, Membre de la Société
botanique de France, de la Société d'horticulture et d'histoire naturelle
de l'Hérault, de la Société pour l'étude des Langues romanes

Prix : 5 francs

MONTPELLIER
IMPRIMERIE CENTRALE DU MIDI
Ricateau, Hamelin et Ce

1873

INTRODUCTION

Beaucoup de plantes de notre Flore locale sont innommées en langue vulgaire, d'autres sont connues sous des noms patois ou néoromans. Ceux-ci furent recueillis pour notre usage personnel. En nous décidant à publier aujourd'hui ce Glossaire, spécial à un groupe de mots du dialecte languedocien de l'arrondissement de Saint-Pons, nous comptons peu sur son utilité, bien évidente néanmoins au point de vue linguistique et surtout botanique ; notre seule ambition est d'être agréable à quelques-uns de nos amis, botanistes ou philologues.

Chaque article de ce vocabulaire comprend le nom ou les noms patois d'une plante, — ses noms français, — ses noms botaniques ou latins (génériques et spécifiques), — son nom de famille, — ses propriétés, — ses usages, — quand il y a lieu ses produits et ses principes immédiats, — enfin l'origine du mot patois.

Quant aux étymologies, fruits trop hâtifs de sérieuses mais rapides investigations, nous les donnons — lorsque nous avons cru les trouver — nous les donnons pour ce qu'elles valent ; au lecteur d'apprécier. Sur ce point, étant sans prétention, nous n'avons nul souci.

Une place a été donnée à des mots qui, sans être des noms de plante, ont néanmoins des affinités avec celles-ci ; tels sont les mots : *hort, fèlho, peloue, racìno, pesgot*, etc.

Pour faciliter les recherches, nous avons adopté le classement des mots patois par lettre alphabétique. Il suffit de connaître le nom vulgaire d'une plante pour trouver ses synonymes français et latins. Mais comment, avec un nom de plante latin ou français, arriver immédiatement à la connaissance du nom patois? Ce n'était pas possible. Nous avons comblé cette lacune en donnant, après le Glossaire, deux tableaux synoptiques : dans le premier sont classés, par lettre alphabétique, tous les noms français de plante mentionnés dans l'ouvrage, avec les noms patois et latins en regard ; le second donne, dans le même ordre, tous les noms latins ou botaniques, avec leurs correspondants patois et français. Ainsi donc, des trois noms patois, français et latin de nos plantes, un seul étant connu, trouver de suite les deux autres : tel est le problème que nous avons voulu résoudre.

Nous avions commencé l'étude des noms de divers cépages ; mais, dès que la *Société pour l'étude des langues romanes* eut annoncé un travail spécial, un *Glossaire ampélographique,* nous nous hâtâmes de céder la place à une plume plus autorisée que la nôtre.

Une bluette en vers patois sera-t-elle une superfétation à la fin de ce volume? Nous ne le pensons pas. Elle a trait à la botanique par le fond, par la forme elle est néo-romane : deux circonstances atténuantes qui ont motivé son admission.

Sans nul doute ce Glossaire est incomplet. Le sillon est tracé, d'autres élargiront et creuseront la voie. Des erreurs nous auront-elles échappé? C'est possible, et nous saurons gré aux personnes qui voudront bien nous les signaler. Mais nous pouvons l'affirmer, à défaut d'autre mérite, ce travail aura du moins celui d'être consciencieux. A quelques exceptions près, nous avons traduit chaque nom patois par ses équivalents botaniques et français, *ayant sous les yeux la plante correspondante à ces noms.* Qu'il nous soit permis de citer un exemple à l'appui de cette assertion. Depuis longtemps nous entendions dire que la Sabine, *Sabino, Juniperus sabina* L., n'était pas rare à Vialanove, commune de la Caunette ; nous savions que nos bouviers en portaient pour médicamenter leurs vaches. Prenant pour base ces données fautives, ces *on-dit,* nous aurions pu écrire : Notre Sabine est le *Juniperus sabina* L. Mais non, nous avons voulu connaître *de visu, hic et nunc,* la plante en question. Dans ce but a été enfin réalisé un voyage de vingt kilomètres, resté cinq à six ans à l'état de projet. Nous avons cueilli la Sabine ; les habitants de la localité l'ont vue, nous l'ont nommée. Qu'est-il arrivé? Que nos soupçons étaient bien fondés, que la prétendue Sabine n'est pas du tout la véritable Sabine, *Juniperus sabina* L., *plante alpestre et pyrénéenne,* mais bien le Genévrier de Phénicie, *Juniperus phœnicea* L. Il est bien permis au premier venu de se tromper ; quant à nous, nous ne devions écrire ce nom et tous les autres, dans ce Glossaire, qu'après un mûr examen et avec connaissance de cause.

Avant d'entrer dans quelques considérations relatives à la formation des mots patois, nous adressons ici nos sincères remercîments aux amis qui ont bien voulu nous fournir, soit des plantes avec leurs noms vulgaires, soit quelques déterminations botaniques de champignons.

Ces lignes furent écrites au commencement de juillet 1870 [1]. L'ouvrage allait être livré à l'impression lorsque la guerre éclata. Des circonstances indépendantes de notre volonté ont jusqu'à ce jour retardé cette publication. Aujourd'hui même (mai 1872), ne devrions-nous pas hésiter ? La prudence ne nous commande-t-elle pas d'attendre encore ? Absorbés par les préoccupations nées des événements qu'enfante notre époque, les esprits oublient volontiers les sciences et les lettres. Qu'on le sache bien toutefois, dans l'adversité, c'est une consolation, une jouissance, un bonheur suprème, de se réfugier dans l'étude des lettres ou des sciences.

---

[1] « En première ligne, nous placerons le Glossaire des noms vulgaires » donnés, dans le département, aux plantes usuelles ou y croissant spon- » tanément, ouvrage manuscrit à peu près achevé, fait avec beaucoup de » soin, et qui eût été certainement récompensé si l'auteur, M. M^{or} Bar- » thés, pharmacien à St-Pons, ne s'était préalablement déclaré *hors con- » cours, son but n'étant que de prendre date* par la présentation de son » travail à l'Exposition. » (*Annales de la Société d'horticulture et de botanique de l'Hérault*, t. VII p. 53. Extrait du Rapport sur les opérations du Jury de l'Exposition de mai 1868.)

ESSAI

SUR L'ORTHOGRAPHE

LA PRONONCIATION

ET LA FORMATION DES MOTS PATOIS

PREMIÈRE PARTIE

DE L'ORTHOGRAPHE ET DE LA PRONONCIATION

CHAPITRE Ier

§ 1er. — DE L'ORTHOGRAPHE

L'orthographe patoise ne saurait être arbitraire; la configuration multiple des mots écrits, tels qu'on les prononce, amènerait un chaos inextricable. Il faut conserver l'unité orthographique, si l'on veut élever à la hauteur d'une langue les dialectes du midi de la France. Ces considérations nous ont fait adopter l'orthographe des *félibres* provençaux, généralement reçue et fondée sur des règles fixes et précises.

Pour traduire exactement les divers sons de notre dialecte néo-roman, il faudrait des lettres *ad hoc*. Ces caractères n'existant pas, nous devons employer les lettres ordinaires. Comme celles-ci n'ont pas toujours dans le patois la même valeur phonétique que dans le français, des explications ultérieures seront nécessaires.

Afin de rendre plus faciles la lecture et la prononciation des mots, nous nous rapprochons, autant que possible, de l'orthographe française, en nous aidant d'une fréquente accentuation, que des règles posées plus loin nous permettront de simplifier.

§ II. — DES ACCENTS

Les syllabes brèves ne sont jamais accentuées ; les longues sont indiquées souvent par un accent grave, quelquefois par un tréma.

Nous admettons l'accent grave (ˋ) et le tréma (¨). Dans un seul cas, mentionné plus loin, nous admettions aussi l'accent circonflexe (ˆ), et nous y avons renoncé. L'accent aigu (ˊ) nous paraît inutile, comme on le verra par ce qui sera dit à la lettre E. On pourrait tout au plus l'employer dans quelques mots très-rares, tels que : *abé, balé, plasé, poudé, tabé,* dont l'*e* final est, par exception, *long* et *fermé;* la règle générale étant que l'*e* final est toujours *ouvert* ou *grâve* quand il est *long.* Mais n'anticipons pas.

§ III. — DE L'ACCENT GRAVE

L'accent grave indique les syllabes finales et pénultièmes longues, et qu'il faut rendre telles. Ainsi l'on écrit et l'on prononce *tanòc* (petite bûche), *treboùl* (trouble), *pìboul* (peuplier), *trelùc* (la pleine lune), *fariò* (je ferais), *sàlbio* (sauge), *bòrio* (métairie), *benì* (venir), *bèni* (viens), *tène* (tenir), *lìri* (lis), *espelì* (éclore), *Mario* (Marie), *agounio* (agonie).

L'accent grave marque aussi l'*è* ouvert. Exemples : *tel* (tilleul), *tèlo* (toile), *pèl* (peau), *trentanèl* (sainbois), *un parel* (une paire), *un parèl* (un pareil).

§ VI. — DU TRÉMA

Nous mettons un tréma sur l'*i* et sur l'*u* toutes les fois que cet *i* ou cet *u*, venant après la voyelle *a* ou la diphthongue

ou, forme à lui seul une syllabe. Les mots suivants, se pronon-
çant différemment, ne peuvent tous prendre un *i* ou un *u*
sans accent.

Nous écrivons donc :

<table>
<tr><td>*paire* (père),</td><td>*païso* (payse).</td></tr>
<tr><td>*naisse* (naître),</td><td>*taïno* (inquiétude).</td></tr>
<tr><td>*faitu* (faite),</td><td>*faïno* (fouine).</td></tr>
<tr><td>*pais* (il paît),</td><td>*païs* (pays).</td></tr>
<tr><td>*couire* (cuivre),</td><td>*couïnà* (grogner).</td></tr>
<tr><td>*petouire* (embarras),</td><td>*rouïno* (ruine).</td></tr>
<tr><td>*saut* (saut),</td><td>*saüc* (sureau).</td></tr>
<tr><td>*caus* (chaux),</td><td>*caüs* (hibou).</td></tr>
</table>

CHAPITRE II

DE L'ALPHABET PATOIS

§ I. — **A, C**

Dans notre dialecte, toutes les lettres se prononcent, sauf,
dans certains cas dont nous aurons l'occasion de parler, l'*R*,
l'*S* et l'*U*.

Conséquemment :

Nous devons écrire :	Que l'on prononcera :	Et non pas :
molle,	*mol-le,*	*mo-le.*
dissatte,	*dissat-te,*	*dissa-te.*
outte,	*out-te,*	*ou-te.*
fenno [1],	*fen-no,*	*fe-no.*
renna,	*ren-na,*	*re-na.*
afetta,	*afet-tat,*	*afe-tat.*

[1] L'orthographe de ce mot est *fenno* pour la prononciation, mais l'étymologie veut qu'on écrive *femno*. Le mot latin *femina* (femme, femelle)
est devenu successivement *femna, femno* ou *fenno*. C'est aussi de *femina*
que vient le mot patois *feme*, femelle.

De même, au lieu d'écrire ;	On écrira :	Puisqu'on prononce ;
bèllo,	*bèlo,*	*bè-lo.*
noubèllo,	*noubèlo,*	*noubè-lo.*
èllo,	*elo,*	*e-lo.*
herbetto,	*hèrbeto,*	*hèrbe-to.*
lunetto,	*luneto,*	*lune-to.*
bòtto,	*bòto,*	*bo-to.*
flattà,	*flatà,*	*fla-tà.*
soummo,	*soumo,*	*sou-mo.*

Lorsque plusieurs voyelles se suivent dans le même mot, on les prononce en donnant à chacune d'elles sa valeur phonétique (V. chapitre III, Diphthongues, p. 21).

L'*a* final des mots est toujours long ; pour cette raison, nous croyons pouvoir nous dispenser de l'accentuer ; aussi écrivons-nous : *acacia, arnica, douna, fourbia.*

Le *C* conserve le son du *c* français.

§ II. — E

Comme le grec, le patois a deux *E :* l'*e* fermé et l'*è* ouvert. Pour simplifier l'accentuation, le premier est sans accent, le second porte un accent grave. Exemples : *tel* (tilleul), *fèl* (fiel), *teu* (tien), *tèu* (mince), *soulel* (soleil), *coutèl* (couteau), *el* (lui), *èl* (œil), *fedo* (brebis), *capèlo* (chapelle).

L'*e* non accentué se prononce invariablement comme s'il était surmonté de l'accent aigu. Il ne prend, dans aucun cas, le son de l'*a* comme dans le français. Ainsi les mots *silènço, tendre, cendre, bento, rendo,* font en patois *silénço, téndré, céndré, bénto, réndo,* et non comme en français *silance, tandre, çandre, vante, rante.*

Par la même raison, les mots français *rendre, rencontrer,* doivent s'écrire en patois avec un *a.* Si l'on écrivait en patois *rendre, rencountra,* il faudrait prononcer *réndré, réncountra,* qui ne se disent pas ; tandis que *randre, rancountra,* portent en eux leurs véritables prononciation et orthographe patoises.

L'*e* fermé final est toujours bref, parce qu'il vient après une syllabe longue. Ex. : *plantāgĕ, irāngĕ, ĕssĕs.*

Exception. — L'*e* fermé final est long quand il est précédé d'une syllabe brève, ce qui arrive très-rarement et peut-être même dans les seuls mots : *ăbē, bălē, boŭlē, poŭdē, plăsē, desplăsē, tăbē* et *atăbē.* Dans ces mots seulement, et par exception, l'*é* pourrait être accompagné d'un accent aigu, pour indiquer que cet *é* est à la fois long et fermé.

Toutes les fois que l'*e* fermé est suivi d'une syllabe finale brève, il est long ; alors nous ne le marquons pas d'un accent grave, ce qui d'un *e* fermé ferait un *è* ouvert. Ainsi nous écrivons : *aledo, mounjeto, proubenco,* que l'on prononce : *alēdŏ, mounjētŏ, proubēncŏ.*

L'*è* grave final, seul ou faisant partie d'une diphthongue, est toujours long. Exemples : *anèl, Roumèn, salèp, darrè, uxè, papiè, fouliè.*

§ III. — G, J, CH, X

Le *G* est toujours dur quand il est suivi des voyelles *a, o, u.* Exemples : *gamo, gigot, digùs.*

Les *g, j, ch, x,* se prononcent dans notre localité, non pas tout à fait comme le z, ζ (*dzêta,* dz) des Grecs, mais comme une lettre à peu près équivalente, qui serait exactement un *tsèta* (ts). Ainsi, écrivant comme l'on prononce, il faudrait mettre *tsounc* (jonc), *tsutse* (juge), *tsabal* (cheval), *irantse* (orange), *etsamèn* (examen); mais, conservant l'orthographe française, nous écrivons *jounc, juge, chabal, irange, examèn,* faciles à lire. Libre ensuite à chaque lecteur de donner aux consonnes leur euphonie locale.

Quelques auteurs se servent de la lettre *x,* soit dans le corps des mots, soit pour former les pluriels des noms et des adjectifs. Nous ne l'employons que très-rarement dans le premier cas et dans le second jamais, parce que cette lettre déplaît à l'œil, et que, d'ailleurs, elle ne rend pas exactement le son qu'elle doit avoir en patois. Ainsi nous écrivons bien *examèn, exat,* mais nous préférons obtenir le pluriel par la simple addition d'une *s,* puisque *ts,* sonnant comme une seule lettre double, remplace *x* avec avantage, et pour la prononciation et pour la lecture. Ainsi :

Les mots :	Doivent faire au pluriel :	Au lieu de :
blat,	*blats,*	*blax.*
acatat,	*acatats,*	*acatax.*
poulet,	*poulets,*	*poulex.*
grandet,	*grandets,*	*grandex.*
bestit,	*bestits,*	*bestix.*
dégourdit,	*dégourdits,*	*dégourdix.*
barrot,	*barrots,*	*barrox.*
sot,	*sots,*	*sox.*
bertut,	*bertuts,*	*bertux.*
salut,	*saluts,*	*salux.*

Nous écrivons de même :

garrics, dont le son final est absolument le même que *bestits.*

esclops, sirops,	—	—	*sots.*
trucs, aqueducs,	—	—	*saluts.*

§ IV. — H

L'*H*, n'étant jamais aspirée, pourrait, ce nous semble, être conservée dans les mots patois dont les similaires français commencent par cette lettre. Ex. : *habit, hasart.*

A plus forte raison ne la supprimons-nous pas dans les mots *haste, hèrbo, home, hort,* etc., afin de leur laisser la physionomie qu'ils ont dans le latin *hasta, herba, homo, hortus.*

Il est un autre cas où l'emploi de l'*h* ne peut être éludé. Comment, en effet, pouvoir mouiller à propos les *ll* dans les mots suivants, et donner à ceux-ci leur véritable prononciation, en les écrivant ainsi : *grèllo, grello, talla, espillo, espillo, dentillo, inutillo, trillo, billo, billo, brillo, brillo, molle, mollo*? Le concours de l'*h* est indispensable, et l'on doit écrire :

espillo (épingle)[1],	et	*espilho* (il émonde).
grèllo (grêle),		*grelho* (il germe).
billo (bile),		*bilho* (bille).
brillo (riz de veau),		*brilho* (il brille).
inutillo (inutile),		*dentilho* (lentille).

[1] Il faut, dans ces mots, faire sonner les deux *ll.*

amèllo (amande),	*trilho* (treille).
salle (malpropre),	*talha* (tailler).
molle (moule),	*molho* (molle, tendre).

Nos anciens troubadours se servirent de l'*h* pour mouiller les *n*. Nous croyons pouvoir nous dispenser de suivre leur exemple. Ils écrivaient *anhèl* (agneau), *counhat* (parent), *lenho* (bois à brûler). Ces mots dérivant de la langue latine, nous préférons adopter une orthographe plus étymologique. Nous écrivons *agnèl*, *cougnat*, *legno*, que l'on prononce en patois *a-gnèl*, *cou-gnat*, *le-gno*, bien qu'on dise en latin *ag-nus*, *cog-natus*, *lig-num*.

§ V. — I

L'*i* conserve toujours le son qui lui est propre. Ainsi l'on écrit et l'on dit : *ingrat, lapin,* etc., et l'on ne prononce jamais *eingrat, lapein*. *I* final est long ou bref : bref sans accent, long quand il est accentué. Exemples : *benì* (venir), *bèni* (viens), *aquì* (là), *pèrni* (je fends).

I, suivi d'un *a* long, est toujours bref, sans accent, et forme une syllabe par sa seule union avec la lettre qui le précède. Ex. : *acaci-a, fourbi-a*. Il est, au contraire, toujours long et syllabique devant l'*o* bref. Dans ce cas on l'accentue. Ex. : *academì-o, Marì-o, fourbì-o*.

Souvent, on le verra plus bas, il forme des diphthongues avec les voyelles qui le suivent. Alors il est bref et sans accent, comme toutes les brèves.

§ VI. — LL, M

Les deux *ll* ne se mouillent jamais. Voir ce qui a été dit à la lettre H.

L'*m*, à la fin des mots, a la valeur de l'*n*. Ainsi *agram, fam, lum, fum,* se prononcent *agran, fan, lun, fun*. On conserve l'*m* à ces mots parce qu'ils sont les radicaux des latins *gramen, fames, lumen, fumus,* auxquels ils ont peut-être et probablement donné naissance.

§ VII. — O

L'*o* final des noms et des adjectifs patois est l'équivalent de l'*e* muet français et de l'*a* latin, finals aussi. Ce dernier étant bref, l'*o* qui le remplace est également toujours bref. Pour cette raison, il n'est jamais accentué, tandis que les syllabes longues le sont généralement. Exemples : *rōsŏ*, de *rōsă;* *aimādŏ*, de *amātă; clārŏ*, de *clāră*, que nous écrivons *ròso, aimàdo, clàro*.

Plus tard, en parlant des syllabes pénultièmes, nous établirons qu'on peut, qu'on doit même, pour simplifier, écrire sans accent : *roso, aimado, claro, prudento*, etc. [1].

§ VIII. — R, S

Suppression exceptionnelle de l'R et de l'S. — L'*R* se prononce comme en français : forte, quand elle est initiale ; faible, lorsqu'elle est dans le corps des mots. Ex.: *racino*, racine ; *rabe,* radis ; *pero*, poire ; *rare*, rare ; *abarous,* dur.

La lettre *r* qui existe, dans l'orthographe, au conditionnel des verbes, est supprimée dans la prononciation. Ainsi nous disons :

faiò,	pour *fariò,*	(je ferais).
faiòs	*fariòs,*	(tu ferais).
faiò,	*fariò,*	(il ferait).
faièn,	*farièn,*	(nous ferions).
faiès,	*fariès,*	(vous feriez).
faiòu,	*fariòu,*	(ils feraient).

Il est même des auteurs, Jasmin par exemple, qui, dans des

---

[1] Constatons, en passant, un fait qui nous a toujours frappé. Dans notre arrondissement, comme dans la Provence, les désinences féminines sont en *o* (*bèlo, roso*), et à Montpellier, localité intermédiaire, elles sont en *a* (*bèla, rosa*).

cas analogues à celui-ci, croient pouvoir se dispenser d'écrire cette lettre.

L'*S* conserve le son sifflant qui lui est propre. Cependant, lorsqu'elle se trouve placée entre deux voyelles, sa prononciation, dans le patois aussi bien que dans le français et le latin, est celle du *Z*. Exemples:

roso,	*rosa,*	(rose).
basèli,	*basilicum,*	(basilic).
urfrèso,	*euphrasia,*	(euphraise).
pese,	*pisum,*	(raisin).
resera,	*reseda,*	(osier).

Le changement constant de l's en *i*, pour la prononciation seulement, a lieu dans les articles masculins et féminins pluriels :

lous,	*las,*	(les),
das,	*de las,*	(des),
as,	*à las,*	(aux),

et devant les mots commençant par les lettres *b*, *c* doux, *d*, *f*, *g* dur, *l*, *m*, *n*, *r*, *s*, *x* (ou *ts*, ou *tch*), tandis que l's conserve *toujours* le son du *z* devant les mots dont l'initiale est une des lettres suivantes : *a, e, i, o, u, c* dur ou *k, p, t*.

Ainsi l'on écrit :	Et l'on prononce :	
lous bounurs,	*loui bounurs,*	(les bonheurs).
las boucos,	*lai boucos,*	(les bouches).
lous ceses,	*loui ceses,*	(les pois-chiches).
las cibados,	*lai cibados,*	(les avoines).
as doummages,	*ai doumages,*	(aux dommages).
à las dens,	*à lai dens,*	(aux dents).
das fraires,	*dai fraires,*	(des frères).
de las fennos,	*de lai fennos,*	(des femmes).
lous gafous,	*loui gafous,*	(les gonds).
las galinos,	*lai galinos,)*	(les poules).
das liouns,	*dai liouns,*	(des lions).
de las lèbres,	*de lai lèbres.*	(des lièvres).
as moutous,	*ai moutous,*	(aux moutons).
à las mas,	*à lai mas,*	(aux mains).

On écrit :	Et l'on prononce :	
lous nébouts,	*loui nebouts,*	(les neveux).
las nius,	*lai nius,*	(les nuages).
das rabes,	*dai rabes,*	(des radis).
de las racinos,	*de lai racinos,*	(des racines).
as sapins,	*ai sapins,*	(aux sapins).
à las sials,	*à lai sials,*	(aux seigles).
lous xaines ou *chaines,*	*louí chaines,*	(les chênes).
las xèissos ou *geissos,*	*lai xèissos,*	(les gesses).

La même règle trouve deux nouvelles applications. Ainsi, dans les adjectifs pluriels terminés en *es, os,* et les divers temps et personnes du verbe auxiliaire *èsse,* l's finale sonne comme un *i* toutes les fois que le mot suivant commence par une des initiales que nous venons de signaler.

On écrit donc :	Et l'on prononce :	
poulidos dens,	*poulidoi dens* [1],	(jolies dens).
soulides gafoùs,	*soulidei gafoùs,*	(solides gonds).
escuros nius,	*escuroi nius,*	(obscurs nuages).
petitos boucos,	*petitoi boucos,*	(petites bouches).
tendres ràbes,	*tendrei ràbes.*	(tendres radis).
es bengut,	*ei bengut,*	(il est venu).
es lebat,	*ei lebat,*	(il est levé).
es mort,	*ei mort,*	(il est mort).
ères sourtit,	*èrei sourtit,*	(vous étiez sorti).
siès dintrat,	*sièi dintrat,*	(vous êtes entré).

§ IX. — T

Nous avons vu que toutes les lettres, sauf quelques exceptions, se prononcent dans le patois et gardent toujours leur consonnances respectives. Puisque le *T* ne se fait pas sentir dans la conjonction *et,* qu'il y devient inutile, suivant l'exemple des auteurs romans, nous le supprimons : *et* sera *e.* Comme le *t* patois ne prend jamais le son du *c,* qu'a bien souvent le *t*

[1] Pour la prononciation des mots *poulidoi, soulidei,* etc., voir ce qui sera dit en parlant des diphthongues *ou, oi, ei.*

français, nous devons remplacer le *t* par le *c* toutes les fois que le premier doit prendre la valeur phonétique du second. Ainsi les mots français *adoration, consolation, patience,* doivent s'écrire en patois: *adouraciu, counsoulaciu, pacienço,* etc.

§ X. — U

L'*U,* précédé d'un *g* ou d'un *q,* ne se fait pas sentir. Il se prononce comme dans les mots français *guérir, gui, quelque, quatre.* Nous écrirons donc: *quèrre, esquiròl; qual* (du latin *qualis*), et non pas *cal; quantes* (du latin *quantus*), et non pas *cantes.* De même nous écrirons *acò* (du latin *hâc hoc*), et non pas *aquò.*

Lorsqu'il est suivi d'une *m* ou d'une *n,* l'*u* se prononce comme l'*u* latin. Ainsi l'on dit: *unus, un, cadun, fum, lum,* et non pas *eunus, eun, cadeun, feum, leum.*

Toutes les fois que l'*u* suit immédiatement une voyelle dans le même mot, il se traduit par *ou.* Ainsi l'on écrit: *causo, caulet, seu, nìu, Dìus, malaut, nòu,* et l'on prononce: *caouso, caoulet, seou, nìou, Dìous malaout, noou.*

Par exception, si l'on peut appeler de ce nom un cas qui se présente souvent, l'*u,* par sa combinaison avec l'*o* qui le précède, forme la diphthongue *ou* et les triphthongues *iou* et *ious.* Exemples: *carboù, pariòù, furious.*

Nous étudierons encore le rôle de l'*u* dans les diphthongues et triphthongues, p. 21 et suivantes.

CHAPITRE III

§. 1er. — DES SYLLABES PÉNULTIÈMES

L'*e* et l'*o* finals des mots sont longs lorsqu'ils sont marqués d'un accent grave; non accentués, ils sont brefs. De plus — règle invariable — *toute pénultième est longue quand elle précède une syllabe brève, et brève quand elle est suivie d'une finale longue.* Donc, la présence ou l'absence de l'accent nous faisant connaître de suite une finale longue et une finale brève, il nous sera très-facile de savoir si une pénultième est longue ou brève.

<table>
<tr><td>Nous devrions donc écrire ;</td><td>Que l'on prononce :</td></tr>
<tr><td>*màire,*</td><td>*māirĕ,*</td></tr>
<tr><td>*marrò,*</td><td>*mărrō,*</td></tr>
<tr><td>*sàuse,*</td><td>*sāusĕ,*</td></tr>
<tr><td>*ràbe,*</td><td>*rābĕ,*</td></tr>
<tr><td>*alèdo,*</td><td>*alēdŏ,*</td></tr>
<tr><td>*marrìble,*</td><td>*marrĭblĕ,*</td></tr>
<tr><td>*acò,*</td><td>*ăcō,*</td></tr>
<tr><td>*arnìgo,*</td><td>*arnĭgŏ,*</td></tr>
<tr><td>*salàdo,*</td><td>*salādŏ,*</td></tr>
<tr><td>*lachùgo,*</td><td>*lachūgŏ,*</td></tr>
<tr><td>*sàlbio,*</td><td>*sālbiŏ,*</td></tr>
<tr><td>*bòrio,*</td><td>*bŏriŏ,*</td></tr>
<tr><td>*diriò,*</td><td>*dĭriō,*</td></tr>
<tr><td>*fariò,*</td><td>*făriō,*</td></tr>
</table>

Mais, la règle ci-dessus nous permettant de supprimer l'accent tonique sur la pénultième, pour simplifier, nous écrivons : *maire, sause, rabe, aledo, marrible, arnigo, salado, lachugo, salbio, borio.*

Nous continuons bien encore à accentuer les mots : *marrò, acò, diriò, fariò ;* mais, qu'on veuille bien le remarquer, cette orthographe nous paraît très-rationnelle et doit, ce nous semble, être adoptée, puisqu'il est indispensable de distinguer par un accent l'*o* final long de l'*o* final bref, et la diphthongue *io,* brève dans *borio, salbio,* et longue dans *fariò, diriò.*

Quant aux mots terminés par une consonne, nous n'avons pas à nous occuper de la quantité prosodique de leurs pénultièmes, *brèves devant une longue et longues devant une brève:* l'accentuation des syllabes longues suffira. Ainsi nous écrirons : *trefèl, tanòc, panis, trentanèl, emboul, carbou, redoun* (Voir Diphthongue OU, page 23), *piboul, grifoul,* etc.

Nous ne nous occuperons pas davantage des pénultièmes des mots terminés en *a,* lesquelles sont toujours brèves. Ex.: *semena, tira, douna,* ni de celles dont les mots ont un *i* final. Nous écrivons donc : *preni* pour *prēnĭ* (je prends) ; *besi* pour *bēsĭ* (je vois); *besi* pour *bĕsī* (voisin); *bèni*[1] pour *bēnĭ* (viens); *beni* pour *bĕnī* (venir). On se rappelle que l'*e* fermé n'est jamais accentué. Dans les mots *preni, besi, beni*, l'*i* étant bref puisqu'il est sans accent, l'*e* qui le précède est nécessairement long.

§ II. — DIPHTHONGUES ET TRIPHTHONGUES

1. — Lorsque dans un mot deux ou trois voyelles se suivent, elles forment ordinairement des diphthongues et des triphthongues. Il faut les prononcer en une seule émission de voix, en faisant entendre séparément le son particulier à chacune d'elles.

Les diphthongues *ai, ei, oi, ia, ie*, et les triphthongues *iai. iei.* trouvent leur application dans les mots suivants:

On écrit:	Et l'on prononce :	Et non comme en français :
paire,	*păĭre,*	une paire.
repais,	*repăĭs,*	laisser.
lèit,	*lēĭt,*	peine.
nèit,	*nēĭt,*	neige.
galoi,	*galōĭ,*	loi.
coire,	*cōĭre,*	poire.
biais,	*bĭāĭs,*	biais (bi-èz).
sĭēis	*sĭēĭs*	
sial,	*sĭāi,*	liane.
fialat,	*fĭālat,*	mi-asme.
bièl,	*bĭēl,*	matéri-el.
papiè,	*papĭĕ.*	peupli-er.

Dans la prononciation des diphthongues et triphthongues ci-dessus, il est à remarquer que l'accent tonique porte toujours sur l'*a*, l'*e*, l'*o* ; que ces voyelles soient avant ou après l'*i*, leur valeur ne change pas. De là découle cette règle générale : *i* et *u* sont toujours brefs et se font peu sentir dans les diphthongues et triphthongues dont ils font partie.

---

[1] Dans le mot *bèni*, viens, nous marquons l'*è* d'un accent grave par la seule raison qu'il est ouvert.

2. — En parlant de l'*u*, nous avons vu que cette voyelle prend le son *ou* quand elle est précédée d'un *a*, d'un *e* ou d'un *i*. C'est un emprunt que notre dialecte a fait aux Latins. Ces derniers, en effet, écrivaient : *causa* (cause), *daucus* (carotte), *laurus* (laurier), *glaucus* (glauque), *Deus* (Dieu), et prononçaient *caousa, daoucus, laourus, glaoucus, deous* [1].

Les diphthongues *au, eu, iu,* se prononcent donc *aou, eou, iou*. Par conséquent :

Nous écrivons :	Que l'on prononce :	Et que l'on dirait en français :
causo,	*caouso,*	còse ou cause.
pausi,	*paousi*	je pose.
caulet,	*caoulet,*	colet.
tablèu,	*tablèou,*	tableu (ble).
nèu,	*nèou,*	neu ou ne.
estìu,	*estìou,*	estiu.
Dìus,	*Dìous,*	dius.
oulìu.	*oulìou,*	ouliu.

3. — *Diphthongue IO.* — On a vu que *io* est dissyllabique lorsque l'*i* est accentué : *manìo*. L'*i* sans accent forme toujours avec l'*o* qui le suit la diphthongue *io*. Celle-ci est longue ou brève : dans les noms, pénultième, elle est toujours longue (*miòlo*), et finale, toujours brève (*salbio*). Dans les verbes, elle est toujours longue lorsqu'elle est finale (*abiò*).

Nous n'accentuons pas la diphthongue *io* brève. Quand elle est longue dans les noms, pour la rendre telle on peut marquer l'*o* d'un accent grave, mais celui-ci peut être supprimé si l'on se rappelle que toute syllabe est longue lorsqu'elle est suivie d'une syllabe brève. C'est une règle invariable. Nous accentuons *iò* final des verbes pour indiquer qu'il est long et pour qu'on ne puisse pas le confondre avec *io* bref ; et, comme la voix passe légèrement sur l'*i* et porte sur l'*o*, c'est l'*ò* que surmonte l'accent grave. Ainsi :

---

[1] Le mot latin *Deus* (*Deous*) est devenu notre mot patois *Dìus* (*Dìous*).

Nous écrivons :	Ou simplement :	
sàlbio,	*salbio* (sauge),	*diriò* (je dirais).
bòrio,	*borio* (métairie),	*fariò* (je ferais).
endèbio,	*endebio* (endive),	*caliò* (il fallait).
memòrio,	*memorio* (mémoire),	*abiò* (j'avais).
miòlo,	*miolo* (mule),	*abiòs* (tu avais).
piòto,	*pioto* (dinde),	*fariòs* (tu ferais).

Cette phrase: « S'il faisait beau, monté sur la mule, j'irais
à la métairie prendre une dinde et de la sauge », doit s'écrire
dans notre dialecte : « *Se fasiò bèl, mountat subre la miolo, ani-
riò à la borio quèrre uno pioto è de salbio* [1]. »

4. — *Diphthongue OU.* — L'*o* et l'*u* forment la diphthongue
ou, très-commune dans notre dialecte. On la prononce comme
en français. Elle est longue ou brève. Quand elle est pénultième, nous ne l'accentuons pas, parce que, nous l'avons
dit, toute syllabe pénultième est longue quand elle est suivie
d'une brève, et brève quand elle précède une longue. Ainsi
nous écrivons : *poumo, douna.*

La diphthongue *ou* est très-souvent finale. Lorsqu'elle est
longue, et dans ce cas seulement, nous la marquons d'un
accent grave placé sur l'*u*. Exemples :

paboù (paon),   *pàbou* (ils pavent).

[1] Pour les diphthongues formées par synérèse *, notre intention première était d'employer l'accent circonflexe, dont la forme, rappelant celle
de pincettes, semble réunir, dans la prononciation, deux voyelles primitivement séparées. Ainsi les mots *salbio, endebio. memorio,* se prononcent *sal-bio, ende-bio, memo-rio,* et non *salbi-o, endebi-o, memori o,* comme
dans leurs similaires latins *salvi-a, endivi-a, memori-a.*

Cette orthographe nous *parait* d'autant plus rationnelle, que les syncopes
de la langue française sont marquées du *même* accent. Les exemples en
sont nombreux et, sans chercher, nous en trouvons deux dans la phrase
précédente : ainsi s'écrivent *parait* pour *paraist, même* pour *mesme,* arrête, epitre, gite, pâte, etc.

* Contraction de deux syllabes en une seule dans le même mot, mais sans aucun changement de lettres. Cette figure nous vient des Latins. Leurs poëtes font quelquefois de
deux syllabes les mots *deerant, Orpheus, clypeus, coactus, eodem : Ulys-sei* est mis pour
Ulyss-e-i: Deus, cui, monosyllabiques, pour *De-us. cu-i.* etc.

saboù (savon),	*sàbou* (ils savent).
couloù (couleur),	*làbou* (ils lavent).
baloù (valeur),	*bòlou* (ils volent).

On pourrait supprimer l'accent sur la diphthongue *ou ;* il suffirait, pour cela, de se rappeler cette règle invariable : *OU final est toujours long dans les noms et toujours bref dans les verbes.* Les exemples ci-dessus le prouvent.

5.—*Diphthongue OU* (pron.: *oou.*) — En parlant de l'*u*, nous avons vu que cette lettre, précédée d'une voyelle, prend le son *ou*. Ce cas se présente souvent dans la diphthongue *ou*. Alors l'on écrit *òu* et l'on prononce *oou*. Toutes les fois que l'*ò* est accentué, il conserve le son qui lui est naturel ; la voix doit peser sur l'*ò* et donner à l'*u* la consonnance *ou*. Ainsi *nou* fera *nou* (non), et *nòu* fera *nòou* (neuf).

plòu (il pleut) fera	*plòou,*	et non *plou.*
bendròu (ils viendront).	*bendròou*	*bendrou.*
faròu (ils feront),	*faròou*	*farou.*
sòuto (un sou double),	*sòouto*	*souto.*
plòure (pleuvoir),	*plòoure*	*ploure.*
cussòudo (joubarbe),	*cussòoudo*	*cussoudo .*

6. — *Triphthongues IOU* (pron. : *ioou*), *IOU* et *OUI.* — La triphthongue *iou* non accentuée se prononce telle quelle, comme dans les mots *curious, furious.* Quand l'*ò* s'y trouve marqué d'un accent, elle se prononce *ioou*, en appuyant fortement sur l'*o*. Exemples :

iòu,	pour	*ioou,*	œuf.
biòu,	pour	*bioou,*	bœuf.
sabiòu,	pour	*sabioou,*	ils savaient.
aimariòu,	pour	*aimarioou,*	ils aimeraient.

Ou et *iòu* sont toujours longs, soit dans les noms, soit dans les verbes.

La triphthongue *oui* se prononce comme le *oui* français. Exemples : *estouira, couire, petouire, rasouiro, soui.*

SECONDE PARTIE

CHAPITRE Ier

DE L'ÉTYMOLOGIE PATOISE

Avant de passer à l'étude ingrate et difficile de l'étymologie
de quelques-uns de nos vocables patois ou néo-romans, es-
sayons à grands traits de rappeler à notre mémoire les noms
des habitants successifs de notre France méridionale. Si nous
pouvons établir quels sont les divers peuples qui nous y pré-
cédèrent, les langues de ces peuples seront évidemment la
mine féconde qu'il nous faudra creuser. Dans ses riches filons
doivent se trouver enfouies, comme la pépite dans sa gangue,
les origines de notre dialecte de la Langue d'Oc.

A une époque très-reculée de notre histoire, la France,
alors la Gaule, l'Espagne (Ibérie) et une partie de l'Italie (la
Ligurie), furent habitées par diverses tribus dont l'ensemble
formait la grande famille celtique. Ces tribus parlaient toutes
la même langue celtique, « langue mère et une des plus an-
» ciennes qui soient dans le monde. C'est cette langue que,
» dans l'origine, parlait notre pays, qu'il a continué de parler
» encore pendant de longs siècles [1]. » Elle ne varia, selon les
climats, que pour la prononciation ; mais, 1,600 ans avant
notre ère, l'arrivée des Phéniciens et leur installation sur nos
côtes méridionales y introduisirent des éléments nouveaux.
Aux Phéniciens succédèrent les Grecs. 150 ans avant Jésus-
Christ, a lieu l'invasion romaine. La vieille nationalité celtique
succombe après quatre-vingts ans de résistance. Le midi de

---

[1] Dom Pizeron, bénédictin. *Antiquité de la nation et de la langue des
Celtes.*

la France apprend la langue du conquérant [1], obéit à ses lois, se façonne à ses mœurs ; alors que la fusion est complète, l'empire romain s'écroule sous les coups des peuplades gothiques, dont la langue vient se mêler aux langues celtique, grecque et romaine.

Après trois siècles de domination des peuples du Nord, les Sarrasins fondent sur l'Espagne, l'Italie septentrionale et une partie de la France, dont ils sont chassés au bout de deux cents ans, par une dernière réaction germanique.

Ainsi le midi de la France a été habité par les Celtes ou Gaulois [2], les Phéniciens, les Grecs, les Romains, les Goths et les Sarrasins. Il faut donc admettre que notre patois est un mélange, plus ou moins altéré, des langues de ces peuples.

Les exemples suivants, empruntés çà et là, viennent corroborer cette assertion :

Celtique	Patois	Français
brak,	*bràgos,*	braies.
brance,	*bren,*	son.
bresk,	*bresco,*	cellules du miel.
garre,	*gàrro,*	jambe.

Celto-Breton	Patois	Français
ask,	*osco,*	entaille.
badalein,	*badalhà,*	bailler.
kouska,	*sousca,*	réfléchir.
diruska,	*derrusca,*	enlever l'écorce.
tach,	*tàcho ou taxo,*	clou.

Basque	Patois	Français
ardita,	*ardit,*	liard.
arnega,	*renega,*	jurer.
arropa,	*roupo,*	casaque.

---

[1] Les Romains vainqueurs imposaient aux peuples vaincus le joug de leur langue, moyen puissant pour les rattacher à la métropole. (Raynouard et Sismondi.)

[2] Les habitants de la Gaule prenaient le nom de Celtes, mais les Romains les appelaient Gaulois : *qui ipsorum linguâ Celtæ, nostrâ verò Galli* *vocantur*. (Cæsar, *de Bell. gall.*)

Basque	Patois	Français
esquerra[1],	*esquèrre,*	gauche.
marroa.	*marrò.*	bélier.

Grec	Patois	Français
ἄγχι.	*aqui.*	là.
βέλος,	*belugo.*	étincelle.
ὕσκα,	*esco.*	amadou.
γαργαρεών.	*gargalhol.*	luette.
ἱλεός,	*lèus* (*lèous*),	poumon.

Latin	Patois	Français
acror (pron.: *acrour*),	*agrou,*	aigreur.
dolor (pron. : *doulour*),	*doulou,*	douleur.
actio (pron.: *actiou*),	*atciu* (*atciou*),	action.
bestia,	*bestio,*	bête.
campana.	*campano,*	cloche.
angelus,	*angèl,*	ange.
alatus,	*alat.*	ailé.
æstivus (pron. : *æstivous*),	*estiu,*	été.
animare,	*anima,*	animer.
cambiare,	*cambia,*	changer.
dolere,	*dòle,*	se plaindre.
debes	*debes.*	tu dois.

Gothique	Patois	Français
boschen.	*bosc,* au pluriel *bòskes*	bois.
barkos.	*branco.*	branche.
garbe,	*garbo,*	gerbe.
kater,	*cat,*	chat.
milz,	*mèlso,*	rate.

Arabe	Patois	Français
serra,	*sèrro.*	montagne.
amâluc.	*amaluc,*	croupion.
bothor.	*boutou.*	tumeur.
trescalan,	*trescalan.*	millepertuis.

---

[1] Ce mot *esquèrre*, ou *eskèrre*, pourrait bien avoir son origine dans la contraction des mots grecs : σκαιά, gauche ; χείρ, χειρός, main.

D'après les quelques exemples qui précèdent (et, nous le répétons à dessein, ils sont puisés dans divers auteurs), il est évident pour nous que les noms languedociens ou néo-romans de nos plantes dérivent : plusieurs, du celtique, du celto-breton et du basque ou celtibère, qui en sont deux dialectes ; un assez grand nombre, du grec et du latin ; quelques-uns, du gothique ; un petit nombre, de l'arabe. Cette opinion, le lecteur la partagera si, malgré notre ignorance, nous avons, dans le cours de ce Glossaire, réussi à découvrir quelques origines.

CHAPITRE II

DE LA FORMATION DE CERTAINS MOTS NÉO-ROMANS DÉRIVÉS DU LATIN

§ Ier. — DES SUBSTANTIFS

Beaucoup de mots patois nous viennent de la langue latine [1]. Voyons sommairement quelles sont les règles qui président à leur formation.

Quelques-uns sont du pur latin : *mel* (miel), *cor* (cœur), *fel* (fiel), *esse* (être). Pour d'autres, tels que *debes* (tu dois), *panis* (pain), *semen* (semence), la prononciation et la prosodie ont seules été altérées. Les mots patois *pănĭs, sĕmēn* (prononcez *sémén*), ne sont autre chose que le latin *pănĭs, sēmĕn* (prononcez *sèmèn*).

Un grand nombre de nos mots ont conservé leur physionomie latine, puisque leur altération réside dans le changement d'une seule lettre, quelquefois de deux. Exemples : *plantago, plantage* (plantain); *imago, image* (image).

Très-souvent l'*ă* final bref latin est remplacé par notre *o* bref patois. Ainsi nous avons fait de *talpa, talpo* (taupe); de *rosa, roso* (rose); de *costa, costo* (côte); de *gloria, glorio* (gloire),

---

[1] Cette proposition, d'ailleurs bien fondée, comporte des restrictions dont il sera question plus loin.

de *memoria, memorio* (mémoire); de *salvia, salbio* [1] (sauge).

Tous les *v* du latin deviennent pour nous des *b* patois, comme dans les mots suivants : *beno*, de *vena* (veine); *bèni*, de *veni* (viens); *benci*, de *vincere* (vaincre); *bi*, de *vinum* (vin); *nabiga*, de *navigare* (naviguer). Le poëte Scaliger faisait allusion à ce changement du *v* en *b* lorsque, jouant sur les mots, il disait des Gascons que, pour eux, *vivre* c'était *boire : quibus vivere est bibere.*

Quelquefois des mots latins ont perdu le *v* et le *b* dans leur transformation en mots languedociens ; ainsi *novus* est devenu *nòu ; vivus, biu ; clavis, clau ; tabula, taulo.*

D'autres mots patois se sont formés par la substitution de certaines consonnes similaires, moins rudes et plus faciles à prononcer. Par exemple, le *d* a remplacé le *t*, et le *p* s'est changé en *b*. Ainsi le mot patois *pudis* vient de *putis* (puant) ; *rudo*, de *ruta* (rhue) ; *rodo*, de *rota* (roue) ; *cadeno*, de *catena* (chaîne) ; *aimàdo*, de *amata* (aimée) ; *dounàdo*, de *donata* (donnée) ; *rapa* a fait *ràbo* (rave) ; *sapa, sàbo* (séve) ; *cepa. cebo* (oignon) ; *capra, cràbo* (chèvre) ; *bidalbo* vient de *vitalba* (clématite) [2].

A ces exemples, qui prouvent combien sont communs les changements de lettres dans les contrées méridionales, ajoutons encore celui-ci. Dans le Gers et les Hautes-Pyrénées, l'*f* a cédé sa place à l'*h* aspirée. On dit : la *henno*, la *hilho*, lou *hèt*, et non la *fenno* (femme), la *filho* (fille), lou *fèt* (fait).

Une grande quantité de nos mots patois actuels viennent du latin, dont ils portent encore l'empreinte. Ce sont tout simplement des radicaux que nous avons conservés, après avoir préalablement élagué les désinences latines.

Ainsi, nous avons fait :

de *accusa-re.*   *accusa.*   accuser.

admira-ri.   *admira,*   admirer.

---

[1] Voir ce qui a été dit relativement à la diphthongue *io.*

[2] Le mot *bidalbo*, tiré de *vitalba*, offre à lui seul un exemple des trois régles que nous venons de poser : on y voit le *v* changé en *b*, le *t* en *d*, et l'*a* final en *o*.

de *amic-us;*	*amic,*	ami.
anis-um,	*anis,*	anis.
deliri-um,	*deliri,*	délire.
car-o,	*car,*	chair.
fidel-is,	*fidèl,*	fidèle,
hort-us,	*hort,*	jardin.
pa-nis,	*pa,*	pain.
mar-e,	*mar,*	mer.

L'élément latin semble prédominer dans notre dialecte languedocien ; nous venons même de reconnaître que des emprunts réels ont été faits au latin. Cependant il ne s'ensuit pas de là que tous nos mots à physionomie latine nous viennent des Romains ; « car, nous ne saurions trop le répéter, dit » Pierquin de Gembloux [1], la langue latine n'a jamais été » vulgaire en Gaule, et les dialectes celtiques de l'Espagne, » de l'Italie et de la France, ont seuls donné lieu au patois, d'où » dérivèrent les langues de ces nations. » — « Les Grecs et les Latins [2] avouent qu'ils ont pris beaucoup de mots des Barbares. C'est de ce nom qu'ils appelaient les Celtes et les autres peuples. Denys d'Halicarnasse dit, en parlant des Romains, que leur langue n'est ni entièrement grecque, ni entièrement barbare, mais qu'elle est mêlée de l'une et de l'autre : *Romani autem sermone nec prorsùs barbaro, nec absolutè græco, utuntur, sed ex utroque mixto.* Varron, en parlant de l'origine de la langue latine, dit la même chose. La langue celtique était parlée au nord de l'Italie, dans la Gaule cisalpine : voilà pourquoi beaucoup de mots, devenus latins, tiraient leur origine primitive de cette langue. »

Nos faibles connaissances personnelles ne nous permettent pas d'indiquer les vocables qui, des anciens Gaulois, sont venus jusqu'à nous, à travers les âges et les révolutions des empires. Mais, s'il nous est permis de formuler notre opinion, opinion dont nous ne revendiquons pas la priorité, plusieurs philolo-

---

[1] *Histoire des patois,* 1841.

[2] L'abbé Grivel, *Chroniques du Livradois,* 1852.

gues l'ayant émise avant nous, voici comment nous envisageons, dans bien des cas, la formation onomatique du patois actuel.

Un point sur lequel on est généralement d'accord, c'est que les langues primitives, les langues mères, ont beaucoup d'expressions monosyllabiques ; or le celtique est certainement, par son antiquité et son étroite parenté avec le sanscrit, une langue mère, et beaucoup de mots, trop souvent regardés comme un héritage des Romains, sont eux-même d'origine celtique ou même sanscrite [1]. Ce peuple prit au celtique ses radicaux, et, pour les mieux assimiler, leur adaptant ses désinences propres, les revêtit de la forme latine. Le vainqueur a beau imposer sa langue au vaincu, il ne tarde pas à recevoir de celui-ci des mots qu'il adopte : ainsi s'établit entre eux un double courant d'expressions qui deviennent communes à l'un et à l'autre. Ce fait de tous les temps ne s'est-il pas reproduit de nos jours ? La France, depuis sa conquête d'Alger, en important sa langue en Afrique, n'a-t-elle pas complétement adopté certains mots arabes ? Aujourd'hui, du reste, et l'on aime à le constater, la civilisation et la paix ont sur le mélange et la diffusion des langues plus d'influence que n'en eurent jadis la barbarie et la guerre [2].

Après l'occupation romaine, la langue de nos pères se modifia. Ce fut, non pas une dégénérescence, mais un retour naturel vers les formes autochthones. Par la seule suppression des désinences que Rome lui avait infligées, elle perdit sa physionomie latine et reprit ses allures simples, brèves, c'est-à-dire ses anciens radicaux.

[1] On dirait que le mot *jouc* (joug) vient du latin *jugum*, tandis que ce mot est dû au sanscrit *yuc* (joindre, lier), d'où *yuga* ou *yugan* (joug); que le mot *araire* (araire) vient du latin *aratrum*, tandis qu'il faut probablement l'attribuer au sanscrit *arv* (fendre). Le mot *jouine, joube* (jeune), qui semble dériver du latin *juvenis*, a sa racine dans le sanscrit *yuvan*. *Prusoù* (prurit), *me prusis* ou *prus* (cela me démange), viennent encore du sanscrit *prus* (brûler, flamber), et non du latin *pruritus, prurire*, etc (Pierquin de Gembloux, *Histoire des patois*.)

[2] Nous écrivions ces lignes en 1867.

Nous avons dit que certains de nos mots patois, malgré
leur affinité apparente avec le latin, dérivent du celtique. Si
nous arrivons à prouver que tels et tels noms latins sont
d'origine celtique, celtiques aussi seront les radicaux de ces
noms.

Cette preuve, Pierquin de Gembloux va nous la fournir.

La plupart des mots latins sont doubles ; ainsi le mot patois :

camp (champ) se dit en latin	*ager* et *campus.*
plèjɔ (pluie),	*imber* et *pluvia.*
caulet (chou),	*brassica* et *caulis.*
fioc, foc (feu),	*ignis* et *focus.*
cat (chat),	*felis* et *catus.*
chabal (cheval),	*æquus* et *cabalus.*
tèrrɔ (terre).	*tellus* et *terra.*

Or, de ces deux mots latins, l'un appartient toujours à notre
ancien patois ; « et ce qui prouve, d'une manière irrésistible,
» que le latin ne l'a pas fourni, c'est que le latin aurait éga-
» lement fourni l'autre. Il n'y a, en effet, aucune raison pour
» que le latin n'eût pas laissé le mot *ager* dans l'ancien patois
» celtique, s'il y avait laissé le mot *campus,* car l'un n'était pas
» moins usité que l'autre. Les mots *ignis, felis, æquus,* se trou-
» veraient aussi dans notre patois, comme s'y trouvent les
» mots *focus, catus, caballus,* si ce patois s'était formé du latin.
» La seule manière d'expliquer la présence simultanée, dans
» le patois celtique et dans le latin, de l'un de ces deux mots,
» qui se côtoient parallèlement dans le vocabulaire de Rome,
» c'est donc de dire que le latin l'a emprunté à ce patois. Le
» contraire serait évidemment impossible et absurde. »

Les mots latins *campus, caulis, focus, catus*[1], *caballus,* étant
d'origine celtique, leurs similaires patois actuels, *camp, caulet,*
fioc et *foc, cat, chabal,* ne sauraient absolument dériver de ces
mots latins ou plutôt latinisés ; donc ils viennent du celtique.
En effet, si, pour plusieurs d'entre eux, *campus, focus* et *catus,*

[1] Nous avons dit, p. 27, que le mot patois *cat* vient du gothique *kater*

nous supprimons la désinence, qui n'est autre chose que la forme latine, que nous reste-t-il ? Des radicaux celtiques : *camp, foc, cat.*

Et pourquoi ce qui est vrai pour les exemples que nous venons de citer ne le serait-il pas pour beaucoup d'autres noms patois ? En suivant le même raisonnement, ne pourrait-on pas admettre, sauf quelques exceptions et jusqu'à preuve contraire, que les mots suivants furent originairement celtiques, et que, après avoir été empruntés et altérés par les Romains, ils ont, à divers degrés, revêtu leurs formes primitives, c'est-à-dire leurs formes actuelles ?

Tels sont les mots :

Celtiques	Latins	Patois actuel
al ?	*allium,*	*al.*
api ?	*apium,*	*àpi.*
besk,	*viscum,*	*besc.*
brack,	*braccœ,*	*bràgos.*
fam ?	*fames,*	*fam.*
munud,	*minutus,*	*menut, menud.*
pell ?	*pellis,*	*pèl.*
port ?	*portus.*	*port.*
sak,	*saccus,*	*sac.*
serp ?	*serpens.*	*sèrp, etc.*

Les noms de notre dialecte languedocien terminés en *at* et *ut* ne sont souvent que des mots latins dont l'*s* finale a cédé sa place au *t;* ainsi nous avons :

caritat,	de	*caritas.*
libertat,	de	*libertas.*
cibilitat,	de	*civilitas.*
bertut,	de	*virtus.*
joubentut.	de	*juventus* [1].

---

[1] Bien que, dans la formation de nos mots patois, nous supposions à ces derniers une origine latine, il ne faut pas oublier que les racines du patois actuel, du français, de l'espagnol et du latin, se trouvent souvent dans le celtique. Ainsi nous faisons bien dériver *joubentut* de *juventus ;* cependant *juventus, juvenis,* viennent du sanscrit *juvan.* (Voyez la note 1 de la page 31.)

Les noms en *iu* (iou), très-nombreux, sont du pur latin ; leur prononciation et leur orthographe furent longtemps les mêmes dans les deux langues, puisque l'*u* se prononçait *ou;* aujourd'hui l'orthographe seule a changé.

Les mots latins *actio, adoratio, conditio,* se prononçaient *actiou, adouratiou* et *counditiou,* tels que nous les prononçons de nos jours. Nous écrivons aujourd'hui : *adouraciu, coundiciu.*

§ II. — DES ADJECTIFS

Beaucoup de nos adjectifs patois, comme les substantifs, se sont formés : 1° Par la suppression de la désinence latine :

mol-lis	est devenu	*mol.*
fidel-is,		*fidèl.*
mut-us,		*mut.*
donat-us,		*dounat.*
agitat-us.		*agitat.*
animat-us.		*animat.*
armat-us,		*armat.*
contentus.		*countent, etc.*

2° Plus rarement, par la substitution du *t* à l's *;* exemples : *prudent,* de *prudens; sapient,* de *sapiens,* comme *bertut* de *virtus, libertat* de *libertas,* etc.

La simple addition de l'*o* à l'ajectif masculin suffit bien des fois pour le rendre féminin ; exemples :

cruèl.	*cruèlo.*
itic.	*itico.*
fol,	*fòlo.*
tort.	*torto.*

Le féminin des nombreux adjectifs en *at, it, ut,* s'obtient par le changement de la terminaison *at, it, ut* en *ado, ido, udo* [1]. Exemples : *panat* (volé), *panàdo : flourat* (fleuri), *flouràdo ; mousit* (moisi), *mousido ; poulit* (joli), *poulido ; mut* (muet), *mudo ; len-*

---

[1] Nouvel exemple de la tendance du patois à substituer le *d* au *t*.

gut (mauvaise langue , *lengudo*. Les adjectifs terminés en *et*
font au féminin *eto*, comme quelques-uns en *it* font au féminin
ito. Exemples : *nenet* (petit), *neneto ; trufet* (moqueur), *trufeto :*
petit. petito ; maladit (malin), *maladito*.

Puisqu'il y a des adjectifs en *et, it,* qui font au féminin *eto,*
ito, il serait très-rationnel, ce nous semble, d'écrire par un *d*
final au lieu d'un *t* les adjectifs en *at. it, ut,* dont le féminin est
en *ado, ido, udo*. Exemples : *pernad* (fendu), *pernado ; marfid,*
(flétri), *marfido ; menud* (menu), *menudo*. Toutefois, pour satisfaire aux exigences de l'euphonie, le *d* final conserverait le
son du *t*. Par la même raison, les noms *crit* (cri), *coubit* (invita-
tion), *estournut* (éternûment), etc., dont on fait sonner le *t*
final, devraient s'écrire *crid, coubid, estournud,* parce qu'ils sont
les radicaux des verbes *crida, coubida, estournuda*.

§ III. — DES PRONOMS

Il. nous suffira de mettre en regard les pronoms des langues
latine et néo-romane pour mettre en évidence leur affinité.

ego,	*ieu,*	*meus* pron.: *meous*)	*meu.*
mihi.	*me,*	*meum.*	*meu.*
me,	*me,*	*mei.*	*meus.*
tu.	*tu,*	*meos,*	*meus.*
tibi.	*te,*	*mea,*	*meuno.* / *ma.*
ille et *elle,*	*el.*	*tuus,*	*teu.*
illa et *ella,*	*elo.*	*suus,*	*seu.*
		sua.	*seuno* / *sa.*
		suas,	*sas.*
hic-iste,		*aqueste.*	
hæc-ista.		*aquesto.*	
qui.		*que.*	
qualis,		*qual* (cal).	
unus.		*un.*	
quantus, quantum.		*quant. quantes.*	
tantus, tantùm.		*tant, tantes.*	

§ IV. — DES VERBES

Une même syncope a présidé à la formation de beaucoup de nos verbes patois. Ceux-ci ne sont que des verbes latins dont on a retranché une ou deux lettres de l'infinitif. Exemples :

Patois	Latin
acceptar et *accepta.*	*accepta-re.*
accusar et *accusa,*	*accusa-re.*
admirar et *admira,*	*admira-ri.*
abe ou *habe.*	*habe-re.*
tène,	*tene-re.*
bàle,	*vale-re.*
dòle,	*dole-re.*
senti.	*senti-re.*
bouli,	*bulli-re.*
besti.	*vesti-re.*
beni.	*veni-re.*

Les verbes patois dérivant des verbes latins de la troisième conjugaison ont l'infinitif terminé tantôt en *a,* tantôt en *i,* par suite du changement de la terminaison *ere* en *i* ou en *a.*

Latin	Patois
distribu-ere,	*distribua.*
exer-cere,	*exerça.*
vinc-ere,	*benci.*
leg-ere,	*legi.*
expand-ere.	*espandi.*

Enfin dans les verbes, les substantifs et les adjectifs latins, où le *b* et le *v* sont entre deux voyelles, la syllabe formée par le *b* et le *v,* et même ces deux consonnes seules, sont remplacées par *u* dans le patois ; et cet *u,* dont la prononciation est *ou,* s'ajoute à la voyelle précédente pour former avec elle les diphthongues *au, iu, eu.* Ainsi :

bibere	a fait	*beure,*	(boire).
vivere		*biure,*	(vivre).
scribere		*escriure,*	(écrire).

debere	a fait	*deure*	(devoir).
suber		*siure,*	(liége).
debitum		*deute,*	(dette).
ebulus		*eules,*	(yèble).
vivus		*biu,*	(vif),
avicellus		*aucèl,*	(oiseau).

Enfin les verbes *facere, distrahere, placere, trahere, jacere.* etc., ont leurs équivalents patois terminés en *aire: faire, distraire, plaire, traire, jaire,* etc. Pourquoi *exercere* est-il devenu *exerça; vincere, bencì; jacere, jaire?* Ce sont des anomalies dont on ne peut se rendre compte tout d'abord: des recherches ultérieures nous en dévoileront peut-être la cause.

Nous ferons remarquer que l'*e* fermé vient se placer comme *augment* devant les mots languedociens dont l's initiale est suivie d'une consonne, ce qui n'a pas lieu lorsque l's précède une voyelle.

Exemples :

Patois	Latin
esta,	*stare.*
estèlo,	*stella.*
espino.	*spina.*
escriure.	*scribere.*
estable.	*stabulum* [1].
sapienço.	*sapientia.*
sermou.	*sermo.*
siure,	*suber.*
soulel.	*sol.*
sucre.	*saccharum.*

Terminons là cette étude. Plusieurs la trouveront trop longue pour un Glossaire si court, inopportune même; ceux-là ne la liront pas, et ils feront bien. Pour nous, elle est incomplète, et nous y reviendrons si Dieu nous prête vie.

Saint Pons, 1867.

[1] Du celto-breton *staul*, étable

GLOSSAIRE BOTANIQUE

A

ABELANIÈ. (Racine, *abelano*.) Noisetier, Coudrier, Avelinier. *Corylus avellana* L. Plante de la fam. des Cupulifères. Cet arbrisseau sert à faire des haies productives ; son bois, tenace et flexible, est bon pour les ouvrages de vannerie. Son fruit est l'*abelano* (Voy. ce mot). — La *baguette divinatoire*, si fameuse dans la sorcellerie, était une baguette de Coudrier. — Emblème de la réconciliation, le Coudrier faisait partie du caducée de Mercure.

ABELANO. (Du grec βάλανος, noisette, à moins qu'il ne vienne du nom de la ville d'*Avella* ou *Abella*, dans la Campanie, où les noisettes sont excellentes.) Noisette, aveline, fruit de l'*Abelanié* (Voy. ce mot). Son amande est agréable au goût ; on en retire une huile alimentaire, dite *huile de noisette*.

ABELHO. (Voy. *Aucèl-pico-l'abelho*.)

ABES. (Du latin *avena*, avoine.) Balles d'avoine, de blé, etc. Enveloppes (*glumes* et *glumelles*) des fruits des Graminées et plus particulièrement des Céréales. (Voyez *Arofo*.)

ABESC. Littéralement *à glu*, c'est-à-dire plante à glu, dont on retire de la glu. — Racine, *besc*, mot d'origine celtique. (Voyez *Besc, Be de poumiè*.)

Acacia. Robinier faux acacia, vulg. Acacia. *Robinia pseudoacacia* L. Pl. de la fam. des Papilionacées. Importé de l'Amérique septentrionale par Jean Robin, vers l'an 1635 ; naturalisé en France. Arbre d'ornement. Son bois, très-dur, est utile aux menuisiers, charrons, tourneurs. Ses feuilles, sèches ou fraîches, sont un bon fourrage. L'arome de ses fleurs est mis à profit dans la parfumerie. — Le Robinier est l'emblème de l'amour platonique : pourquoi ?

Acanto. (Du latin *acanthus,* venu lui-même du grec ἄκανθος.) Acanthe molle, Brancursine. *Acanthus mollis* L. Pl. de la fam. des Acanthacées. Cultivée dans les jardins à cause de son feuillage, qui, depuis longtemps, est le type de l'ordre corinthien et qui a fait de l'Acanthe le symbole des arts.

Agabousses. (Du grec ἀγρεύω, je retiens; βοῦς, bœuf.) Bugrane commun. Arrête-bœuf. *Ononis procurrens* Wallr. Papilionacées. Médicinal, peu employé. La souche de cet arbrisseau, rameuse, longuement rampante, émettant des stolons souterrains, lui a valu son nom d'*Arrête-bœuf.* (Voy. *Crèbo-bòu.*) — Comme cette plante s'oppose au labourage des terres, on l'a choisie pour être le symbole de l'obstacle.

Aganèl-de-camp, ou simplement Aganèl. Chondrille jonciforme. *Chondrilla juncea* L. Chicoracées. La plante, jeune, est mangée comme les épinards et en salade. Elle fait partie de la *Salado menudo.* (Voy. ces mots.) Recherchée, dit-on, par les lapins. — Le mot *Aganèl* ne viendrait-il pas du grec ἄγαν, beaucoup; ἔλη, chaleur du soleil, cette plante fleurissant tout l'été, c'est-à-dire pendant les plus grandes chaleurs, et croissant dans les lieux arides et exposés aux ardeurs des rayons solaires ?

Aganèl-de-sagno. (Du celtique *sagne,* jonc qui croît dans les marais.) Scorzonère des marais ; S. basse ; S. d'Allemagne. *Scorzonera humilis* L. Chicoracées. Comestible. Les porcs sont très-friands de sa racine.

Agarous. (Voy. *Agabousses.*)

Agast. Érable de Montpellier. *Acer monspessulanum* L. Acé-

rinées. Employé comme l'*Asarot*, l'*Asedur*. (Voy. ces mots.)
Agast viendrait-il du grec ἀγαθὸς, bon ? En effet, le bois de cet
arbre est très-dur ; sur nos montagnes on en fait des mortiers
à piler le sel. Si l'on admet cette étymologie, voici comment
nous l'expliquons : l'ὸ aurait été supprimé, et, par métathèse,
le θ et le ς auraient subi une double transposition ; ainsi
ἀγαθὸς serait devenu ἀγαθς, puis ἀγασθ, en patois *agast*. Ces
exemples ne sont pas rares dans notre idiome : *luno*, de *enula*,
aunée; *crambo*, de *camera*, chambre ; *crabo*, de *capra*, chèvre.

AGLAN. (Du latin *glans*.) Gland. Fruit des diverses espèces
du genre *quercus*, chêne : *ausi*, *euse*, *garric*. (Voy. ces mots.)
Sert à la nourriture de tous les herbivores, principalement du
porc. — Le gland doux, comestible et médicinal, est produit
par les espèces exotiques : le *Quercus æsculus* (Grèce); le *Q. hispanica* (Espagne). le *Q. alba* (Amérique) et le *Q. ballota* (Afrique,
Corse). — Avant la connaissance du froment, dit Pline, le
gland servait à la nourriture de l'homme.

> Panis erat primis virides mortalibus herbæ,
>> Quas tellus, nullo sollicitante, dabat.
> Postmodò glans nata est : benè erat jam glande repertâ.
>> Duraque magnificas quercus habebat opes.
> Prima Ceres, homine ad meliora alimenta vocato,
>> Mutavit glandes utiliore cibo.
>>> Ovid. *Fest*. IV. 402. sq.

Ce qui veut dire :

> Las herbos, en prumie, serbiguerou de pa
> A l'home, que fasiò re que las acampa.
> Pèi l'aglan arribet ; l'aglan, bouno troubalho,
> Souguèt dal dur garric un presen pla galan.
> La prumièiro. Ceres, per ie fa fa ripalho.
> Dounèt lou blat à l'home en plaço de l'aglan.

AGNÈLO. (Voy. *Anièlo*.)

AGRAM. (Du latin *gramen*, gazon, chiendent.) Le Chiendent
officinal est le rhizome de l'*Agropyrum repens* P. de B., et le
Chiendent pied-de-poule, ou Gros Chiendent, est fourni par le
Cynodon dactylon Pers. ; ils sont officinaux. On en a retiré de

l'amidon, de l'alcool. On peut parfaitement remplacer les racines, ou plutôt les tiges souterraines du Chiendent, par celles de l'*Agropyrum junceum* P. de B. et de l'*A. glaucum* Rœm. et Schult. A détruire dans les cultures. Graminées. — Le Chiendent est si difficile à extirper, la moindre portion repousse avec une si grande facilité, qu'il est devenu l'emblème de l'obstination.

AGRAS. (Du grec ἄγριος, sauvage, ou du celto-breton *egras,* sauvageon.) Verjus, raisin cueilli avant sa maturité. De là le proverbe patois : *manja tout en agràs ;* mot à mot, manger tout en vert, c'est-à-dire avant le temps ; en d'autres termes, dévorer son avoir, dilapider son bien. — Espèce de raisin de treille. dont les grains ont la peau très-dure.

AGRETO. (Du latin *acritas,* aigreur). Oseille commune, Oseille sauvage. *Rumex acetosa* L. Polygonacées. Alimentaire. Spontanée et cultivée. Contient beaucoup d'*acide oxalique.*

AGRIOTO. (Ce mot viendrait-il de ἄγριος, sauvage?) Griotte, « cerise à courte queue, grosse, noirâtre, douce. » C'est une erreur. La *griotte* est réellement le fruit que nous appelons mal à propos *guigne.* (Voir la remarque faite au mot *Aguino.*)

AGRUNÈL. (Ce mot a deux étymologies : il vient de ἄγριος, sauvage ; ou bien du patois *agre,* aigre, et *gru,* grain ; *grunèl,* petit grain, venant eux-mêmes du latin *acre* et *granum*[1].) Prunelle, fruit de l'*Agruneliè.*

AGRUNELIÈ. Prunellier, prunier épineux ou sauvage. *Prunus spinosa* L. Amygdalées. Toute la plante et ses fruits (*agrunèls*), même à leur maturité, sont d'une astringence bien prononcée. Ceux-ci pourraient fournir une boisson spiritueuse.

AGUINIÈ. Griottier, Cerisier aigre. *Prunus cerasus* L.; *Cerasus caproniana* D. C. Amygdalées. Cultivé. (Voy. *Cerièis, Calprus.*)

AGUINO et GUINO. Guigne, cerise aigre. C'est le fruit de

---

[1] Le mot latin *granum* vient du celto-breton *greune,* graine.

l'*Aguinie*. Il importe d'appeler l'attention sur ce fait : nous appelons *guignes* les fruits que nous devrions nommer *cerises*. et. *vice versâ*. les *cerises* devraient être par nous appelées *guignes*. Alimentaire. Voy. *Cerieiro*.

AGULHETOS. (Voy. *Agulhous*.)

AGULHOU. AGULHOUS *Petito agulho*. à cause de la forme du fruit: de l'italien *aguglia*.\ Aiguille-de-berger. Aiguillette. Peigne-de-Vénus. *Scandix pecten Veneris* L. Ombellifères. Jeune. elle peut être mangée. Bon fourrage. — Dans certaines localités. on donne ce nom aux diverses espèces de *Geranium*. dont les styles soudés entre eux forment des sortes d'*aiguilles*.

AIRES. (Du latin *airas*. *adis*. poirier sauvage ?) Airelle. Myrtile. Raisin des bois. *Vaccinium myrtillus* L. Vacciniées. Ses fruits portent le même nom. Ils sont doux. acidules. On les mange. on peut en faire un sirop. de la confiture. Les feuilles de l'Airelle contiennent de l'acide quinique Zwenger). — Le myrtile est l'emblème de la trahison. d'après une fable mythologique.

AL. ALH. Du sanscrit *alu*. racine alimentaire[1].) Ail. *Allium sativum* L. Liliacées. Cultivé. Toutes les espèces du genre Ail contiennent une huile volatile irritante. du soufre. du sucre. Celles que l'on cultive sont : la Rocambole. *Allium scorodoprasum* L.: l'Échalotte. A. *ascalonicum* L.: la Civette. A. *schœnoprasum* L.: la Ciboule. A. *fistulosum* L.: le Poireau d'été. Faux Poireau. A. *ampeloprasum* L.: le Poireau. A. *porrum* L.: l'ail. A. *sativum* L.. et l'Oignon. A. *cepa* L. (Voy. *Beno d'al. Cabosso d'al.*)

AL SALBAGE. (Du latin *sylvaticum*.) Ail sauvage. Sous cette dénomination on comprend l'Ail rose. A. *roseum* L.: l'Ail des vignes. A. *vineale* L.: l'Ail à tête ronde. A. *sphœrocephalum*

---

[1] Beaucoup de nos mots patois actuels. comme *al. camp. api. nap*. etc.. qui semblent venir du latin *allium. campus. apium. napus*. etc.. ne sont autre chose que des radicaux celtiques ou sanscrits. latinisés par les Romains (Voy. *de la Formation des mots*. pages 31 et suiv.

L. ; l'Ail des lieux cultivés, *A. oleraceum* L. ; l'Ail à fleurs nombreuses, *A. polyanthum* Rœm. et Schult, etc. Liliacées.

ALADÈR. (Par corruption du latin *alaternus*.) Très-souvent, en effet, on appelle *Aladèr* l'Alaterne, *Rhamnus alaternus* L. Rhamnées. D'autres fois, comme dans notre arrondissement, ce nom désigne le Phylliréa, *Phyllirea media* L. Oléacées. Cultivés l'un et l'autre comme plantes d'ornement, à cause de leurs feuilles persistantes. Carbonieri a trouvé dans celles du Phylliréa un alcaloïde, la *phyllirine,* dont le sulfate peut être employé comme fébrifuge. Elles sont astringentes, ainsi que les fruits. — Le bois de l'Alaterne peut être utilisé par les ébénistes. Ses fruits, comme ceux de tous les Nerpruns, sont purgatifs ; ils donnent la couleur appelée *vert de vessie.*

ALBENCO. (Du latin *albus, albidus, albens,* blanc.) Aubier ou faux bois ; couches ligneuses entre l'écorce et le cœur (*cor.* voy. ce mot) de l'arbre, ou bois proprement dit. L'aubier est toujours plus *blanc* et plus tendre que le bois parfait.

ALBIÈ. (Parce que ses feuilles sont blanches en dessous ; même racine que celle d'*Albenco*.) Alisier, Allouchier. *Sorbus aria* Crantz. Pomacées. Son bois, très-dur, est recherché par les menuisiers, les charrons.—Avec ses jeunes branches on fait des flûtes et autres instruments à vent; aussi cet arbre est-il l'emblème des accords. L'écorce, à cause du tannin qu'elle contient, peut être employée dans la tannerie et la teinture en noir. On mange ses fruits (*albìo*) mûris sur la paille.

ALBÌO. Alise, fruit de l'*Albiè*. (Voy. ce mot.)

ALBRE. (Du latin *arbor*.) Arbre [1].

ALBRET, ALBROU (Diminutif de *albre*). Petit arbre, jeune arbre.

---

[1] On ne doit pas s'étonner que *arbor* soit devenu *albre :* l'*l* et l'*r* s'emploient souvent l'une pour l'autre. Ainsi. à Saint-Pons, nous disons : *souliè. reboulo, soulel, pairouleto, calelhado,* tandis que dans la partie élevée de l'arrondissement on dit : *souriè. rebouro, sourel, pairoureto. carelhada.*

Aledo. (Du sanscrit *alu*, racine alimentaire.) Asphodèle blanc, Bâton royal, à cause de la beauté de la plante fleurie. *Asphodelus albus* Willd. Liliacées. Les animaux sont très-friands de sa racine tuberculeuse. Celle-ci, très-féculente, peut servir à faire de la colle. En temps de disette, on en a préparé du pain :

> « Aquest'an tout es bou jusquos à las *aledos*,
> « Las costos de caulet, las racinos de bledos. »

(Guiraut Saquet, 1709.)

« Cette année tout est bon, même les asphodèles, les côtes de chou, « les racines de poirée. »

Dans ces derniers temps on en a retiré de l'alcool. L'*Aledo* serait une belle plante d'ornement. — Emblème de la résurrection, l'asphodèle blanc était au nombre des plantes qui décoraient les tombeaux des Grecs et des Romains.

Alencados. Littéralement Sardines. On appelle ainsi, probablement à cause de leur forme étroite et allongée, les feuilles du Polypode commun, *Polypodium vulgare* L. Fougères. Son rhizome, dit *réglisse des bois*, est laxatif ; inusité.

Alfabrego et Alfasego. C'est une variété à feuilles plus grandes du basilic. (Voy. *Basèli*.)

Alhet. (Diminutif de *Al*.) Jeune Ail, petit Ail.

Alibardo, (Du latin *limbarda* : l'*Inula crithmoides* L. est le *Limbarda tricuspis* Cass., Dict., 26, p. 437 : Gr. God., Fl. f., t. 2, p. 176.) Dans la partie basse de notre arrondissement, c'est à la Cupulaire visqueuse (*Inula viscosa* D. C., *Cupularia viscosa* God. et Gren.) que l'on donne le nom d'*Alibardo*. Corymbifères. Cette plante, à odeur forte, est inusitée. (Voy. *Limbardo*.)

Altea. (Du latin *althæa*, guimauve.) Sous le nom d'*Altea* on cultive un arbrisseau d'ornement, originaire de Syrie, comme l'indique son nom spécifique, la Ketmie de Syrie, *Hibiscus Syriacus* L. Malvacées. Avec l'écorce on fabrique des cordes. du papier d'enveloppe.

Amadou. (Du latin *ad manum dulce*, doux à la main.) (Voyez *Esco*.)

AMALENCO. Amélanche, fruit comestible et sucré de l'*Amalenkiè*.

AMALENKIÈ. (Du latin *amelanchier*.) Amélanchier commun. *Amelanchier vulgaris* Mœnch. Pomacées.

AMARÈL. Petite quantité de grain, de pois, de châtaignes, qu'on porte au fond d'un sac. Le mot *amarèl* n'implique pas, comme celui d'*escax*, l'idée de résidu, de dernières portions. (Voy. *Escax*.)

AMARGAL. Ivraie vivace. Vulg*t*. *Ray-Grass* des Anglais. Fausse Ivraie. *Lolium perenne* L. — On fait avec cette Graminée des gazons, des prairies artificielles.

AMARINIÈ. Osier. (Voyez *Amarino*.)

AMARINO. Scion, brin d'Osier jaune ou Osier franc, *Salix alba*, var. *vitellina*, Ser., *Salix vitellina* L.; d'Osier blanc, *S. alba* L.; d'osier vert, *S. viminalis* L., et de quelques autres *Salix*. Salicinées. On fait, avec le bois de Saule, des planches, du charbon pour la poudre de chasse; avec les scions, des liens, des paniers, des cages. La chimie a retiré de l'écorce un principe actif amer, la *salicine*, inusitée.— Le mot *amarino* viendrait-il de *amaritudo* qui signifie amertume? Les osiers, en effet, ont une saveur amère. Ou bien dériverait-il du latin *ad marinum* (sous-ent. *locum*), c'est-à-dire qui croît dans les lieux humides, par allusion à l'habitat de ces plantes au bord des eaux? (Voyez *Sause*.) — C'est sans doute à cause de son nom d'*Osier franc* qu'on en a fait le symbole de la franchise et qu'on dit proverbialement : *franc comme un osier*.

AMBRÒSI. (Du latin *ambrosia*, ambroisie). Santoline, Garderobe. *Santolina chamœcyparissus* L. Corymbifères. Son odeur éloigne, dit-on, les insectes des vêtements. C'est un anthelmintique.

AMELIÈ. (Du grec ἀμύγδαλῆ, amandier.) Amandier cultivé. *Amygdalus communis* L. Type de la famille des Amygdalées. L'Amandier sert à faire des haies productives. Son écorce laisse suinter une gomme. (Voy. *Mèrdo-de-coucut*.) — Sa floraison

trop hâtive, et par suite souvent avortée, a fait de l'Amandier
l'emblème de l'étourderie.

Amèllo. (Du grec ἀμύγδαλον, amande.) Amande, fruit de
l'*Ameliè*. L'*amèllo duro*, amande dure, à noyau dur, osseux, est
produite par l'*Amygdalus communis,* var. *ossea ;* l'*amèllo tendro*
ou *de damo,* amande des dames ou à coque mince, fragile,
provient de l'*A. communis,* var. *fragilis.* L'*amèllo douço,*
amande douce, est le fruit de la variété *dulcis ;* l'*amarganto,*
l'amère, de la variété *amara.* L'usage alimentaire et médicinal
des amandes est connu. — L'amande amère peut être vénéneuse à une dose même peu élevée : elle contient l'un des
plus violents poisons, l'*acide cyanhydrique.* Il y a dans toutes
une espèce d'albumine soluble, nommée *émulsine* ou *synaptase.*
Les amères renferment, en outre, un principe particulier,
l'*amygdaline.* Celle-ci et la synaptase, sous l'influence de l'eau,
donnent naissance à l'odeur et au goût propres aux amandes
amères, en formant de l'acide cyanhydrique et une huile essentielle (*hydrure de benzoïle*).

Amèlloù. Amandon ; amande ; la chair contenue dans le
noyau. (Voy. *Closc.*)

Amoureto. (Voyez *Hèrbo d'amour.*)

Amourèu. (Racine, *amouro.*) On donne ce nom à la plante
et au fruit. Framboise, Framboisier. *Rubus idœus* L. Rosacées.
Spontané et cultivé. Le fruit est alimentaire, médicinal. Il
communique au vin, à l'alcool, un arome délicieux. J'en ai
fait de la gelée excellente. — Le Framboisier est l'emblème
du doux langage, parce qu'on a dù comparer la douceur du langage au doux parfum de la framboise.

Amourié. (Du latin *morus.*) Mûrier blanc, *Morus alba* L., et
Mûrier noir, *M. nigra* L. Morées. Originaires de l'Asie mineure, l'un et l'autre cultivés, surtout le Mûrier blanc, pour
élever le ver à soie (*magnan*). Le fruit des Mûriers est appelé
amouro. (Voy. ce mot.) — Contrairement au fol Amandier, le
Mûrier blanc ne revêt sa livrée printanière que lorsque les der-

nières gelées blanches ne sont plus à craindre : aussi l'antiquité en fit-elle le symbole de la prudence.

Amouro. Mûre, fruit des Mûriers blancs et noir. (V. *Amouriè*).

Amouro de bartas, ou seulement Amouro. Le mot patois
amouro vient du celtique *mor*, noir, dont le latin a fait *morus*,
et celui de *bartas*, du grec βάτος, ronce. Mûre, fruit de la
Ronce. (Voy. *Roume*.) Toutes les mûres sont alimentaires, rafraîchissantes, légèrement astringentes. On en fait un sirop,
de la confiture. Les mûres de Ronce servent à colorer le vin ;
n'ayant rien de repréhensible comme matière colorante, elles
devraient être le seul fruit employé à cet usage.

Angelico. (Du latin *angelica*, tiré lui-même du grec ἄγγελος,
ange ; allusions aux propriétés médicales attribus au type
du genre.) Angélique sauvage. *Angelica sylvestris* L., var.
elatior Wahlenb. (*Angelica montana* Gaud.) Ombellifères. —
On prend souvent pour l'Angélique sauvage la Berce de Lecoq,
Heracleum Lecokii Gr. Godr. (Voy. *Pastenago*.) L'Angélique employée par les pharmaciens et les confiseurs est l'*A. archan-
gelica* L. Excitant stomachique. — L'Angélique est l'emblème
de l'inspiration, soit parce qu'on la connaît sous le nom d'*herbe
du Saint-Esprit*, soit parce que les Lapons s'imaginent qu'une
couronne de cette plante échauffe leur muse et leur inspire de
beaux vers.

Anièlo. (On a fait dériver ce mot du latin *nigella*, diminutif
de *nigra*, à cause de la couleur noire de ses graines. J'admet-
trais plus volontiers qu'*anièlo* vient du sanscrit *anila*, bleuâtre
par allusion à la couleur rouge violette de ses fleurs.) Nielle
des champs, Agrostème nielle, Couronne-des-blés. *Agrostemma
githago* L. Silénées. La plante verte plaît aux animaux. On a
dit que ses graines dépréciaient la qualité du blé, mais qu'elles
n'étaient pas malfaisantes ; il faut se rappeler néanmoins
qu'elles contiennent de la *saponine* (*githagine*), substance délétère.

Anis et Fenoul d'anis. (Du latin *feniculum*, fenouil : *anisum*,
du grec ἄνισον, anis. Anis vert, fruit du Boucage anis. *Pimpi-*

nella anisum L. Ombellifères. Originaire d'Egypte. Cultivé.
Médicinal. On extrait des fruits une huile volatile, dite *essence
d'anis*. (Voy. *Fenoul d'anis*.)

Api. Très-souvent le patois et le latin ont la même origine,
et des mots patois que l'on croirait dérivés du latin viennent
souvent du sanscrit ou du celtique. Le mot *àpi* en est une
preuve nouvelle. « D'après M. Pictet, *apium* viendrait du sanscrit *ap*, eau, *apya*, qui croît dans l'eau. Au neutre, *apyam*
a fait en latin *apium*. » (Eug. Fournier, *Bul. de Soc. bot.*
t. 17, p. xxxvi.) — Céleri. C'est l'Ache des marais cultivée.
Apium graveolenes L. Ombellifères. Il y en a plusieurs variétés,
toutes employées dans l'art culinaire. Le Céleri-Rave, *A. graveolens*, var. *rapa*, n'est cultivé que pour sa racine. Les feuilles
du Céleri contiennent beaucoup de *mannite*.

Api salbage. (Même étymologie. *Sylvaticum*, sauvage.) Céleri sauvage, Berle nodiflore, Parasol des marais. *Heloscia-
dium nodiflorum* Koch. Cette Ombellifère passe pour vénéneuse.

Aradèl. Ce mot n'est autre chose que *Aladèr* (Voy. ce mot),
défiguré par la transposition des lettres *l*, *r*.

Aramoun. Aramon. Ce cépage tire son nom d'un village
du Gard (Voyez *Rabalaire*.)

Arboussiè. (Du latin *arbutus*.) Arbousier des Pyrénées, Arbousier fraisier. *Arbutus unedo* L. Ericinées. Spontané et cultivé. Arbrisseau d'agrément et productif. Ses feuilles peuvent servir au tannage des cuirs.

Arbousso. Arbouse, fruit de l'*Arboussiè* (Voy. ce mot). On le
mange dans le midi de la France. Additionné de sucre et
d'essence de citron, il m'a donné une confiture excellente.
Fermenté, il produirait un liquide alcoolique. Il contient une
quantité notable de sucre de fruit, de la *parapectine*, de l'*acide
métapectique*. etc. (Filhol).

Archichaut. (Voy. *Artichaut*.)

Ardiol. (*Ard*, radical de *ardens*, ardent, brillant, et *iol*, de *oculus,* œil, c.-à-d. œil brillant.) L'homme des champs a bien pu appeler *ardiol,* œil brillant, le Populage aux larges corolles jaunes luisantes, — fleurs des plus grandes parmi les fleurs jaunes indigènes, — puisque, longtemps après, l'homme de la science a donné à une tulipe, à cause de sa beauté, le nom pompeux d'*oculus solis,* œil du soleil. Populage des marais. Vulg^t Souci d'eau. *Caltha palustris* L. Ranunculacées. Cette plante, que les animaux refusent, devrait être cultivée dans les parterres comme plante d'ornement, mais il lui faudrait un sol marécageux et une certaine altitude. (Voy. *Pairouleto.*)

ARIPOUNCHOU et ARIPOUNXOU. (Du latin *rapunculus.*) Raiponce, Campanule raiponce. *Campanula rapunculus* L. Type de la famille des Campanulacées. Les jeunes pousses se mangent en salade, en hiver; la racine, au printemps (Voy. *Salado menudo*). On appelle aussi *Aripounxou* deux autres espèces du même genre : la Campanule étalée, *Campanula patula* L., et la C. gantelée, Gant-de-Notre-Dame, *C. trachelium* L. — Est alimentaire aussi, la racine de la Raiponce sauvage ou R. en épi, *Phyteuma spicatum* L. Campanulacées.

ARJALAS. Genêt épineux. *Genista scorpius* D. C. Papilionacées. Sert à chauffer les fours, comme tous les genêts épineux.

ARNICA. (Du latin *arnica*). Arnique, Bétoine des montagnes, Tabac des Vosges. *Arnica montana* L. Corymbifères. Cette plante est stimulante, vulnéraire, sternutatoire. W. Bastick a retiré des fleurs un principe amer particulier, l'*arnicine.* — Les bestiaux ne broutent point l'Arnica. — Cette plante est très-souvent appelée *Hèrbo de betouèno,* mais n'est pas la Bétoine. (Voy. *Broutounica.*)

ARNIGO. Genêt à fleurs velues. *Genista pilosa* L. Papilionacées. Brouté par les bestiaux, comme tous les genêts inermes. — Le mot *arnigo* ne dériverait-il pas du grec ἄρνειος, d'agneau, soit parce que les troupeaux broutent la plante, soit parce que le duvet de celle-ci rappelle jusqu'à un certain point la toison des agneaux ?

AROFO. (De ἄρραφος, qui est sans couture, les balles étant formées de plusieurs pièces distinctes.) La balle du Blé, et surtout de l'Avoine, dont les gens pauvres font des matelas. —
Quelquefois, mais rarement, *Arofo* est employé comme synonyme de *Couscoulho, Peloufo* (Voy. ces mots.)

ARTICHAUT, ARTIXAUT. (Ἀρτυτικά, artichauts.) Artichaut commun. *Cynara scolymus* L. Cynarocéphales. Cultivé. On n'en
mange que le réceptacle et les écailles de l'involucre, avant
l'épanouissement des fleurs. Le *cynarin,* son principe actif, a
été préconisé comme fébrifuge.

ASAROT. *Asarot* aurait-il la même étymologie que *Asedur*
(Voy. ce mot)? Je crois plutôt qu'il dérive du grec: ά privatif;
σαίρω, j'orne : je n'orne pas, c'est-à-dire fleur sans éclat. Sy-
comore, Grand Érable, Faux Platane. *Acer pseudo-platanus*
L. Acérinées.

ASEDUR. (Du latin *acer*, vigoureux ou dur.) Érable commun.
Acer campestre L. Acérinées. Tous les Érables servent pour
le chauffage ; ils sont très-estimés par les ébénistes, les menuisiers, les tourneurs.

ASPIC. (Du latin *spica*, épi.) Lavande en épi, Spic. Le nom
d'*Aspic* s'applique indistinctement au *Lavandula spica* L. et au
L. latifolia Vill. Labiées. Dans le département de l'Hérault
on en extrait l'*huile de lavande, huile de spic* et par corruption
d'*A'spic*, employée en médecine vétérinaire et en parfumerie.
— On a fait de cet arbuste l'emblème de la défiance.

AUBERGINO et BIÈTDASE. Aubergine ou Mélongène. *Solanum
melongena* L. Solanées. Exotique, cultivée. Le fruit alimentaire. (Voy. *Biètdase.*)

AUBERGINO SALBAJO. Aubergine sauvage. On appelle ainsi
la Lampourde à gros fruits. *Xanthium macrocarpum* D. C. Ambrosiacées. (Voy. *Gafarot.*)

AUBÈRGO et ALBÈRGO. Alberge, Pavie. Sorte de pêche dont
la chair est jaune et ferme. Fruit de l'*Amygdalus persica*
L. Amygdalées. (Voy. *Pessiè. Prèsse.*)

Aubrespi et Albrespi. (Racine, *albre*, du latin *arbor*, arbre ; *espino*, du latin *spina*, épine.) Aubépine, Buisson. Épine blanche. *Cratægus oxyacantha* L., et *C. monogyna* Jacq. Pomacées. Le bois sert à faire des haies, des ouvrages de tour, des cannes. (Voy. *Poumeto, Bouissou.*) — L'Aubépine est le symbole de l'espérance : ses fleurs nous annoncent le retour du printemps et nous font espérer de beaux jours.

Aucèl-pico-l'abelho. (Du latin barbare *avicellus*[1], du celtique *picken,* du latin *apicula,* oiseau qui becquète l'abeille ; de ce que le gynostème de la fleur a la forme d'un bec d'oiseau et que le labelle figure une abeille.) Abeille, Ophrys abeille. *Ophrys apifera* Huds. Orchidées. Souvent j'ai vu prendre pour l'Abeille une espèce voisine qui lui ressemble beaucoup, l'Ophrys frelon, *Ophrys scolopax* Cav.

Aurelheto. Oreillette, Tremelle oreillette. *Peziza auricula* L. (*Tremella auricula* Huds.) Champignon comestible.

Auricot. (Du grec ἀρμενιακόν, sous-entendu μῆλον, pomme d'Arménie.) Abricot, fruit de l'*Auricoutiè*. (Voy. ce mot.)

Auricoutiè. (Du grec ἀρμενιακή, sous-entendu μηλέα, pommier d'Arménie.) Abricotier. *Prunus armeniaca* L. Amygdalées. Originaire d'Arménie. Par la culture il a donné un grand nombre de variétés.

Auriolo. Centaurée chausse-trape, Chardon étoilé. *Centaurea calcitrapa* L. Cynarocéphales. Diurétique, fébrifuge (?) Cette plante contient une substance oléagineuse, l'*acide calcitrapique* (Collignon). Il ne faut pas confondre l'*Auriolo* avec la *Lauriolo* (Voyez ce dernier mot.) — La Chausse-trape est également connue sous le nom de *Calcatreplo*. — Il est une autre espèce que l'on connaît aussi sous le nom d'*Auriolo* : c'est la Centaurée du solstice, *Centaurea solstitialis* L. Cynarocéphales.

Ausi. Chêne vert, Yeuse. *Quercus ilex* L. Cupulifères. (Voy. *Euse.*

Ausino. (Voyez *Ausi, Euse.*)

---

[1] Voyez *De la Formation des mots*, pages 36 et 37.

B

Balajous. Diminutif de *balàjo*, balai. (Le mot *balàjo* ne viendrait-il pas du latin *palea*, paille, puisqu'on fait des balais avec les panicules ou paille du *Sorghum vulgare* Pers. et du *Phragmites communis* Trin. ?) Littéralement, petit balai. Rouvet blanc. *Osyris alba* L. Santalacées. Cet arbrisseau sert à faire de petits balais, d'où son nom patois de *balajous*.

Balco. Scirpe des étangs, *Scirpus lacustris* L. et Jonc des marais, des chaisiers. *Heleocharis palustris* R. Brown. Cypéracées. Les tiges sont employées pour nattes, paniers, chaises, litières.

Baleriano. (Du latin *valeriana.*) Valériane officinale, Herbe aux chats. *Valeriana officinalis* L. Valérianées. Officinale, antispasmodique. A l'état spontané, elle est très-rare aux environs de Saint-Pons, où parfois on en cultive un pied dans les jardins. Outre son huile essentielle, elle contient un acide particulier, l'*acide valérianique*, avec lequel on prépare des valérianates très-employés en médecine.

Balsami. Balsamine. *Balsamina hortensis* L. Plante exotique et d'ornement, de la famille des Balsaminacées.

Baraire, Varaire. (Du latin *veratrum.*) Vératre blanc, vulgairement Varaire, Ellébore blanc. *Veratrum album* L. Colchicacées. Plante vénéneuse. Sa racine pulvérisée est un drastique très-violent; sternutatoire, antipsorique. La *vératrine* est son principe actif. — On appelle aussi *Baraire* l'Ellébore vert, *Helleborus viridis* L., plante de la fam. des Ranunculacées.

Bartas. (Du grec βάτος, ronce.) Hallier, Buisson épais, Ronce. (Voy. *Roume.*)

Baséli. (Du latin *basilicus, a, um,* qui, lui-même, vient du grec βασιλικός, ή, όν, royal.) Basilic cultivé. *Ocimum basilicum* L.

Labiées. Aromatique, employé comme condiment. Originaire des Indes orientales. — Le Basilic, malgré son nom d'*Herbe royale,* est l'emblème de la pauvreté, probablement parce que très-souvent cette plante orne modestement la mansarde de l'ouvrier.

Basèli salbage. Basilic sauvage, Pied-de-lit, Clinopode commun. *Calamintha clinopodium* Benth. Plante de la famille des Labiées. Inusitée.

Batotiouliè et Batokiouliè. (Du grec κυνόςβατος, églantier ; de βάτος, buisson ; κυνός, du chien). Qui produit la *Batotioulo.* (Voy. ce mot).

Batotioulo et Batokioulo. (De βάτον, fruit de ronce ou de buisson, et de κυνάς, églantier.) Gratte-cul, Cynorrhodon. Fruit du Rosier des chiens ou Églantier, *Rosa canina* L., et de quinze à vingt autres Rosiers. Rosacées. Médicinal. Peu usité. (Voy. *Batotiouliè*).

Baume. (Du latin *balsamum,* tiré lui-même du grec βάλσκμον, baume.) Menthe gentille, vulgairement Baume des jardins. *Mentha gentilis* L. Plante de la famille des Labiées. Aromatique.

Bè et Besc de Poumiè. (*Bè* et *besc,* d'origine celtique, ont donné naissance au mot *viscum* (gui) des Latins. *Poumiè,* du latin *pomum*). Gui commun. *Viscum album* L. Loranthacées. Plante parasite des Chênes, Pommiers et Poiriers. Il faut la détruire. De ses fruits on retire de la glu. Le gui de Chêne était en grande vénération dans le culte druidique. Il est le même que celui des Poiriers, des Pommiers, etc. (Voy. *Besc, Abesc.*)

Bedisso. Scion du Saule blanchâtre, *Salix incana* Schrank. Salicinées. (Voy. *Amarino.*)

Bèlo-de-l'albo. (Du latin *bellus,* beau ; *albus,* blanc.) La Belle-de-l'aube, parce que ses fleurs s'ouvrent aux premiers rayons du soleil.....

Bèlperiè. Morelle douce-amère, vulgairement Morelle grimpante. *Solanum dulcamara* L. Solanées. Ses tiges sont sudorifiques, ses baies vénéneuses. Outre un principe immédiat nommé *solanine,* les tiges de cette plante contiennent une nouvelle base, la *dulcamarine* (Wittstein). — Comme l'indique son nom, cette plante possède à la fois une saveur douce et amère ; elle est l'emblème de la vérité, qui, elle aussi, douce et amère, plaît aux uns et déplaît aux autres.

Bèni-me-quèrre-que-te-guerirèi. (Du latin *venire, me, quæ-vere, quòd, te, curare.*) Viens-me-chercher-que-je-te-guérirai. C'est la Sauge des prés, *Salvia pratensis* L., et aussi, mais plus rarement, la Sauge verveine, *Salvia verbenaca* L. Labiées. Les Sauges sont stimulantes. Les bestiaux les refusent. A détruire dans les prés.— Ce nom, ou plutôt cette phrase hyperbolique, *bèni-me-quèrre-que-te-guerirèi,* devrait à la rigueur s'appliquer à la Sauge sclarée, Orvale, Toute-Bonne, *Salvia sclarea* L., qui dans le temps a joui d'une certaine réputation, mais dont les prétendues vertus, comme celles de ses congénères, sont à bon droit oubliées aujourd'hui. (Voy. *Salbio* et *Hèrbo de bèni-me-quèrre-que-te-guerirèi.*)

Beno d'Al. (Du latin *vena,* veine ; *allium,* ail.) Caïeu d'Ail, petit bulbe. L'ensemble des caïeux constitue la tête d'Ail, la *cabosso d'Al.* (Voy. *Cabosso d'Al, Al.*)

Bérgne. (Du latin *verna,* sous-entendu *arbor,* arbre printanier, parce qu'il pousse beaucoup au printemps. *Cous.*) Aulne commun, Vergne. *Alnus glutinosa* Gartn. Bétulacées. Bois pour pilotis et conduites d'eau, pour charronnage. L'écorce teint la laine en noir.

Bermeno et Berbeno. (Du latin *verbena.*) Verveine sauvage, *Verbena officinalis* L. ; et Verveine Citronnelle ou à trois feuilles, *Lippia citriodora* Kunth. Verbénacées. La Verveine sauvage, devenue l'emblème de l'enchantement, a joué un grand rôle dans la sorcellerie ; les anciens lui attribuant des propriétés miraculeuses, l'appelaient *Herbe sacrée.* — La Verveine Citronnelle, ou du Pérou, est cultivée à cause de son arome. On en fait des infusions théiformes. Voy. *Limouneto.*

Berounico. (Du grec βερονίκη.) Véronique. Ce nom s'applique à beaucoup d'espèces du genre *Veronica*, de la famille des Scrofulariacées. On prenait autrefois, sous le nom de *thé d'Europe*, l'infusion de la Véronique officinale, *Veronica officinalis* L. Les Véroniques sont broutées par les bestiaux, particulièrement par les moutons ; mais c'est auprès du vulgaire que ces plantes jouissent d'une grande réputation, témoin ce dicton populaire :

La Berounìco
Al medecì ie fa la nìco ;

Ce que nous traduirons librement :

La Véronique guérit bien
Sans le secours du médecin.

(Voyez *Roullà*.)

Besc. (Mot d'origine celtique. Les Latins en ont tiré leur mot *viscum*, glu.) Glu. On l'extrait du Gui blanc et du Houx commun. (Voy. *Bè de Poumiè, Griffoul* et *Lantrèso*.) La glu contient deux substances : l'une soluble, la *viscine* ; l'autre insoluble, la *viscaoutchine*, ou mieux *viscosine* (Reinsch).

Besso. (Du latin *vicia*.) Vesce commune. *Vicia sativa* L. Papilionacées. Cultivée comme plante fourragère, spontanée dans les moissons. Toutes les Vesces sont de bons fourrages.

Besso d'ase. (Du latin *vicia*, vesce ; *asinus*, âne.) Vesce d'âne, Gesse des bois. *Lathyrus latifolius* L. Papilionacées. Bon fourrage pour les vaches et les moutons.

Bidalbo. (Du latin *vinea* ou *vitis*, vigne ; *alba*, blanche.) Clématite des haies, Vigne blanche, Viorne. *Clematis vitalba* L. Ranunculacées. Cette plante sarmenteuse sert à garnir des tonnelles, à faire des liens et des ouvrages de vannerie. Elle est vénéneuse ; dans le Midi, néanmoins, on mange les jeunes pousses en guise d'asperges (*Bidalbous*). — La Clématite, appelée *Herbe aux gueux*, est l'emblème de l'artifice : les mendiants, avec ses feuilles âcres et brûlantes, font naître sur leur peau des plaies factices et légères, pour stimuler la charité publique.

BIDALBOUS. (Racine, *bidalbo.*) Jeunes pousses ou brèdes de la Clématite des haies. (Voy. *Bidalbo.*)

BIÈTDASE. (Voy. *Aubèrgino.*) *Bisage d'ase.* et par contraction *Biètdase,* du latin *vultus,* visage ; *asinus,* àne. Il ne faut pas chercher ailleurs que dans leur forme allongée une ressemblance entre l'Aubergine et le *visage* d'un àne. Ce terme de mépris n'a dû être donné à la Mélongène que pour exprimer le peu de cas qu'on fait de ce fruit. Mais soyons juste avant tout : l'Aubergine, bien préparée, n'est pas, à notre avis, aussi *biètdase* qu'on l'a dit.

BIGARRÈU. Bigarreau, grosse cerise qui tire son nom de la bigarrure de sa peau blanche et rose. Fruit du Bigarreautier, *Cerasus duracina* D. C., variété du *Prunus avium* L. ou *Cerasus avium* D. C. Amygdalées.

BIGNO. Terrain planté de vignes.

BIGNO. Les mots patois *bigno* ou *binho,* et latin *vinea,* vigne, n'auraient-ils point l'un et l'autre leur origine dans le sanscrit *véna,* qui signifie à la fois excellent et vin ? Vigne cultivée, Vigne de Noé. *Vitis vinifera* L. Ampélidées. Plante précieuse, dont voici les produits bien connus : la feuille, le sarment, le verjus, le raisin, le moût, le *raisiné* ou rob, le vin, l'eau-de-vie, l'alcool, le vinaigre, le marc, la lie de vin, les cendres gravelées, le tartre ou tartrate de potasse, l'acide tartrique.

BIGNO SALBAJO. (Voy. *Trilho salbajo.*)

BIM. (Voy. *Amarino, Bourdièiro, Bedisso.*) — Le mot *bim,* que l'on prononce *bin,* vient du latin *vimen,* osier. Mais *bim* ne serait-il pas plutôt le radical du latin *vimen* ? (Voir ce qui a été dit à la *Formation des mots.*)

BINAGRÈLO. (Racine, *binagre,* du latin *vinum,* vin ; *acre,* aigre ; à cause de sa saveur acide, analogue à celle du vinaigre.) Petite Oseille, Oseille de brebis. *Rumex acetosella* L. Polygonées. Alimentaire. Tous les bestiaux la mangent, particulièrement les brebis, qu'elle préserve de la maladie appelée *pourriture.* Elle contient de l'*oxalate de potasse.*

Biradèlo. (Racine *bira*, du celtique *vira*, dont le latin a bien pu faire *gyrare*, tourner. Ce nom, *biradèlo, plante qui tourne*, est dû à ses pétioles tortiles, avec lesquels elle s'accroche aux arbustes voisins pour grimper.) Clématite odorante. *Clematis flammula* L. Ranunculacées. Ses usages sont les mêmes que ceux de sa congénère la *Bidalbo*. (Voy. ce mot.) On peut la donner sèche aux bestiaux.

Biro-soulel. (Soulel que biro.) (Du latin *sol*, soleil; du celtique *vira,* tourner.) Si, avant la conquête du Pérou par les Espagnols, l'Hélianthe n'eût pas été consacrée au soleil, sa fleur au grand disque jaune, entouré de ligules rayonnantes, aurait bien pu être comparée à cet astre et lui emprunter son nom. Comme elle est tournée constamment vers le soleil levant, on en a fait le symbole de l'adoration et on l'a nommée *Biro-soulel, qui se tourne vers le soleil.* Soleil, Tournesol. *Helianthus annuus* L. Corymbifères. Exotique. Cultivé pour ses grandes fleurs. Les fruits (achaines [1]) se donnent aux oiseaux. On en extrait une huile grasse.—Une autre espèce, l'*Helianthus tuberosus* L., produit le *Topinambour*.

Bise. Sarment; bois flexible que pousse un cep de vigne. — Du mot *bise* le latin barbare a fait celui de *bisus,* qui signifie noirâtre.

Biuleto. (Du latin *viola*.) Violette. Violariées. On croit généralement, dans l'arrondissement de St-Pons, que les Violettes n'ont plus d'odeur après le 25 mars; c'est une erreur. Il est bon de rappeler que plusieurs espèces sont inodores : la Violette hérissée, *Viola hirta* L. ; la V. des bois, *V. sylvatica* Fries ; la V. des chiens, *V. canina* L., etc. La Violette odorante, *V. odorata* L., est cultivée à cause de son arome ; elle double et varie. Les fleurs de Violette sont béchiques. On en prépare un sirop qui sert de réactif chimique. — La Violette odorante est l'emblème de la modestie ; la Violette blanche, celui de la candeur.

Biuleto blanco. (Du latin *viola*, violette ; de l'allem. *blauk,*

[1] Voir la note de la p, 60.

clair.) Violette blanche, Pensée sauvage. *Viola tricolor* L. et ses nombreuses variétés, dont on fait aujourd'hui autant d'espèces. Violariées. Dépurative. Cette espèce a donné, par la culture, un grand nombre de variétés, appelées *Pensées*, à fleurs omnicolores et de toute beauté. — Elle porte aussi le nom de *Pensado salbajo*.

Biuleto d'ase. (Du latin *viola, asinus.*) Violette d'âne. (Voy. *Proubenco.*)

Biulié et Biulié jaune. (Du latin *violarium;* de l'italien *giallo.*) Giroflée violier, Giroflée jaune, Violier jaune. *Cheiranthus cheiri* L. Crucifères. L'horticulture en a obtenu, comme plantes d'ornement, de superbes variétés à fleurs doubles. — Les ménestrels suivaient à la guerre les seigneurs auxquels ils s'étaient attachés, et, pour leur prouver leur attachement fidèle, même dans le malheur, ils ornaient leur chapeau d'un rameau de Giroflée jaune, emblème de la fidélité au malheur.

Blad. (De l'allemand *blatt,* pampe de blé ; le latin barbare en a fait *bladum,* blé.) (Voy. *Blat.*)

Bladeto. (Racine, *blad,* blé.) Petit Blé, qualité de Blé fin qui fait un pain très-blanc. (Voy. *Seroudo.*)

Blasinié. (Du latin *vagina,* gaîne.) Gaînier, Arbre de Judée. *Cercis siliquastrum* L. Césalpiniées. Venu d'Orient, mais spontané dans plusieurs localités de notre arrondissement. Ses graines peuvent se manger. Ses fleurs roses et précoces en font un arbre d'ornement. Les ébénistes tirent un excellent parti de son bois. — Nous ignorons pour quel motif on a fait du Gaînier l'emblème de l'hypocrisie.

Blat. Blé ordinaire, Froment. *Triticum vulgare* Vill. Graminées. C'est le plus cultivé. Il contient de l'amidon, du *gluten,* principe nutritif ; fermenté, il donne de l'alcool. D'après MM. Fabre et Dunal, l'*Ægilops triticoides* Rcq. serait l'origine du Blé cultivé (?) — (Voy. *Seroudo.*) Le Blé est l'emblème de la richesse.

BLAT NEGRE. (A cause de la couleur de la partie extérieure de l'akène et de la propriété nutritive de celui-ci. De l'allemand *blatt*, du latin *nigrum*.) Renouée, vulgairement Blé noir, Sarrasin. *Polygonum fagopyrum* L. (Asie.) Sarrasin de Tartarie. *P. tartaricum* L. (Sibérie.) Polygonées. Cultivé sur les montagnes de l'arrondissement de Saint-Pons. Ses fruits contribuent à la nourriture de l'homme et des animaux.

BLEDO. (Du grec βλίτον, ou du celtique *bett*, rouge.) Bette, Blette, vulgairement Poirée. *Beta vulgaris* L. Var. *cycla* L. Salsolacées. Plante potagère. Les feuilles seules sont employées. On utilise les pétioles et la nervure médiane sous le nom de *costos de Bledo, côtes de Bette.* (Voy. *Costo.*)

BLEDORABO et BLEDERABO. (Du grec βλίτον, ou du celtique *bett*, rouge, et du latin *rapa*, rave.) Betterave. *Beta vulgaris* L., var. *rapacea* Koch. Salsolacées. Cultivée sur une grande échelle pour sa racine grosse, à chair rouge, jaune ou blanchâtre, alimentaire pour l'homme et surtout pour les bestiaux. On en extrait de grandes quantités de sucre, d'alcool et de potasse.

BLET. (Du celtique *bett*, rouge, le grec a tiré βλίτον, et le latin *blitum*, blette.) Amaranthe blette. *Amaranthus blitum* L. Amaranthacées. Le mot *blet* désigne plusieurs espèces du même genre. Les Amaranthes infestent les terres cultivées; il faut les détruire avant la fructification.

BLUET. (Racine, *blu;* de l'allemand *blau*, bleu.) Centaurée bleuet, Bleuet, vulgairement Barbeau. *Centaurea cyanus* L. Cynarocéphales. Jadis ses fleurs passaient pour ophthalmiques. — L'azur délicat de ses élégantes corolles a fait prendre le bleuet pour l'emblème de la délicatesse.

BOLO-CAUT. (Du latin *volo* et *calidus*. De *bolo*, il vole; *caut*, chaud.) Les fruits (achanes[1]) des Chicoracées, arrivés à leur

---

[1] *Achane* pour *Akène.* Χαίνω, s'ouvrir, aoriste ἔχανον, donne χάσις, ouverture, et le composé ἀχανής, qui signifie exactement, comme le mot *achane:* ne s'ouvrant pas, ne pouvant s'ouvrir, fermé. (M. J. Duval-Jouve, *Bull. de la Soc. bot.*, t. XVII, p. 72.)

maturité, forment, par le développement complet de leurs aigrettes, une tête sphérique, légère, appelée *Bolo-caut,* dont les diverses parties *s'envolent* au moindre souffle : ce qui a lieu dans la *chaude* saison.

Bolo de Cipriè. (Du celtique *bolo,* ventre, rotondité, d'où nous avons pris notre mot patois *bolo,* en latin *bulla,* boule ; du grec κυπάρισσος, dont le latin a fait *cyparissus,* cyprès. Boule de Cyprès. (Voy. *Cipriè.)*

Bolo de Garric. (Boule de Chêne blanc.) Galle, petite excroissance qui vient en forme de boule sur les feuilles du Chêne blanc. Elle contient du *tannin,* mais beaucoup moins que la galle d'Alep. (Voy. *Garric;* pour l'étymologie, voy. *Bolo de Cipriè* et *Garric.)*

Bosc. (Du gothique *boschen.)* Bois, forêt.

Boso. Massette, Masse d'eau, Roseau des étangs. *Typha latifolia* L. et *T. angustifolia* L. Thyphacées. On en fait des nattes, des paillassons, des chaises, etc.

Bouès blanc. Bois blanc. C'est le nom vulgaire du bois des Saules et des Peupliers (*Salix* et *Populus.*) (Voyez *Piboul, Sause.)—(Boues,* de l'allemand *bosch,* bocage ; *blanc,* de l'allemand *blauk,* clair.)

Bouès de Campet. (Voyez *Campet.)*

Bouis. Buis. *Buxus sempervirens* L. Euphorbiacées. Son bois, dur et susceptible de prendre un très-beau poli, est recherché par les graveurs et les tabletiers. Les feuilles remplacent quelquefois, mais à tort, le houblon dans la fabrication de la bière. On en a retiré un principe actif, sudorifique, la *buxine.* — Du mot *bouis* sont venus *Bouis* et *Bouisset,* noms d'homme et de localité, et *Bouissièiro* [1], nom d'homme, nom de hameau et nom qui signifie terrain couvert de Buis. (Voy. *Sinèlo.)* Le mot *bouis* (buis) est un mot celtique que nous avons conservé

---

[1] Le mot *bouissièiro* est formé de *bouis.* buis, et de l'arabe *sirra,* ou *sierra* en espagnol, montagne.

intact. Les Latins, qui, d'après le témoignage de Denys d'Halicarnasse et de Varron, ont fait beaucoup d'emprunts à la
langue celtique, ne lui auraient-ils pas emprunté leur *buxus*,
qu'ils prononçaient *bouxous*, et les Grecs πύξος, buis? — Conservant sa verdure dans les terrains secs et arides et pendant
les hivers les plus rigoureux, le Buis est l'emblème du stoï-
cisme.

Bouis salbage. Buis sauvage, parce que ses feuilles rappellent celles du Buis. Troëne commun. *Ligustrum vulgare* L.
Oléacées. Les moutons et les vaches en mangent les jeunes
pousses. On le plante dans les bosquets. Ses rameaux flexibles
servent pour la vannerie.

Bouissou. (Racine, *bouis*.) Buisson. (Voy. *Agruneliè*, *Aubrespi*.)

Boujo. Cranson drave, Passerage drave. *Lepidium draba*
L. Crucifères. Plante très-commune dans les cantons d'Olonzac
et de Saint-Chinian. Sans usages.

Boulet. Petite boule. Synonyme de *Campairol*, de *Pradelet*.
(Voy. ces mots; pour l'étymologie, voy. *Bolo de Cipriè*.)

Bounet-de-capelà. (Du latin *capellanus*, dérivé de *capella*,
chapelle.) Bonnet-de-prêtre, Helvelle en mitre. *Helvella mitra*
L. Ce Champignon est comestible. Vient au printemps, dans
les bois humides. Chapeau membraneux, à deux, trois ou quatre lobes irréguliers, réfléchis, d'un brun noirâtre.

Bourdièiro. (Racine, *bord*.) Bordure. On appelle ainsi le
Saule à fleurs rouges, *Salix purpurea* L. (Salicinées) et les
divers autres Saules que l'on plante au bord des prés. (Voyez
Amarino.)

Bourdoulaigo, Bourtoulaigo. (De *bord de l'aigo*, bord de
l'eau, ou du latin *portulaca*, pourpier.) Pourpier commun,
ou des jardins, Pourpier doré. *Portulaca oleracea* L. Portulacées. Ses feuilles se mangent en salade.

Bournigas, Bourtigas. (Du latin *urtica*, ortie.) Hallier,

buisson fort épais. Son synonyme est *Roumegàs*. (Voy. ce mot.)

Bourracho. (Du latin *borrago*.) Bourrache. *Borrago officinalis* L. Type de la famille des Borraginées. Elle est émolliente. Cultivée dans les jardins. — Emblème de la brusquerie : les longs poils raides dont elle est hérissée repoussent vivement la main qui la saisit sans précaution.

Bourracho salbajo. (Du latin *borrago*, bourrache ; *sylvatica*, sauvage.) (Voy. *Clabelino*.)

Bourrau. Figue-fleur. (Voy. *Figuiè*.) *Bourrau* vient de *Bourrou*, bourgeon, parce que les Figues-fleurs proviennent des bourgeons fructifères, qui se développent les premiers.

Bourrou. Bourgeon. (Du latin *burra*, bourre, parce que les feuilles rudimentaires d'un grand nombre de bourgeons sont protégées contre les agents extérieurs de destruction par une sorte de *bourre* ou duvet cotonneux. Mais les mots *bourrou*, *burra* (pron. *bourra*) pourraient bien avoir leur véritable origine dans le grec βότρυς, grappe ; la jeune grappe ou le jeune rameau sortant cotonneux du bourgeon.)

Boutaire. (Racine, *bouto*, du latin barbare *voluta*, *volta* ou *vota*, voûte.) Qui voûte, qui soulève la terre. Ce nom, qui semble convenir à tous les Champignons, appartient à une seule espèce, dont la propriété caractéristique est de soulever la terre, en se développant, sans se montrer au dehors. Vulgairement appelé Coucoumèle jaune ou grise, ce Champignon, à l'état adulte, a la base de son pédicule implanté dans la *volva* comme dans une gaîne : d'où son nom d'Agaric engaîné, d'Amanite engaînée, *Agaricus vaginatus* Bull. (*Amanita vaginata* Lamk.). Il vit solitaire dans les bois ou sur la lisière des bois, de mai en novembre. Très-variable dans sa couleur, sa forme et ses dimensions. Se trouve à Saint-Chinian, non à Saint-Pons. Aliment délicat.—Une variété à chapeau bleuâtre passant au brun, l'*Amanita livida* Pers., est comestible, malgré sa réputation d'être vénéneuse.

Bouxibarbo et Bouchibarbo. Salsifis des prés, vulgairement Barbe-de-bouc. *Tragopogon pratense* L. Chicoracées. Les noms patois *Bouxibarbo*, le nom français *Barbe-de-bouc* et le nom latin *Tragopogon* (du grec τραγος, bouc; πώγων, barbe, à cause des poils de l'aigrette), ont tous les trois la même signification. *Bouc'h*, en celto-breton, veut dire *bouc*. (Voy. *Sarsifi*.)

Bouxibarbo. (Racine, *bouc, barbo*. — Du celto-breton *bouc'h*, bouc; du latin *barba*, barbe.) Barbe-de-bouc, Barbe-de-chèvre, par comparaison de ses nombreuses ramifications avec la barbe d'un bouc. On nomme ainsi la Clavaire coralloïde, *Clavaria coralloides* L.; la Clavaire jaune, *Cl. flava* Schœf., et la Clavaire améthyste, *Cl. amethystina* Bull., Champignons tous comestibles.

Bragalou. Aphyllanthe de Montpellier, vulgairement Jonciole, *Aphyllanthes monspeliensis* L. Liliacées. Sans usages.

Bragos-de-coucut. (Du celtique *brak*, dont le latin a fait *brachœ, braccœ*, braies; et du celto-breton *coucouk*, dont les Latins firent leur *coculus*, coucou.) Digitale pourprée, vulgairement Braies-de-cocu ou coucou. *Digitalis purpurea* L. Scrofulariacées. Plante médicinale, très-vénéneuse, dont le principe actif, la *digitaline*, est éminemment toxique. — C'est par erreur sans doute qu'on donne à cette plante le nom patois de *Bragos-de-coucut*. Je ne vois aucune raison motivant, de près ou de loin, cette appellation, qui convient beaucoup mieux à la Primevère. (Voy. *Printanièiro*.) Le nom de *Campanos*, que porte aussi la Digitale, est bien plus rationnel; ses corolles pendantes, à orifice évasé, ont un peu la forme *campanulée*. Cette forme tubuleuse, conique, a fait donner à la Digitale les noms vulgaires de *Gants-de-Notre-Dame, Gantelée, Doigtier;* de là vient que cette plante est l'emblème du travail.

Branco. (On pense que ce mot vient du gothique *barkos*, dont le grec aurait fait βραχίων, bras, le latin *brachium* et le latin barbare *branca*, branche d'arbre.) — Proverbe : *Quand un albre toumbo, tout ie courris à las brancos;* Quand un arbre tombe, tout le monde court le dépouiller de ses branches.

Bras de Cebos. Chapelet de *gros* Oignons. Lorsque les Oignons sont petits, le chapelet prend le nom de *pignèl.* (Voy. ce mot.) (Du grec βραχίων, en latin *brachium,* bras ; du latin *cepa,* oignon.)

Bren. (Du celtique *brance,* en celto-breton *bren.*) Son, partie corticale du grain. Le son, substance azotée, saine et nutritive, devrait être employé beaucoup plus qu'il ne l'est à l'alimentation de l'homme.

Bresegou. (Du patois *bregos,* noise ; *bregous,* qui cherche noise, dont on a fait *bresegou,* par allusion à la pointe aciculée de ses feuilles, laquelle blesse les imprudents.) Fragon piquant, Petit Houx. *Ruscus aculeatus* L. Smilacées. Fait partie des cinq racines apéritives.

Bridoulo, Brigoulo. Agaric du Panicaut, Oreille-de-Chardon. *Agaricus Eryngii* D. C. Champignon comestible, classe des Fonginées, ordre des Champignons.— Quelquefois, par erreur, on confond avec l'espèce précédente l'*Agaric en conque,* *Ag. ostreatus* Jacq. Comestible.

Brisan. Bouillon-blanc. *Brisan* est le nom collectif de toutes les espèces du genre *Molène, Verbascum.* Verbascées. Les fleurs sont regardées comme béchiques. — Quelques Bouillons-blancs à panicule offrent un phénomène très-remarquable d'irritabilité : lorsque la plante est en fleur et qu'on donne sur la tige deux ou trois petits coups secs, on voit, non pas instantanément, mais bientôt après, une grande quantité de corolles se détacher ; les unes restent suspendues au pistil, qui fait obstacle à leur chute, les autres jonchent le sol. Les Molènes n'ont pas, à ma connaissance du moins, de propriétés psoriques. L'homme des champs, ayant trouvé une certaine analogie entre le duvet cotonneux du Bouillon-blanc et l'efflorescence dartreuse appelée en patois *brisan,* aura désigné la plante par le nom de l'affection cutanée. Plus tard j'ai appris d'une bonne femme, mais d'elle seule, que « la racine de *Brisan* est bonne pour les dartres. » Où est la vérité ?

Broc. Scion de bois, petite bûche.

Broco. Buchette, bâton. (Du latin barbare *brachiæ*, bâtons pointus.)

Brout, Brouto. (Du grec βρωτύς, nourriture ; en celto-breton *broust*, bourgeon, dont le latin a fait *broustum* (qu'on écrivait *brustum*), *broust* signifiant *pastio, cibatus, esca animalium* (Du Cange). D'où les mots français *brouste, brouster,* et plus tard *brout,* peu usité, et *brouter,* fréquemment employé.) Brin de plante, brin de fleur, sommité d'une pousse ; pousse de taillis, brout.

Broutado. L'ensemble des pousses qu'émettent les souches après l'abattage des châtaigniers.

Broutigno (diminutif de *Brout*). Broutille, Bourgeon qui sort de l'aisselle de la feuille de la Vigne. Petite grappe, morceau de grappe de raisin : *broutigno de raisin.*

Broutounica. (Du celtique *bentonik,* dont le latin a pris *betonica*.) Bétoine, Tabac des Vosges. *Betonica officinalis* L. Labiées. Broutée à l'état frais par les moutons seulement. Sa poudre est sternutatoire. — Il est à remarquer que nos paysans n'appellent jamais la Bétoine *Hèrbo de Betouèno,* et que sous cette dernière dénomination ils désignent l'*Arnica.* —Pourquoi a-t-on fait de la Bétoine l'emblème de la surprise ?

Brug. (Du celtique *brug,* bruyère.) Bruyère. (Voy, *Brugo.*)

Brugassoù. (Racine, *brùgo.*) (Voy. *Sant-Miquèl.*)

Brugo. (Suivant Trevoux, du vieux mot gaulois *bruir* ou *brouir,* qui signifie brûler, parce qu'on brûle les Bruyères pour défricher. Du celtique *brug,* bruyère ; cette étymologie, plus naturelle, est préférable.) Bruyère commune, *Calluna vulgaris* Salisb ; B. à balais, *Erica scoparia* L. ; B. arborescente, *E. arborea* L. Ericinées. On se sert des deux dernières pour faire des balais et faire filer les vers à soie. Toutes sont broutées par les bestiaux. On les brûle pour le chauffage, ou sur place pour amender la terre. — La Bruyère est devenue le symbole de la solitude, parce qu'elle couvre de vastes terrains incultes et arides.

Brugo salbajo. Bruyère cendrée. *Erica cinerea* L. (Voy. *Brùgo.*)

Brugos. Bruyères, pays de Bruyère, terrain couvert de Bruyère. (Du celto-breton *brugek*, terrain couvert de bruyère.)

Bulnerèro. Anthyllide vulnéraire, Vulnéraire des paysans. *Anthyllis vulneraria* L. et *A. Dillenii* Schultz (*A. vulneraria,* var. *rubriflora,* D. C.). Papilionacées. Les Anthyllides plaisent aux moutons, aux chèvres et aux vaches. — Les bonnes femmes vantent ces plantes dans les ophthalmies, les coliques, la céphalalgie.

C

Cabosso d'Al. (De *caput,* tête et *osseus, a, um,* osseux.) Tête d'Ail, improprement *gousse* d'Ail. Bulbe formé par la réunion des caïeux (*benos*) ou petits bulbes. (Voy. *Al., Beno d'Al.*

Cabosso de Mil. Tête, épi de Maïs. (Voy. *Mil.*) On dit aussi *còco de Mil,* à cause de sa couleur dorée, qui rappelle celle des gâteaux connus sous le nom patois de *còco.* — L'axe dépouillé de ses grains porte le nom de *coucaril,* petite coque.

Caboussudo. (Racine, *cabosso,* grosse tête). Qui a une grosse tête. Il est possible que cette dénomination serve, dans d'autres localités, à désigner plusieurs Centaurées, car les espèces à gros capitules ne manquent pas ; mais celle que nous avons reçue d'Azillanet sous le nom de *Caboussudo* est bien la Centaurée des collines, à fleurs jaunes, *Centaurea collina* L. Plante de la tribu des Cynarocéphales. A détruire dans les vignes.

Cade. Genévrier oxycèdre, Vulg^t Petit Cèdre, Cade. *Juniperus oxycedrus* L. Cupressinées. On en extrait l'*huile de Cade,* employée dans la médecine vétérinaire. (Le mot patois *cade* vient du celtique *cad*, qui signifie hallier. Cet arbrisseau, très-rameux et à feuilles piquantes, forme de véritables halliers.)

CALCATREPLO. (Par corruption du latin *Calcitrapa*.) Chausse-trape. (Voy. *Auriòlo*.)

CALELHADO. (Voy. *Carelhado*.)

CALÒS. Trognon, tige dépouillée de ses feuilles. *Calòs de Caulet*, trognon de Chou ; *calòs de Mil*, tige de Maïs. — Le mot *calòs* vient du mot grec καυλός, qui veut dire *tige* en général, et particulièrement *tige de Chou*.

CALPRE. (Du latin *carpinus*.) Charme. *Carpinus betulus* L. Cupulifères. Sert à faire des charmilles. Son bois, d'un grain fin et serré, est très-souvent employé par les tourneurs.

CALPRÙS. Merisier. *Prunus avium* L. (*Cerasus avium* D. C.) Amygdalées. Koch rapporte à cette espèce le Guignier et le Bigarreautier. (Voy. *Aguino. Aquinié, Bigarrèu*.) Avec le fruit du Merisier (merise) on prépare les liqueurs si connues sous les noms de *kirschen-waser*, kirsch, et de marasquin. C'est sur les Merisiers que l'on tue les jeunes merles à chair délicate et parfumée dits *merles aux Cerises*. On fait avec ce bois de très-jolies cannes. — Quelquefois aussi l'on désigne sous le nom de *Calprùs* le *Prunus mahaleb* L. (*Cerasus mahaleb* D. C.), vulg. appelé *Bois de Sainte-Lucie*.

CAMBO. (De l'italien *gamba?*) Littéralement, jambe. Tige des plantes herbacées. La *cambo* est à celles-ci ce que le *pesegòt* (tronc) est aux arbres. (Voy. *Pè*.)

CAMFORATA, CAMFOURATO. (Du latin *camphora*, camphre.) L'odeur de cette plante rappelle un peu celle du camphre. Camphrée de Montpellier. *Camphorosma monspeliaca* L. Salsolacées. Sudorifique (?) Peu employée.

CAMOMILLO, CAMBOMILLO. (Du latin *chamomilla*.) Camomille. Ce nom collectif comprend les espèces suivantes : *Matricaria chamomilla* L., *Anthemis arvensis* L., *A. cotula* L., *A. nobilis* L., *A. montana* L. Corymbifères. La Camomille est un remède banal, dont les propriétés, réellement toniques, fébrifuges, stomachiques, ont été exagérées à tel point, que cette plante est devenue l'emblème de la guérison.

CAMP. Champ. Ce mot, d'origine celtique, est devenu le *campus* des Latins. (Voy. pages 31 et suiv.)

CAMPAIROL, COUMPAIROL. (Du celtique *camp*, en latin *campus*, champ.) Qui vient dans les champs. Ce Champignon édule porte aussi les noms de *Boulet* et de *Pradelet*. (Voy. ces mots.)

CAMPANETOS. (Du latin *campana*, en patois *campano*, cloche; diminutif *campaneto*, petite cloche.) Ancolie, vulg. Églantine. *Aquilegia vulgaris* L. Ranunculacées. Refusée par les bestiaux. Cultivée à cause de la forme remarquable de ses fleurs. — Le mot *Campanetos* s'applique également aux espèces du genre *Campanula*, Campanule.

CAMPANOS. (Du latin *campana*, cloche.) Cloches. (Voyez *Bragos de coucut*.

CAMPET. Campêche, Bois de Campêche. *Hæmatoxylon campechianum* L. Cet arbre, de la famille des Papilionacées, vient des Antilles. Employé dans la teinturerie.

CANABOÙ. (Du celtique *kanab*, chanvre; le grec en a fait ϰάυ-ναϐις, et le latin *cannabis* et *cannabum*, chanvre.) Chènevis, fruit du *Canbe*. (Voy. ce mot.) Le chènevis engraisse la volaille. On en retire l'*huile de chènevis*.

CANBE. (Pour l'étymologie, voyez *Canabou*.) Chanvre. *Cannabis sativa* L. Type de la famille des Cannabinées. Originaire d'Orient. Cultivé et subspontané. Les fibres de la tige, préparées, donnent la *filasse*, l'*étoupe*. Avec les tiges décortiquées on faisait les anciennes allumettes (*luquets*), aujourd'hui détrônées par les allumettes chimiques. — C'est avec le Chanvre indien, *Cannabis indica* L., que les Orientaux préparent le *haschisch*.

CANBE SALBAGE. Chanvre sauvage, Chanvre d'eau, Lycope d'Europe. *Lycopus europæus* L. Labiées. Les bestiaux ne le mangent pas, même à l'état frais. — Le Lycope doit son nom patois de *Canbe salbage* à la seule ressemblance qu'il a avec le Chanvre.

Caniden. (Du latin *canis*, chien; *dens*, dent.) Erythrone dent-de-chien. *Erythronium dens-canis* L. Liliacées. Le bulbe a la forme d'une dent de chien.

Canitorto. (Par corruption de *capitorto;* de *caput, capitis*, et *tortus, a, um:* tête tordue. Les gousses qui forment la tête de la plante sont arquées.) Coronille queue-de-scorpion. *Coronilla scorpioides* Koch. Papilionacées. Les Coronilles ne sont pas recherchées par les bestiaux.

Canòrgo. Tige, hampe des divers Aulx, et notamment de l'Oignon, qu'on coupe après la fructification. (Du latin *canorus, a, um*, résonnant. Quand on souffle dans cette hampe, fistuleuse et renflée vers son milieu, elle rend un son bruyant, dont le mot sonore *canòrgo* est en quelque sorte l'onomatopée.)

Cap de Pabot. Tête de Pavot. C'est la capsule du Pavot blanc, *Papaver somniferum* L. Papavéracées. Usitée en médecine humaine et vétérinaire. Elle contient de la *morphine*. Son emploi, chez les enfants, exige beaucoup de prudence; elle a produit des empoisonnements. (*Cap* vient du latin *caput,* tête. Quant à l'étymologie de *pabot,* voy. ce mot.)

Capela. Vulgairement Prêtre; Muscari. *Muscari neglectum* Guss. Liliacées. Ses fleurs, froissées entre les doigts, produisent un léger bruissement, qu'on a dû comparer aux psalmodies du prêtre; d'où le nom de *Capelà* (prêtre) que l'on a donné au Muscari. (*Capelà*, du latin *capellanus*, dérivé de *capella*, chapelle.)

Capillèro. (Du latin *capillus*, cheveu). Capillaire de Montpellier. *Adianthum capillus-Veneris* L. Fougères. C'est le vrai Capillaire. Médicinal, béchique. On désigne improprement sous ce nom la Doradille polytric, *Asplenium trichomanes* L., et quelques autres espèces de la famille des Fougères.

Cap-negro. (Du latin *caput,* tête, et *nigrum*, noire.) Orchis brûlé. *Orchis ustulata* L. Orchidées. Ses fleurs en épi serré forment une *tête* dont le sommet est *noir;* d'où son nom vulgaire de *Tête-noire.* — Le mot *cap* étant masculin, il faudrait dire *Cap-negre.* Il est à remarquer que l'on dit toujours *uno cap-*

negro pour désigner l'Orchis brûlé et la fauvette, appelée aussi *cap-negro*. Dans ces deux cas, et par exception, le nom *cap* est censé féminin, probablement parce que le patois ne fait qu'un seul mot du nom *cap* et de l'adjectif *negro* et que d'ailleurs on prononce *Cannegro*.

Capou. (Littéralement chapon. Le mot *capou,* donné à une plante, ne peut tirer son origine du latin *capo,* chapon ; aucune raison, ce nous semble, ne milite en faveur d'une pareille étymologie. Il est plus naturel de faire dériver *capou* du latin *caput,* tête, les grands corymbes fleuris de la plante formant une tête au sommet de chaque tige.) (Voy. *Gras-capou.*) — Eupatoire à feuilles de chanvre, vulgairement Eupatoire d'Avicenne. *Eupatorium cannabinum* L. Plante de la tribu des Corymbifères. On mange en salade les jeunes pousses. (Voy. *Salado menudo.*)

Capriè. (De κάππαρις.) Câprier épineux. *Capparis spinosa* L. Capparidées. (Voy. *Taperiè.*)

Capro. Câpre. Les câpres sont les boutons à fleur du *Capriè,* conservés dans le vinaigre. (Voy. *Tapero.*)

Capucino. (Racine, *capuçou,* parce que la corolle est munie d'un appendice cuculliforme qu'on a comparé à un capuchon.) Capucine cultivée. *Tropœolum majus* L. Géraniacées. Quelques auteurs en ont fait le type de la famille des *Tropéolées.* Originaire du Pérou ; cultivée comme plante d'ornement. Antiscorbutique, ce qui lui a valu le nom de Cresson d'Inde. Ses fleurs se mangent en salade ; les boutons à fleur et les fruits se préparent comme les câpres.

Carabeno. Grand Roseau, Canne de Provence. *Arundo donax* L. C'est la plus grande de nos Graminées indigènes. Chez le peuple, sa racine passe pour antilaiteuse. — Le mot *carabeno* nous parait formé des mots latins *canna,* tuyau, et *bina,* double, le Roseau n'étant autre chose qu'une série de tuyaux partiels juxtaposés bout à bout. — Après la fable du roi Midas, connue de tout le monde, le Roseau ne pouvait qu'être l'emblème de l'indiscrétion.

CARAMÈLO. (Du latin *calamella* (du Cange), qui lui-même vient de κάλαμος, tuyau de chaume.) Chalumeau, flageolet champêtre fait avec un tuyau d'écorce d'arbre.

CARAMÈLO. Trèfle odorant, Psoralier bitumineux. *Psoralea bituminosa* L. Papilionacées. L'âne, la brebis, la chèvre, recherchent, dit-on, cette plante. — Ce nom de *caramèlo*, chalumeau, a dû primitivement être donné au *Psoralea plumosa* Rchb., parce que ses tiges sont *fistuleuses* ; plus tard il a passé, à cause de la ressemblance des deux espèces, au *P. bituminosa* L., bien que les tiges de celui-ci soient pleines.

CARBOÙ. (Du latin *carbo*, charbon, à cause de sa couleur, noire comme celle du charbon.) Nielle des blés, Charbon. *Ustilago segetum* Cord. (*Uredo carbo* D. C.) Espèce de Champignon qui vit sur les Céréales, dont il transforme les organes floraux en une poussière noire.

CÀRDO ou CÀRDOU. (Du latin *carduus*, chardon, et *cardo*, pointe.) Carde, Cardon. C'est le *Cynara cardunculus*, var. *sativus* L. Cultivé. Cynarocéphales. On mange le pétiole et la nervure médiane des feuilles. La variété *inermis*, sans épines, est appelée *Cardon de Tours* ; la variété *spinosus*, épineux, *Cardon d'Espagne*.

CARDOÙ. Chardon. (Du latin *cardo*, pointe.) On donne généralement ce nom à toutes les plantes épineuses de la tribu des Cynarocéphales et autres, telles que Chardons (*Carduus*), Cirses (*Cirsium*), Carlines (*Carlina*), quelques Centaurées (*Centaurea*), *Cynara, Scolymus, Eryngium,* etc. Coupés jeunes et un peu desséchés, les Chardons sont salubres et nutritifs pour les animaux. — Son habitat agreste et sauvage et les épines dont il est armé ont fait prendre le chardon pour le symbole de l'austérité.

CARDOÙ D'ASE. (Du latin *cardo, carduus* et *asinus*.) Chardon aux ânes, Cirse à tête laineuse. *Cirsium eriophorum* Scop. Cynarocéphales. On peut manger le réceptacle (?) Malgré notre siècle de progrès, quelle immense consommation pourrait encore être faite de ce *Chardon aux ânes !*

Cardoù de fouloux. (Du latin *carduus*, chardon ; *fullo*, foulon.) Chardon à foulon, Cardère. *Dipsacus fullonum* Mill. Type de la famille des Dipsacées. Les capitules servent à carder, peigner les étoffes de laine.

Cardounilho. (Racine, *cardou*, chardon.) Petit Chardon, Chardonneret, Carline commune. *Carlina vulgaris* L. Cynarocéphales. Cette plante épineuse, à cause de sa ressemblance avec un petit Chardon, fut appelée *Cardounilho*, Chardonneret, noms qui servirent et servent encore à désigner le joli petit oiseau qui se nourrit de ses fruits. Le mot *carline* (du latin *carlina*, par contraction de *Carolina*) tire son origine de l'emploi que Charlemagne aurait fait, dit-on, de cette plante pour guérir son armée de la galle. — Usitée autrefois dans les maladies pestilentielles, inusitée de nos jours. (Voyez *Oco.*)

Cardouno. (Racine, *cardou*.) Artichaut cardon. *Cynara cardunculus*, var. *sylvestris* L. Cynarocéphales. Ses corolles, appelées *chardonnette, fleur à cailler*, sont employées pour coaguler le lait.

Cardousses. (De *càrdou, carduus*.) Scolyme d'Espagne. *Scolymus hispanicus* L. Chicoracées. Ses racines se donnent aux cochons.—Voilà une plante dont la culture a été, à bon droit, préconisée depuis quelques années, et l'on assure que sa racine, devenue tendre, charnue, savoureuse, est préférable au Salsifis et à la Scorzonère.

Carelhado et Calelhado. On donne indistinctement ce nom à la Jusquiame noire, *Hyosciamus niger* L., à la J. blanche, *H. albus* L., et à la J. grande ou jaune, *H. major* Mill. Solanées. Ces plantes sont vénéneuses, médicinales, et ne se délivrent pas sans ordonnance de médecin. Leur principe actif est l'*hyosciamine*. — Dans la partie basse de l'arrondissement, ces plantes portent, à l'époque de leur fructification, le nom d'*Esquilous*. (Voyez ce mot.)

Carroto. (Du latin *carota*. mot encore en usage dans la langue italienne). Carotte. *Daucus carota* L. Ombellifères. Très-commune, à l'état spontané, dans les environs de Saint-

Pons. Cultivée dans les jardins potagers pour la nourriture de l'homme, et sur une grande échelle pour celle des chevaux. La pulpe de la racine est émolliente à l'extérieur, si l'on veut, mais la *tisane* de carotte — comme *antilaiteux!* — est tombée dans un juste oubli. La racine de Carotte contient beaucoup de sucre et de *pectine.*

Cassaudo. — (Voy. *Escuret.*)

Cassis. Groseillier noir, Cassis. *Ribes nigrum* L. Grossulariées. Cultivé. On prépare avec ses fruits et ses feuilles une liqueur stomachique, appelée *cassis.*

Castagnal. (Racine, *castagno.*) Châtaigneraie, lieu planté de Châtaigniers.

Castagno. (En celto-breton, *kosten,* châtaigne ; en grec, χάστανον ; en latin, *castanea,* châtaigne.) Fruit du *Castan.* (Voy. ce mot.)

Castagno de Fièiral. Châtaigne de Foirail. (Voy. *Marrouniè.*) Le Foirail est une promenade de St-Pons complantée de Marronniers séculaires.

Castagnou. Châtaigne exposée à la chaleur et à la fumée, et privée de son épisperme. L'abbé de Sauvages l'appelle *châtaigne bajane,* du latin *Bajanus,* qui est de Baïa, ville d'Italie où l'on aurait commencé à préparer ainsi les châtaignes. — Le mot *castagnoù* est un diminutif de *castagno;* il s'applique, en effet, à des châtaignes dont le volume a été sensiblement amoindri par la dessiccation.

Castan. Châtaignier. *Castanea vulgaris* Lamk. Cupulifères. La châtaigne est bonne bouillie, rôtie ou confite au sucre. Réduite à l'état de *castagnoù* (Voy. ce mot), elle sert à la nourriture de l'homme et des animaux. Il y en a plusieurs espèces : le *cornobiòu,* la *janoloungo,* la *finaudèlo,* la *coumuno* ou *groussièiro,* etc. (Voy. ces mots). Son bois, peu estimé pour le chauffage, est très-employé pour cercles (Voy. *Brouto*), tonneaux, charpentes, volets, etc. De la sciure de Châtaignier j'ai obtenu un extrait sec, riche en acide tannique, qui, préparé en grand, pourrait, à mon avis, remplacer le cachou dans la teinturerie. — Du celto-breton *kesten* nous avons pris notre mot patois *castan*, dont les Latins ont fait leur *castanea*. Tandis que nous avions les mots *castan* et *castagno*, ils se sont bornés à nous emprunter un seul mot, *castanea*, pour exprimer l'arbre et son fruit.

CATAPUSSO. (Du grec κατακότιον, pilule, parce qu'on avalait comme des pilules les semences de cette plante.) Catapuce, Euphorbe épurge. *Euphorbia lathyris* L. Euphorbiacées. Cultivée, rarement spontanée, vénéneuse. On a eu retiré des graines une huile purgative, dite *huile d'épurge,* aujourd'hui inusitée.

CATARRI. (Du celto-breton *catarr,* fluxion sur les yeux ; en grec, κατάρροης : κατά, en bas ; ρεω, je coule.) Catarrhe ou Herbe du catarrhe, Hélichryse stœchas ; *Helichrysum stœchas* D. C. Hélichryse tardif, *Helichrysum serotinum* Boiss. Corymbifères. Malgré leur nom d'*Herbe au catarrhe,* ces plantes sont sans propriétés. (Voy. *Immourtèlo.*) Au lieu d'être appliqué à ces Hélichryses, à peu près inertes dans les catarrhes, ce nom conviendrait bien mieux à la Cataire, Herbe aux chats, *Nepeta cataria* L. (Labiées), qui jadis fut employée comme pectorale et dont, en outre, le nom est sensiblement le même en patois, en français et en latin.

CATOU. (Racine, *cat,* mot celtique dont le latin a fait *catus,* chat ; littéralement, chaton, petit chat.) Chaton, assemblage de fleurs mâles ou femelles de certains arbres, disposées sur un pédoncule grêle et ordinairement pendant, à peu près en forme de queue de chat.

CAULAT. (Rac., *caulet.*) Plant de Chou, graine de Chou.

CAULET. (Du celtique *kaolen,* chou, dont le grec a fait καυλός et le latin *caulis,* chou.) Chou. *Brassica oleracea* L. Crucifères. Plante potagère, dont les espèces sont très-nombreuses et servent à la nourriture de l'homme et des animaux. Les graines de plusieurs espèces fournissent l'huile dite *huile de Colza.* Le Chou contient du soufre.

CAULET CAPÙS. (De *caput*, tête.) Chou **cabus**; ou *Caulet poumat*, Chou pommé. *Brassica oleracea capitata* Hort.

CAULET FLÒRI. (Du latin *flos, floris*, fleur.) Chou-fleur, Brocolis. *Brassica oleracea botrytis* Mill. Ses tiges et rameaux rabougris et étiolés forment cette masse tendre et blanche que l'on mange.

CAULET MILANES. Chou de Milan, ou Chou frisé. *Brassica oleracea sabellica* Hort. C'est une variété du *Caulet capùs*.

CAULET-RABO. (Voyez *Rabo*.)

CAULET ROUGE. Chou rouge. *Brassica oleracea rubra* Hort. Très-estimé comme aliment; il est pectoral. (Voy. *Tàno*.) Pour l'étymologie du mot *rouge* ou *rouxe*, voyez *Fe rouge*.

CAUNÌL. Silène à calice renflé, Béhen commun. *Silene oleracea* Bor. et *S. puberula* Jord. (*Silene inflata* L.) Les jeunes pousses se mangent, avec d'autres plantes, comme les épinards. — Le mot *caunil* dérive-t-il du latin *cunila*, qu'un vieux dictionnaire me traduit par *Sariette* (sic)? Je ne le pense pas. Il vient plutôt du grec κόνιλος, lapin, de ce que les lapins sont très-friands de cette plante.

CAUNÌL SALBAGE. (Parce que son facies, glabre et glauque, le fait ressembler au *caunìl*.) Gypsophile des vaches. *Gypsophila vaccaria* Sibth. et Sm. Silénées. Tous les bestiaux, et les vaches surtout, la recherchent.

CAUSSIDO. (Du latin *calx*, en patois *caus*, chaux; et du latin *sido*, je me pose: qui aime les terrains calcaires.) Cirse des champs, Chardon hémorrhoïdal. *Cirsium arvense* Scop. Cynarocéphales. Sans propriétés médicales. Il faut l'extirper dans les terres cultivées, ce qui est difficile à cause de ses racines traçantes.

CEBETO. Diminutif de *Cebo*, petit Oignon.

CEBIÈ. (Voyez *Jounc cebiè*.)

CEBO. (Du latin *cepa*.) Oignon. *Allium cepa* L. Liliacées. Plante potagère. Comme celui des Aulx, le bulbe cru de l'Oignon contient une huile volatile âcre; cuit, il est sucré, émollient. Le soufre fait partie de ses principes constituants. Le suc peut servir d'encre de sympathie. (Voy. *Al.*)

Cebo. (Du latin *cepa,* oignon.) Bulbe, oignon de plante. Espèce de bourgeon souterrain, recouvert de tuniques concentriques ou d'écailles imbriquées. Ex.: *cebo de Liri, de Tulipo,* etc.; oignon ou bulbe de Lis, de Tulipe, etc.

Cep. (Du latin *caput,* tête, ou *cippus,* petite bute, entrave (?)) Cèpe, le Bolet comestible. *Boletus edulis* Bull. (*B. bovinus* L. Müll.) et le Bolet bronzé, *B. œreus* Bull. Champignons très-bons, très-communs chez nous et par suite très-connus; aussi les distingue-t-on bien des espèces toxiques. (Voyez *Mol,* nom particulier au *B. edulis* Bull., et qui sert à distinguer les deux espèces.)

Cerful, Cerfun et **Surfun.** (Du latin *cerefolium,* tiré lui-même du grec χαιρέφυλλον.) Cerfeuil, Anthrisque cultivé. *Anthriscus cerefolium* Hoffm. Ombellifères. Cultivé et quelquefois subspontané. Employé comme assaisonnement. Il fait partie de la salade d'hiver. (Voy. *Salado menudo.*)

Cerful, Cerfun, Surfun salbage. Cerfeuil sauvage, Anthrisque sauvage. *Anthriscus sylvestris* Hoffm. Pl. de la famille des Ombellifères. Regardée comme vénéneuse quand on la prend pour la grande ou la petite Ciguë — et cela arrive souvent ; — elle se donne aux lapins et conviendrait aux ânes. Voy. *Jalbertasso* et *Jalbertino.*

Cerièiro. Cerise, fruit de plusieurs variétés du *Prunus avium* L. (Voy. *Cerièis.*)

Cerièis. (En celto-breton *kerès,* cerise ; en grec, κερασος ; en latin *cerasus,* cerisier.) Sous le nom de Cerisier, on comprend plusieurs variétés du *Prunus avium* L. (*Cerasus avium* D. C.): *Cerasus juliana* D. C. (Guignier) et *C. duracina* D. C. (Bigarreautier), etc. Amygdalées. Les cerises sont rafraîchissantes. Avec les noyaux pilés, on prépare l'*eau de noyau.* Ceux-ci contiennent, comme les amandes amères, de l'*acide cyanhydrique.* Le bois de Cerisier est dur et recherché par les ébénistes. Les Merisiers sont indigènes, mais le Cerisier (*Pru-*

nus cerasus L.) a été importé de *Cérasonte* (Asie mineure) par
Lucullus. (Voy. *Aguiniè, Aguino, Bigarrèu, Calprùs.*)

CERIÉIS SALBAGE. Cerisier sauvage. (Du latin *sylvaticus.*)
(Voy. *Calprùs.*)

CESE. (Du latin *cicer*, en italien *cece.*) Ciche tête-de-bélier,
vulgairement Pois-chiche, Pois pointu. *Cicer arietinum* L.
Papilionacées. Cultivé et souvent subspontané. Sa graine est
alimentaire ; torréfiée, elle est un mauvais succédané du café.
Bien jeune encore, je remarquai sur la plante une exsudation
de gouttelettes d'un liquide très-acide ; j'ai su plus tard que
cette acidité était due à l'*acide oxalique.*

CHANCRE. (Voy. *Xancre.*)

CHICOURÈIO, CHICOURÈO. (Voy. *Xicourèio.*)

CIBADETO et CIBADÌL. Cévadille. *Veratrum sabadilla* Retz.
Colchicacées. Plante vénéneuse de l'Inde, dont les graines et
les capsules pulvérisées sont employées en médecine vétérinaire et pour détruire les poux. Son principe actif est un
alcaloïde, la *sabadilline.* — Le nom de *cibadeto* est le diminutif de *cebado,* mot espagnol qui signifie grain d'avoine ; le
fruit de la Cévadille ressemble en effet à ce grain.

CIBADO. (Du latin *cibaria,* nourriture, ou de l'espagnol *cebado,*
avoine.) Avoine, *Avena sativa* L. Graminées. Cultivée et souvent subspontanée. Décortiqué, le grain constitue le *gruau,* aliment rafraîchissant ; entier, il se donne aux chevaux, à la volaille. Sa tige, fraîche ou sèche, ses balles (voyez *Abes*) sont
de bons fourrages. — Dans la variété *nuda,* le grain se sépare de la glumelle par le battage. On cultive aussi l'*A. orientalis* Schb., l'*A. brevis* Roth.

CIBADO COUIOULO. Folle avoine. *Avena fatua* L. Graminées.
Ce nom se donne aussi quelquefois, par erreur, à l'*A. barbata*
Brot., qui ressemble beaucoup à l'*Avena fatua* L.

CINOUÈS. Chinois, Bigarade. Le fruit du Bigaradier, *Citrus
bigaradia* Risso (Citracées), est confit encore vert et conservé
dans du sirop sous le nom de *chinois.*

Cinto-de-sant-Jan. (Du grec σινδών, ceinture.) Ceinture-de-Saint-Jean, Armoise. *Artemisia vulgaris* L. Corymbifères. Médicinale. Peu employée. On l'appelle aussi *Herbo de Sant-Jan.*— L'Armoise serait l'emblème du bonheur : les esprits faibles et superstitieux croient que cette plante, cueillie la veille de la Saint-Jean, conservée dans les maisons, en éloigne les spectres et en écarte les enchantements et la foudre!

Ciprié, Ciprissiè. (Du grec κυπάρισσος, en latin *cyparissus.*) Cyprès pyramidal. *Cupressus sempervirens* L. Cupressinées. (Crète.) Arbre funéraire et d'ornement, toujours vert. Cultivé. Le fruit (cône), appelé *bolo de Cipriè, noix de Cyprès,* est vulnéraire. — Le Cyprès est l'emblème du deuil.

Citroun. Fruit du *Citrouniè.* (Voy. *Citrouniè, Limouno.*)

Citrounèlo. (Racine, *citroun,* à cause de son odeur, qui rappelle celle du citron.) Mélisse, vulgairement Citronnelle. *Melissa officinalis* L. Labiées. Médicinale, aromatique. Les bestiaux la refusent. Cultivée et quelquefois subspontanée. (Voy. *Hèrbo d'abelho.*)—On en a fait l'emblème de la plaisanterie, parce qu'on croyait que cette plante ramenait la gaîté.

Citrounèlo salbajo. Citronnelle ou Mélisse sauvage, Mélisse bâtarde, Mélissot, Melitte des bois. *Melittis melissophyllum* L. Plante de la famille des Labiées. Ses belles fleurs roses, plus rarement blanches, orneraient bien un parterre.

Citrouniè. Limonier, Citronnier. *Citrus limonium* Risso. Citracées. Cultivé. Originaire de l'Inde.

Clabélino. (De *clabèl, clavus,* clou. Le mot *clabelino* a pris naissance dans la comparaison que l'on a pu établir entre les nombreux tubercules qui couvrent la tige de la plante et les *clous* ou boutons par lesquels se manifeste, dans l'espèce ovine, la *clavelée* ou *claveau,* en patois *clabelino.*) Ce nom se donne indistinctement à quatre espèces de Vipérine: *Echium vulgare* L., *E. italicum* L., *E. Wiertzbickii* Haberl. et *E. pustulatum* Godr. et Gr. Borraginées. C'est avec les fleurs de l'*Echium italicum* L. que l'on falsifie, que l'on remplace même les fleurs de Bourrache, dans le commerce de la

droguerie. Ce fait, nous l'avons constaté ; il a, si l'on veut, peu
d'importance, parce que les propriétés émollientes et rafraîchissantes de la Vipérine (*Bourracho salbajo*) sont, à quelque
chose près, celles de la Bourrache ; mais enfin c'est une substitution, et toute substitution est répréhensible. — Jadis on
attribuait à l'*E. vulgare,* plante inerte sous ce rapport, une
vertu efficace contre les morsures de la vipère ; d'où son nom
de Vipérine. Le temps a fait justice de ce préjugé et de bon
nombre d'autres ; mais il en reste encore – et beaucoup – à
extirper.

CLARIÈXE, CLARIÈGE. (A Montpellier, *Saliège, Ariège.*) Smilax rude, vulgairement Salsepareille d'Europe. *Smilax aspera*
L. Smilacées. La racine est sudorifique. Elle doit contenir
un principe analogue à l'*asparagine,* à la *salseparine*.

CLOSC. (Du celtique *klosen,* coque). *Closc de nougo, d'amèllo ;*
coque de noix, d'amande. Par extension, *closc* signifie noyau.
Celui-ci est formé de deux parties, du *testa* ou *endocarpe,* enveloppe osseuse, et de l'*amande*. On dit *closc de pruno, de cerièiro,* etc. ; noyau de prune, de cerise, etc.

CLOUCO. Blette : *pero clouco, poumo clouco;* poire blette,
pomme blette. Cette expression s'applique aussi aux sorbes,
aux nèfles mûries sur la paille.

COLOKINTO. (Du grec κολοκύνθη, courge. La Coloquinte est,
en effet, une Courge, et comme celle-ci appartient à la famille
des Cucurbitacées.) Coloquinte. C'est le fruit décortiqué du
Cucumis colocynthis L., plante du Levant et des côtes d'Afrique. Purgatif drastique violent. Son amertume, excessive et
très-connue, réside dans son principe actif, la *colocynthine*.

COR. (Du latin *cor*.) Cœur d'arbre. C'est le bois proprement
dit, ou la couche ligneuse qui existe entre le canal médullaire
et l'aubier ou bois imparfait. Voy. *Albenco.*

COR-DE-CAPOU. Cœur-de-chapon. Cerise grasse, ferme, en
forme de cœur. — Du latin *cor,* cœur ; *capo,* κάπων, chapon.

CORMO. (Du latin *cornus.*) Corne, cornouille. Fruit du *Cour-*

noulhè (Voy. ce mot). On le mange cru ou en confiture. Astringent inusité.

CORNOBIÒU. (Des mots celto-bretons *corn*, corne, et *bu*,
bœuf; *bioc'h* ou *buoc'h*, vache.) Corne-bœuf. Châtaigne grosse
et de première qualité. Voy. *Castan*.

COST. (Du latin *costus*.) Balsamite odorante, Menthe-coq.
Tanacetum balsamita L. Corymbifères. Cultivée dans les jardins. Quelquefois employée comme condiment et pour aromatiser des liqueurs. On la dit bonne contre une maladie des
moutons appelée *pourriture*.

COSTO. (Du latin *costa*.) Grosse nervure médiane formée par
le prolongement du pétiole de la feuille. *Costo de bledo, de
caulet;* côte de blette, de chou. — *Costo de melou,* côte de melon, à cause de sa ressemblance avec la côte d'un animal.

COUAMÈL. (Ce mot ne viendrait-il pas du latin *columella*,
petite colonne, par allusion au *pilier, stipe* ou *pédicule* des
Champignons?) Champignon. Les Champignons contiennent
de la mannite; c'est le *sucre de Champignon* de Braconnot. Au
nombre de leurs principes se trouve une forte proportion
d'azote, qui les rend très-nutritifs.

COUCOUMBRE et COUDOUMBRE. (Du latin *cucumer*.) Concombre. *Cucumis sativus* L. Cucurbitacées. Le fruit, fade, dou-
ceâtre et peu nutritif, est comestible, médicinal. Récolté très-
petit et confit dans le vinaigre, il sert de condiment sous le
nom de Cornichon, *Cournissoun*.

COUCOUMBRE SALBAGE, COUCOUMBRE D'ASE. (Du latin *cucumer,
sylvaticus, asinus.*) Concombre sauvage, Concombre d'âne,
Momordique. *Ecballium elaterium* Rich. Cucurbitacées. Cette
plante, très-anciennement connue en médecine, aujourd'hui
presque inusitée, prouve, comme tant d'autres, l'engouement
de la médecine pour les espèces exotiques et l'oubli, souvent
injuste, auquel sont condamnés par elle les végétaux indigènes. Cependant les préparations d'*Ecballium elaterium* ont
des propriétés purgatives et diurétiques incontestables, dont
j'ai pu bien des fois constater les bons effets dans des hydro-

pisies. Son principe actif est l'*élatérine*. — Les fruits du Concombre sauvage, pour peu qu'on les touche quand ils sont mûrs ou presque mûrs, se détachent de leur pédoncule et lancent à l'observateur indiscret leurs graines mélangées à une liqueur extrêmement amère. Ainsi la critique, dont cette plante est l'emblème, ne respecte rien et distille partout son amer venin.

COUCUDO. (Du celto-breton *coucouk,* auquel les Grecs ont emprunté leur κόκκυξ et les Latins leur *coculus,* coucou.) Fleur de coucou. On donne ce nom, probablement à cause de la couleur jaune de ses fleurs, emblématique, au Narcisse des prés, *Narcissus pseudo-narcissus* L. (Amaryllidées) et à la Primevère, *Primula officinalis* Jacq. (Primulacées). Plantes spontanées, mais cultivées comme ornement. Le bulbe de ce Narcisse est vénéneux à haute dose. — Sa fleur passe pour être l'emblème de l'infidélité conjugale. (Voyez *Printanièiro.*)

COUDÈRLO, BOUMICA. (Le premier de ces noms est tiré de la ressemblance qu'on a trouvée entre cette semence entière et une tranche de pomme tapée, appelée *coudèrlo* dans quelques localités; le second vient du latin *vomicus, a, um,* qui fait vomir.) — Noix vomique, semence du Vomiquier, *Strychnos nux vomica* L. Apocynées. Médicinale, vénéneuse. Elle sert à détruire les rats, et malheureusement aussi les taupes, animaux plus utiles que nuisibles. De la noix vomique on retire l'*acide igasurique*, la *brucine* et la *strychnine,* poisons redoutables, le dernier surtout. Cette semence vient de Coromandel et de Ceylan.

COUDOUN. Coing, fruit du *Coudouniè.*

COUDOUNIÈ. (De κυδωνία.) Coignassier. *Cydonia vulgaris* Pers. Pomacées. Originaire de Cydon, ville de Crète, Κυδων, d'où notre nom patois de *coudoun.* Cultivé. On prépare avec les coings des confitures et une liqueur (*coudounat, aigo de coudoun*), et un sirop usité en médecine, ainsi que les semences, qui donnent un mucilage adoucissant.

COUGO-DE-RAT, COUG-DE-RAT. (Du latin *cauda;* de l'allemand

rat.) Queue-de-rat. De ce que, à tort selon nous, on a comparé l'épi de cette plante à l'appendice caudal du rat. Trèfle à folioles étroites. *Trifolium angustifolium* L. Plante de la famille des Papilionacées. Il serait bien plus rationnel d'appeler de ce nom l'Orge queue-de-rat, *Hordeum murinum* L. et la Vulpie queue-de-rat, *Vulpia myuros* Reich.

Counìl. (Voy. *Caunil.*)

Counoulhè. (Voy. *Cournoulhè.*)

Couparèlo. (Du latin *cupella,* petite coupe, diminutif de *cupa,* coupe, par allusion à la dépression centrale du limbe de la feuille.) Cotylédon, vulgairement Nombril-de-Vénus. *Umbilicus pendulinus* D. C. Crassulacées. M. le professeur Fonssagrives a récemment conseillé l'emploi du suc de Cotylédon dans l'épilepsie. M. Hétet a analysé cette plante et y a trouvé de la *propylamine.* Est-ce à cette substance qu'il faut attribuer son action ?

Courcoumal. Galéope tétrahit, vulgairement Ortie-chanvre. *Galeopsis tetrahit* L. Labiées. (Voy. *Cremal.*)

Courcoumal salbage. Galéope à feuilles étroites, Galéope à grandes fleurs. *Galeopsis angustifolia* Ehrh. Labiées. Les Galéopes sont sans usage.

Cournissoun. Cornichon. (Voy. *Coucoumbre.*) Le mot *cournissoun* vient de *corno* (du celto-breton *corn*), à cause de la ressemblance de ce fruit avec une petite corne.

Cournoulhè, Counoulhè. (Du latin *cornus.*) Cornouiller. *Cornus mas* L. Cornées. Le bois est dur et prend un beau poli. On en fait des meubles, des manches d'outil. Son fruit est la *cormo* (Voy. ce mot), cornouille. — Sa dureté a fait prendre le Cornouiller pour l'emblème de la durée.

Courrejolo. (Du latin *corrigiola,* petite lanière, parce que les petites tiges volubiles de ces plantes s'enroulent comme des courroies autour des corps voisins qui leur servent de support.) On appelle ainsi le Liseron des haies, *Convolvulus sepium* L., et le Liseron des champs, *Convolvulus arvensis* L. Convolvulacées. Ces Liserons sont nuisibles, dans les champs surtout. Il faut les détruire. On en cultive de belles variétés comme plantes d'ornement. Quelquefois, mais plus rarement, ce nom est donné à la Renouée liseron, *Polygonum convolvulus* L. Polygonées. Les bestiaux broutent volontiers cette plante. — Le Liseron des champs est l'emblème de l'humilité, parce que ses tiges courtes rampent le plus souvent sur la terre et se cachent sous les ronces.

Courroupio. (De l'italien *carrubbio*, caroubier.) Caroube, fruit (*silique*) du Caroubier, *Ceratonia siliqua* L. Césalpiniées. Les caroubes sont sucrés et alimentaires ; on les donne principalement aux bestiaux. — Le *Courroupiè*, Caroubier, est acclimaté dans le département de l'Hérault. La pulpe de caroube contient de l'acide butyrique (Redtenbacher).

Couscoulho. (Par corruption du mot espagnol *cascarilla*, petite écorce.) Gousse, cosse, enveloppe mince, bivalve, de pois, de haricot, de fève et généralement de tous les fruits des Légumineuses. (Voyez *Arofo, Peloufo*.)

Couscourilho. (Ce mot pourrait bien être une altération du latin *chondrilla*, qui lui-même vient du grec χόνδρος, grumeau. Le suc des Chondrilles se grumelle facilement.) Laitue vivace, vulgairement Laitue de bruyère. *Lactuca perennis* L. Chicoracées. Les jeunes pousses sont alimentaires en salade ou cuites ; elles font partie de la *Salado menudo*. (Voy. ces mots.)

Coutelino. (Du latin *cultellus*, en patois *coutèl, coutèlo*, dimin. *coutelino*, petit couteau.) Canche touffu. *Deschampsia cœspitosa* P. de B. Graminées. Cette plante a reçu le nom de *Coutelino*, c'est-à-dire *qui coupe comme un couteau*, parce que ses feuilles, à l'état adulte, sont assez tranchantes pour inciser les doigts.

La même raison lui a valu la dénomination d'*Hèrba de talh*, sous laquelle elle est connue. (Voy. *Hèrbo de talh*.)

Coutelino petito. (Du latin *cultellus*, petit couteau, par allusion à la forme plane et allongée des feuilles.) Narthécie qui rend les os fragiles. *Narthecium ossifragum* Huds. Colchicacées. On dit sa racine purgative.

Coutèlo. (Du latin *cultellus*, couteau ; en patois, *coutèl.* Augmentatif, *coutèlo,* grand couteau, à cause de la ressemblance de la feuille avec la lame d'un couteau). Deux plantes portent ce nom : l'Iris d'Allemagne, vulgairement Flambe, *Iris germanica* L., et le Glaïeul des moissons, *Gladiolus segetum* Gawl. Iridées. La première est cultivée et la deuxième pourrait l'être, à cause de leurs belles fleurs. — L'Iris est l'emblème du message. — Le Glaïeul porte aussi le nom de *Lengo.* (Voy. *Lengo, Hèrbo de coutèlo.*)

Couteto. Sous ce nom sont confondues les deux espèces suivantes : le Chèvrefeuille des bois, *Lonicera periclymenum* L., et le Ch. d'Étrurie, *L. etrusca* Santi. Caprifoliacées. Les Chèvrefeuilles sont des arbrisseaux d'ornement. Leurs fleurs, d'un suave arome, pourraient être employées en parfumerie. Les feuilles sont broutées par les moutons, les chèvres et les vaches. (Voy. *Lio-rènde, Pantocousto.*)

Coutou. (De l'italien *cotone.*) Coton. On appelle ainsi la Linaigrette à feuilles larges, *Eriophorum latifolium* Hoppe, et la L. à feuilles étroites, *E. angustifolium* Roth. (Cypéracées), dont les petits fruits (achanes) portent à leur base une grande quantité de soies capillaires, longues et argentées. Ces houppes soyeuses pourraient servir d'ouate.

Couxèiro, Coujèiro. (Racine, *couxo, coujo,* courge). Courge sauvage. (Voy. *Tuquiè.*)

Couxo, Coujo. (Du basque ou celtibère *kuya.*) Courge. *Couxo coumuno :* Potiron, *Cucurbita maxima* D. C. *Couxo melouno :* Citrouille, *C. pepo* D. C. Types de la famille des Cucurbitacées. Le fruit est d'un usage connu ; la culture en a beaucoup modifié la forme, le volume, la couleur et la saveur. Les graines sont oléagineuses, rafraîchissantes, ténifuges (?) — La Courge est originaire de l'Inde (Voyez *Gourdo.*)

Couxou, Coujou. (Racine, *couxo, coujo.*) Un *couxou* est

une semence de Courge ou de Melon, et même de Concombre. *De couxous,* plusieurs de ces semences.

Crèbo-biòu. (Du latin *crepo,* je crève ; *biòu,* du celtique *bioou,* bœuf.) Crève-bœuf, parce que cette plante à tige longue, rampante, stolonifère, se multiplie rapidement dans les champs, par ses racines et ses graines, et devient un obstacle au labourage. Il faut s'en débarrasser par des sarclages réitérés. Renoncule rampante, *Ranunculus repens* L. Ranunculacées. Les vaches la broutent avec plaisir. — Elle porte aussi le nom de *Fresiè salbage,* Fraisier sauvage, parce que sa feuille rappelle celle du Fraisier.— Il ne faut pas confondre le *Crèbobiòu* avec les *Agabousses.* (Voy. ce mot.)

Creissilhous. (Racine, *creisse;* du latin *crescere,* croître, à cause de sa croissance rapide.) Cresson. (Voy. *Crussoun.*)

Cremal. (Du latin *cremare,* brûler.) On appelle ainsi le *Galeopsis dubia* Leers et le Galéope douteux, *G. tetrahit* L. D'après mes informations, les Galéopes sont très-nuisibles aux plantes cultivées qui les avoisinent et qui, par suite, souffrent et se dessèchent, d'où le nom de *cremal ;* il signifie *qui brûle, qui dessèche.*

Crocs. (Du celtique *croc :* de ce que ses gousses sont arquées en hameçon.) Astragale en hameçon. *Astragalus hamosus* L. Plante de la famille des Papilionacées.

Crusòlo. (De ce que ce Champignon, *crussis* (onomatopée), croque sous la dent et semble *cru,* alors même qu'il est cuit (?)) On en distingue trois : la blanche, *Crusòlo blanco ;* la grise ou verdâtre, *Crusòlo griso ;* la violette ou rougeâtre, *Crusòlo biuleto.* Ce sont trois variétés de l'Agaric palomet, *Agaricus (Russula) pectinaceus* Bull. Ces Champignons sont comestibles. Si, parfois, leur emploi provoque des empoisonnements, c'est parce qu'on prend pour des *Crusoles* des espèces voisines toxiques, telles que l'Agaric rouge, *Agaricus sanguineus* Bull.; l'Agaric panthérin, *Ag. pantherinus* Fries, etc. — On appelle aussi *Crusole* l'Agaric rude, *Ag. asper* Fries (*Amanita aspera*

Pers.), espèce au moins suspecte, sinon vénéneuse, et très-voisine de l'*Ag. pantherinus* Fries. Il est prudent de s'abstenir de ces sortes de Champignons.

Crussoun. Cresson, Cresson de fontaine. *Nasturtium officinale* R. Br. Crucifères. Spontané et cultivé. Antiscorbutique. Employé comme assaisonnement et en salade.

Cussóudo. Joubarbe des toits. *Sempervivum tectorum* L. Crassulacées. Astringent âcre, inusité, sauf dans la médecine empirique. — La traduction littérale du mot *cussòudo* est *soude-cul;* du latin *culus, solidare.* Le suc de cette plante a été quelquefois employé comme *antihémorrhoïdal.*

D

Dalha. Faucher, couper avec la faux.

Dentilho, Gentilho, Lentilho. (Du latin *lens, lentis.*) Lentille. Graine de la Lentille commune, *Lens esculenta* Mœnch (*Ervum lens* L.). Papilionacées. Le *mendil,* connu sous le nom de *lentillon,* provient du *Lens esculenta* Mœnch.. variété *subsphœrosperma* Godr. Cultivées et souvent subspontanées. — Les lentilles ne devraient être consommées qu'à l'état de purée, parce que le spermoderme (la peau) est formé d'une grande quantité de silice, qui rend la graine non écrasée complétement réfractaire à la digestion. — La paille de la lentille est très-bonne pour les animaux. — La lentille, comme beaucoup d'autres substances inertes, a servi et sert encore le charlatanisme éhonté qui s'étale au grand jour. L'*Ervalenta* et la *Revalescière,* cette panacée universelle qui fait tant de dupes, sont tout bonnement de la farine de lentille! Avis aux lecteurs... de la quatrième page des journaux.

Douceto. (Du latin *dulcis,* doux, à cause de sa saveur peu prononcée.) Valérianelle potagère, vulgairement Mâche, Doucette. Cette dénomination s'applique non-seúlement à la Varianelle cultivée, *Valerianella olitoria* Poll., mais encore à beaucoup d'autres espèces du genre *Valerianeila*, telles que *V. eriocarpa* Desv., *V. carinata* Lois., *V. discoidea* Lois., *V. coronata* D. C., *V. pumila* D. C., etc. Valérianées. Ces plantes sont recherchées comme salade d'hiver ; elles plaisent aux bestiaux.

Douceto d'aigo. (Du latin *dulcis,* doux ; *aqua,* eau.) Doucette d'eau. On appelle ainsi, à cause de la saveur et de l'habitat de ces plantes, plusieurs Epilobes, tels que *Epilobium parviflorum* Schreb., *E. tetragonum* L., *E. lanceolatum* Sebast. et Maur., etc. Onagrariées. Les Épilobes, encore jeunes, font partie de la *Salado menudo.* (Voy. ce mot.) Les bestiaux les recherchent.

Douçomèro. (Voy. *Bèlperiè.*)

Doumaisèlos. Demoiselles. Le montagnard a cherché dans son vocabulaire imagé une expression douce et gracieuse qui peignît d'un seul trait la fraîcheur et l'éclat de ces jolies fleurs diaprées de blanc et de rose, et il a appelé *Doumaisèlos* les épis fleuris de l'Orchis taché, *Orchis maculata* L. Orchidées.

Duret. (Du latin *durus,* dur, à cause de la rudesse de sa tige et de ses feuilles.) Duret, Jonc rude. *Juncus squarrosus* L. Juncacées.

E

Empeganto. (Racine, *pego,* poix, parce que la plante est visqueuse au sommet de la tige. (Voy. *Hèrbo apeganto.*] Poisseuse. On donne ce nom à deux espèces très-voisines l'une de l'autre : le Silène penché, *Silene nutans* L., et le Silène d'Italie, *S. italica* Pers. Le genre *Silene* est le type de la famille des Silénées. — Dans certaines localités, ces deux plantes sont connues sous le nom de *Trapo-mousco.* (Voy. ce mot.)

Empèut. Empeau, ente en écorce ; une greffe.

Empes. (Du bas-breton *ampes,* empois, parce que sa ra-

cine fraîche contient un mucilage qui ressemble à l'empois.)
Grande Consoude. Notre espèce n'est pas le *Symphytum officinale* L., mais bien le *S. tuberosum* L. Borraginées. La racine
seule est employée comme émollient et léger astringent.

EMPÈUTA. Greffer, enter.

ENDEBIETO. (Racine, *endebio*.) Petite Endive, par comparaison
de sa forme avec celle de l'Endive. Polypore touffu. *Polyporus
frondosus* Fries. Champignon comestible.

ENDEBIO. (Du latin *endivia*.) Chicorée endive, vulgairement
Endive. *Cichorium endivia* L. Chicoracées. Originaire de l'Inde.
Cultivée. Elle a plusieurs variétés : l'*Escarole,* à feuilles larges
et peu dentées, variété *latifolia ;* la *Petite Endive,* à feuilles
étroites, longues, variété *angustifolia ;* et la variété *crispa,* à
feuilles très-découpées, frisées sur les bords. Bonnes salades
d'hiver.

ENDOURMIDOUIRO. (Du latin *dormitorius*.) Vulgairement Endormie. Plante qui endort. Poison narcotico-âcre. (Voyez *Hèrbo
de las talpos.*) L'Endormie doit son nom à la propriété qu'elle
a de provoquer un sommeil léthargique, et à l'usage qu'en
ont fait des filous pour endormir et spolier facilement leurs
victimes. De sa vertu soporifique lui vient le triste privilége
d'être le symbole de la corruption.

ENGRAISSO-PORC. (Du latin *crassities,* graisse ; *porcus,* porc.)
Plante qui engraisse les cochons. (Voy. *Pèl-de-grapaut.*)

ENTREFÈL ; ENTREFIOL, comme on dit du côté de Fraisse ;
c'est-à-dire en trois feuilles, ou plutôt feuilles à trois folioles ;
par contraction des mots latins *in tria folia.* Trèfle. (Voy.
Trefèl.)

ESCAL. (De l'allemand *scale*.) Écale, brou. Enveloppe dru-
pacée qui recouvre la coque dure de certains fruits. *Escal de
nougo,* brou de noix ; *escal d'amèllo,* brou d'amande. MM. Vo-
gel et Reischauer ont découvert dans le brou de noix un principe immédiat cristallisable, la *nucine.* Le brou de noix, amer
et astringent, est la base de l'*eau de noix,* ratafia stomachique ;

il entre dans la *tisane de Pollini*. Celui d'amande n'a pas d'emploi.

Escalapandro, Escolopandro. (Du grec σκολόπενδρα, en latin *scolopendrium*.) Scolopendre, vulgairement Langue-de-cerf. *Scolopendrium officinale* Smith. Fougères. Antilaiteux (?)

Escarolo. (Du latin *escarius, a, um*, bon à manger.) Escarolle. Variété de la Chicorée endive. (Voy. *Endebio*.)

Escax. Résidu, reste de comestibles mis en vente; dernière portion non encore vendue d'une quantité de fruits, tels que cerises, raisins, châtaignes, haricots, etc. (Voy. *Amarèl*.)

Esco. (Du grec ὄσχα, dont le latin a fait *esca*, aliment; amorce. « *Esca, vulgò dicitur, quòd fomes sit ignis. — Papias Guigo II.* » (Du Cange.) — En italien, *esca focaja*.) Amadou. Il provient de plusieurs Champignons, notamment des deux Amadouviers *Polyporus igniarius* Fries et *P. fomentarius* Fries. Il a été employé pour arrêter des hémorrhagies légères. L'allumette phosphorique a détrôné l'*amadou nitré* dans les ménages et dans la poche des fumeurs, à la grande satisfaction de ceux-ci.

Escoursounèlo. (De l'italien *scorza nera*, écorce noire.) Scorsonère d'Espagne, vulgairement Scorsonère, Salsifis noir. *Scorsonera hispanica* L., variété *latifolia* Koch. Chicoracées. Cultivée pour sa racine alimentaire. Diaphorétique inusité.

Escuret, Escureto. (Du latin *curare*, en patois *escurà*, écurer, rendre propre.) Vulgairement Queue-de-cheval, Prêle des champs. *Equisetum arvense* L. Équisétacées. La grande quantité de silice contenue dans les Prêles rend leurs tiges propres à nettoyer (*escurà*) les ustensiles de cuisine; la Prêle d'hiver, *E. hyemale* L., plus rude, sert à polir les bois et les métaux. Plantes nuisibles dans les prairies.

Espado. (Du celto-breton *spaz*, châtré; dont le latin a fait le mot *spado*, eunuque; d'où *spadonius*, stérile.) On appelle ainsi le Brome très-grand, *Bromus maximus* Desf., et le B. stérile,

B. sterilis L., peut-être même quelques autres espèces. Graminées. (Voy. *Espangassat, Trauco-sac.*)

Espangassat. Brome des champs. *Serrafalcus arvensis* Godr.
(*Bromus arvensis* L.). Graminées. — Le mot *espangassat* doit se
traduire par le mot *écrasé.* Cette plante a-t-elle été ainsi appelée parce que ses fleurs, étant imbriquées et se couvrant les
unes les autres, même à la maturité, donnent aux épillets l'ap-
parence d'une chose *écrasée?* Ou bien *espangassat* a-t-il la même
origine que *espado?* Ceci me paraît d'autant plus admissible
que ces deux mots désignent les mêmes plantes. Au reste, le
vulgaire, très-pardonnable d'ailleurs, confond souvent les mêmes espèces sous les noms d'*Espado, Espangassat,* et même
Trauco-sac. — Ces mauvaises plantes ne devraient jamais se
trouver dans un bon fourrage. (V. *Espado, Trauco-sac.*)

Esparcet. Esparcette cultivée, improprement Sainfoin. *Ono-
brychis sativa* L. Papilionacées. Excellent fourrage, vert ou
sec. Le vrai Sainfoin est l'*Hedysarum coronarium* L., autre Papilionacée, cultivée dans nos contrées comme plante fourragère et comme plante d'agrément.

Esparcet salbage. Gesse des prés. *Lathyrus pratensis* L.
Papilionacées. Très-bon fourrage.

Espargue. (Du grec ἀσπάραγος, jeune pousse ; en latin *asparagus*). Asperge. Les bourgeons souterrains ou turions des diverses *Esparguièiros* (V. ce mot) sont connus sous le nom d'*Asperges.*
Aliment très-recherché. Comme diurétiques et sédatives, les
Asperges sont employées en médecine. On en retire un principe cristallisable, azoté, l'*asparagine.*

Esparguièiro. (Mère des asperges : racine, *espargue.*) Deux
espèces sont spontanées : l'Asperge à feuilles aiguës, *Asparagus
acutifolius* L., et l'A. des bois, *A. tenuifolius* Lamk. L'espèce
cultivée est l'*A. officinalis* L. Smilacées. (Voy. *Espargue.*)

Espic. (Voy. *Aspic.*)

Espiga. (Du latin *spicare.*) Epier, monter en épi.

Espigo. (Du latin *spica.*) Epi. Tête de Blé, de Seigle, etc.,
qui renferme le grain.

Espilha. Émonder, couper les branches. *Cal espilhà aquel Piboul;* Il faut émonder ce Peuplier.

Espinart. (Du latin *spina*, épine ; *spinacia*, épinard.) Epinard de Hollande ou sans épines, *Spinacea glabra* Mill. (*S. inermis* Mœnch.). E. d'hiver ou cornu, *Spinacia oleracea* L. (*S. spinosa* Mœnch.). Salsolacées. Plantes cultivées, potagères.

Espino, Espigno. (Du latin *spina*.) Epine, aiguillon. Le patois a l'*espigno* et le *pounxou ;* mais ces deux mots pour lui sont synonymes, car il ne met pas entre eux la différence que les botanistes font de l'*épine* et de l'*aiguillon*. (V. *Pounxou*)

Esquilous. (Grelots. Diminutif d'*esquilo*, sonnette, clochette ; du gothique *schelle,* clochette.) C'est la Jusquiame (V. *Carelhado*). Le nom d'*esquilous*, littéralement grelots, a été donné aux Jusquiames parce que leurs fruits (pyxides), unilatéralement suspendus le long de la tige, ressemblent à des grelots et comme eux résonnent avant la chute de l'opercule, les semences frappant sur les parois intérieures de la pyxide.

Èsses et Èrses. (Du celtique *erss*, terre labourée, dont le latin a fait *ervum*.) Ers, Pois-pigeon, Ervilier cultivé. *Ervilia sativa* L. (*Ervum ervilia* L.) Papilionacées. On donne ses graines aux pigeons et à la volaille. Les graines portent le même nom que la plante.

Estamous. (Voyez *Aspic*.)

Estragoun. Estragon. Armoise estragon. *Artemisia dracunculus* L. Plante de la tribu des Corymbifères. Employée comme condiment.

Euse. (Du latin *ilex*.) Yeuse, Chêne vert. *Quercus ilex* L. Cupulifères. Comme ses congénères, il fournit du gland (*aglan*), de la galle (*bolo*); son bois est le meilleur de tous pour le chauffage. (Voy. *Garric*.)

Eusses. (Par corruption du latin *ebulus*. — On dit *ebles, eules, eusses*. Il est à remarquer que l'orthographe du nom français, *hièble* et *yèble*, varie comme celle de son équivalent patois.) Hièble, Sureau yèble, *Sambucus ebulus* L. Caprifoliacées. Plante fétide qu'évitent les bestiaux.

F

Fabo. (Du latin *faba.*) Fève. *Vicia faba* L. Papilionacées. Originaire de l'Inde. Cultivée.

Faisso. Planche. Petit espace de terre plus long que large, où l'on cultive des légumes, des fleurs, etc., etc. *Uno faisso d'Agreto,* une planche d'Oseille.

Falièiro. (Du latin *filix* et *filicaria.*) Fougère commune, Fougère à l'aigle. *Pteris aquilina* L. Fougères. Son nom vient de la figure de l'aigle à deux têtes que présente son rhizome coupé nettement et obliquement avec un couteau. Ses feuilles servent de litière et sont un bon engrais. Dans les temps de disette, sa racine est entrée dans la préparation du pain.

> Lous paures bòu crusa pes tèrmes la falièiro,
> Per ne faire de pa qu'es negre que fa pòu :
> Et encaro grand gaux per aqueles que n'òu !
>
> (Guiraut Saquet, 1709.)

Les pauvres vont sur les coteaux arracher les racines de la fougère. — pour en préparer du pain noir à faire peur ; — et encore grande joie pour ceux qui en ont !

Falièiro de crabo. (Du latin *filicaria,* fougère ; *capra,* chèvre.) Fougère mâle, vulgairement Fougère de chèvre. *Polystichum filix mas.* Roth. Fougères. Traité par l'éther, son rhizome fournit un extrait vermifuge, appelé *huile éthérée de Fougère mâle.*

Falièiro salbajo. (Du latin *filicaria, sylvatica.*) Fougère sauvage. C'est encore la Fougère mâle.

Farinèlo. (Du latin *farinula,* fleur de farine.) Littéralement, enfarinée. On appelle ainsi l'Ansérine blanche, *Chenopodium album* L., et l'Ansérine vulvaire, *C. vulvaria* L. Salsolacées. Ces deux plantes doivent leur nom patois à une efflorescence blanche, sorte de poussière farineuse dont elles sont couvertes. Il faut les détruire dans les champs.

Farraxo, Farracho. (Du latin *farrago*.) Fourrage vert, fourrage en herbe. — Terre semée de fourrage, mélange de graines céréales et de graines légumineuses, qu'on sème en automne pour avoir du fourrage au printemps.

Farroux. (V. *Fe rouge*.)

Fau. (Du celtique *faò* et *fav*, hêtre ; le latin en a fait *faia* et *fagus*.) Fau, Fayard, Hêtre. *Fagus sylvatica* L. Cupulifères. Son bois brûle bien ; il donne beaucoup de flamme, mais peu de braise. Il est dur, très-employé par les menuisiers, tourneurs, charrons, sabotiers, etc. — Son fruit (*faxo*, faîne) contient dans son amande une huile grasse très-bonne. Il sert à engraisser les porcs et la volaille ; cependant une trop grande quantité leur est nuisible. — Nos montagnards font avec cet arbre des haies productives et des palissades qui mettent à l'abri des vents leurs habitations et même leurs champs. — Copiant la nature, ils donnent invariablement à leurs pains de beurre la forme triangulaire de la *faîne*. — Du mot *faò*, *fav*, *fagus*, *fau*, dérivent beaucoup de noms propres : *Fau, Faussié, Fayard, Faugères, La Faye, La Fayette,*—*Faou* et *Faouet*, deux petites villes dans la basse Bretagne, — et aussi le mot *fagot* (en celto-breton *fagod*). L'un de nos plus beaux arbres forestiers, le Hêtre commun, croît avec la plus grande rapidité et est excellent dans un bon nombre d'ouvrages ; aussi est-il le symbole de la prospérité.

Fautèrlo, Fautèrno. C'est le nom de l'Aristoloche ronde, *Aristolochia rotunda* L., et de l'Aristoloche longue, *A. longa* L. Aristolochiées. Excitant inusité. La racine de ces deux plantes est, pour le vulgaire, le remède à tous les maux ! Mais c'est principalement au début des pleurésies qu'on l'administre, en poudre délayée dans du vin.

Faxo. (Le latin *fagina*, faîne, comme *faia* et *fagus*, est tiré du celtique *faò* et *fav*.) (V. *Fau*.)

Fe. (Du celto-breton *fouen*, ou du latin *fœnum*.) Foin. Il se compose principalement de Graminées. Nos paysans disent proverbialement : *Annado de fe, annado de re;* Année de foin, année de rien. (Voy. *Hèrbo de prat.*)

Fe rouge. Trèfle incarnat, vulgairement Farouch. *Trifolium incarnatum* L. Papilionacées. Plante fourragère ; cultivée pour prairies annuelles. (Voy. *Trefèl, T. èflo.*) — Notre mot patois *rouge* ou *rouxe* vient du celto-breton *ru,* dont le latin a fait *ruber,* rouge.

Fèlho. (Du latin *folium.*) Feuille.

Fenoul. (Du latin *feniculum.*) Fenouil commun. *Feniculum vulgare* Gærtn. Ombellifères. Aromatique, excitant. Sert quelquefois de condiment. — Le Fenouil est devenu l'emblème de la force, parce que les athlètes, croyant augmenter leur vigueur, en mêlaient à leurs aliments.

Fenoul d'Anis. (Du latin *feniculum,* fenouil ; *anisum,* du grec ἄνισον, anis.) Fenouil d'Anis. Cette appellation hybride demande d'être justifiée. Comme ce fruit ressemble beaucoup à celui du Fenouil, on lui a donné le nom de *Fenoul,* mais en le faisant suivre du mot *anis* pour le spécifier, pour le distinguer du fruit du Fenouil proprement dit. (Voy. *Anìs.*)

Fenoulhet. (Racine, *fenoul.*) Fenouillette. Espèce de pomme qui a le goût du Fenouil.

Fenoulheto. (Racine, *fenoul,* parce que les pinnules de ses feuilles rappellent, bien qu'imparfaitement, les divisions capillaires des feuilles du Fenouil.) Achillée millefeuille, vulgairement Herbe au charpentier, Millefeuille. *Achillea millefolium* L. Corymbifères. Aromatique, vulnéraire. Inusité. (Voy. *Hèrbo de talh.*)

Figo. (Du latin *ficus.*) Figue. Sycòne, réceptacle charnu et fruit du Figuier ; ce qu'on appelle vulgairement fruit (Voyez *Figuiè.*)

Figuiè et Fihè ; Figuièiro et Fihèiro. (Du latin *ficus.*) Figuier commun. *Ficus carica* L. Morées. Le Figuier, originaire de Carie, cultivé et subspontané dans le midi de la France, parait avoir été importé à Marseille par les Phéniciens. Ses *fruits* sont de deux sortes : les *figues-fleurs, bourrau* (Voy. ce mot), plus grosses, mûres en juillet, et les *figues* proprement dites, plus petites, plus sucrées et mûres en septembre. Sèches, elles sont béchiques. — On a pris le Figuier pour emblème du scandale.

Figuiè, Fihè salbage ; Figuièiro, Fihèiro salbajo. Figuier sauvage, Caprifiguier.

Finaudèlo. (De l'espagnol *fino*.) Finette. Sorte de châtaigne petite, mais bonne à manger.

Flambouèsiè, Frambouèsiè ; Flambouèso, Frambouèso. (Le mot *flambouèsiè* vient du latin *francus rubus,* buisson franc. Le Framboisier est, en effet, une Ronce, un véritable *Rubus*.) (Voy. *Amourèu, Roume*.)

Flou. (Du latin *flos,* fleur.) Pour le vulgaire, c'est la partie colorée et odorante des végétaux pendant la floraison. Aux yeux du botaniste, la fleur n'est autre chose qu'un ou plusieurs organes sexuels, avec ou sans enveloppe florale.

Flou. Matière résineuse qui, sous forme d'un velouté délicat, recouvre certains fruits, tels que prunes, raisins, etc. *Encaro i'a la flou ;* Encore il y a la fleur.

Flou de Cardouno, ou seulement Flou. (Du latin *flos,* fleur ; *carduus,* chardon.) (Voy. *Cardouno*.)

Flou de la Passìu. (Voy. *Hèrbo de la Passìu*.)

Flou per enfloura. Fleur à cailler. (Voy. *Cardouno*.)

Flourat. (Racine, *flou*.) Fleuri, vermeil. *Aquelo joube es flourado coumo 'no pruno ;* Cette jeune fille est fleurie comme une prune, a le velouté de la prune.

Flourì. (Du latin *florere*.) Fleurir, pousser des fleurs, être en fleur. *Lous albres flouriròu lèu ;* Les arbres fleuriront bientôt.

Flouriduro. Moisissure, chancissure. (Voy. *Mousiduro*.)

Flourit, ido. Fleuri, ie. Qui est en fleur. *La prado es flourido ;* La prairie est fleurie, est en fleur. — *Flourat* s'applique aux personnes, *flourit* aux choses.

Flous jaunos. (Du latin *flos;* de l'italien *giallo.*) Fleurs jaunes. Voy. *Biuliè jaune.*

Foucha, Fouxa. (Du latin *fodere,* creuser.) Piocher.

Fouiral. (Racine, *fouiro,* du latin *foria.*) Espèce de raisin de mauvaise qualité, dont les grains se vident dans les doigts qnand on les sépare de la grappe.

Fourmen. Voy. (*Froumen, Blat.*)

Fraisse. (Du grec φράσσω, je clos; l'italien en a fait *frassino,* et le latin *fraxinus,* frêne.) Frêne commun. *Fraxinus excelsior* L. Oléacées. Ses feuilles sont sudorifiques, inusitées. Dans ces derniers temps, Mouchon en a retiré la *fraxinine.* On les donne aux bestiaux. Son bois, dur et tenace, est travaillé par les tourneurs, charrons, etc. C'est sur le Frêne et autres Oléacées qu'on prend les cantharides. Cet arbre sert à faire des haies, des clôtures. — Le Frêne est l'emblème de la grandeur. Pourrait-il en être autrement lorsque son nom spécifique est *excelsior?*

Fraisse-Cournoulhè. Vulgairement Frêne-Cornouiller. (Voy. *Cournoulhè.*) Sa double dénomination lui vient de ce que ses feuilles sont pennées comme celles du Frêne, et que ses fruits rouges ont été comparés à ceux du Cornouiller. C'est le Sorbier des oiseleurs, *Sorbus aucuparia* L. Pomacées. Le fruit, astringent, peu manducable, se donne à la volaille, aux vaches et aux brebis ; il sert d'appât aux oiseleurs. On en retire de l'acide malique (*acide sorbique* de Donovan), de la *sorbine* et de l'*acide sorbinique.*

Fresiè. (Du latin *fraga,* fraise.) Fraisier. Trois espèces habitent nos bois : le Fraisier des collines, *Fragaria collina* Ehrh.; le Fraisier élevé, *F. elatior* Ehrh., et le Fraisier des bois, *F. vesca* L., qui est le plus commun. Rosacées. Les racines des Fraisiers sauvages sont astringentes, très-peu employées. Leur fruit, *fréso, maxoufo,* est très-estimé. L'horticulture a obtenu un grand nombre de variétés de fraises, qui flattent agréablement, et à la fois, l'organe olfactif et le palais des gourmets.

Fresiè salbage. Fraisier sauvage, parce que sa feuille ressemble à celle du Fraisier. (Voy. *Crèbo-biòu.*)

Frèso. (Du latin *fraga*.) Fraise. (Voy. *Fresiè.*) — De même que la bonté a des attraits pour tout le monde, de même le Fraisier, emblème de la bonté, a des fruits que savent apprécier l'œil, l'odorat et le goût.

Frigoulo. Thym commun. *Thymus vulgaris* L. Labiées. Stimulant et aromatique. Employé dans l'art culinaire. Il entre dans quelques préparations médicamenteuses, ainsi que son huile essentielle; celle-ci sert dans la parfumerie.

Froumajou et Fourmajou. (Du grec φορμός, pannier, forme dans laquelle on met le fromage pour le faire égoutter.) Fromageon, petit fromage. Les enfants appellent ainsi le fruit des Mauves, formé de carpelles verticillés autour d'un axe central : la forme aplatie et circulaire de ce fruit rappelle, en effet, celle d'un fromage de Roquefort ou de Gruyère.

Froumen. (Du latin *frumentum.*) Froment. (Voy. *Blat.*)

Fruxo (Du latin *frux*, qui lui-même vient peut-être du celtobreton *frouez*, fruit.) Ce mot exprime l'ensemble de tous les fruits, le fruit en général. Ainsi l'on dit: *Oungan i'a fosso fruxo;* Cette année il y a beaucoup de fruits.

Fumotèrro. (Du latin *fumus,* par allusion à son odeur de fumée ; et *terra,* terre.) Fumeterre, Fumée de terre. Sous ce nom générique, le vulgaire confond les espèces suivantes : *Fumaria officinalis* L., *F. pallidiflora* Jord. (*F. capreolata* L.), *F. parviflora* Lamk., *F. bastardi* Bor. (*F. muralis* Sond.). Fumariacées. La Fumeterre officinale est dépurative.—Appelée aussi Fiel de terre à cause de son amertume, elle est devenue l'emblème de ce fiel que trop de personnes ont dans le cœur, sur les lèvres ou dans leurs écrits.

Fusto. (Du latin *fustis.*) Poutre. La *fusto* peut être, est même beaucoup plus longue que le *souc;* elle n'en a jamais l'épaisseur ni la largeur. (Voyez les mots *Pesegòt, Souc.*)

G

Gabèl. (Du latin *garbella*, petite gerbe.) Javelle, poignée de sarments, faisceau de sarments.

Gafarot. (Du patois *gafa, agafa*, accrocher ; du grec γόμφος, coin, clou, crochet.) Ce nom s'applique spécialement à la Bardane, *Lappa minor* D. C. (Cynarocéphales), et aux Lampourdes épineuses et à gros fruits, *Xanthium spinosum* L. et *X. macrocarpon* D. C. (Ambrosiacées), et surtout à leurs fruits. On appelle aussi *gafarot* certains fruits d'Ombellifères, ceux du *Tribulus terrestris* L., et plus généralement tous ceux qui, armés de pointes recourbées, s'accrochent aux vêtements de l'homme et aux toisons des brebis. Les Lampourdes sont sans usage ; une guerre acharnée peut seule s'opposer à leur multiplication dans les vignes. (Voyez *Lapparasso.*)

Gairouto. Gesse sillonnée, Gesse chiche, Petite Gesse, Pois breton. *Lathyrus cicera* L. Gesse commune ou cultivée. *Lathyrus sativus* L. Plante de la fam. des Papilionacées. Cultivées pour les animaux. Sèches, elles sont nuisibles aux chevaux.

Gaissa. Taller.

Gaisso. Rejeton, œilleton, talle, marcotte de plante qui prend par bouture.

Garbo. (Du gothique *garbe*.) Gerbe.

Garrabiè. Églantier. *Rosa canina* L. Rosacées. Le nom de *Garabiè* se donne à toutes les espèces du genre *Rosa*. Appliqué à ces végétaux, on ne peut mieux le traduire que par *rustique;* la rusticité des Rosiers sauvages est, en effet, très-connue. (Voyez *Rousiè salbage, Batotioulo.*) — D'après une poétique légende lorraine, l'Églantier est l'emblème de l'amour filial.

Garric. Chêne blanc. On appelle ainsi le Chêne pédonculé, *Quercus pedunculata* Ehrh. (*Q. robur* L.); le Chêne rouvre, *Q. sessiliflora* Smith ; le Chêne tauzin, *Q. pubescens* Willd. Cupulifères. L'écorce de Chêne est un bon astringent, peu employé en médecine humaine et vétérinaire. Elle est riche en *tannin*. Réduite en poudre, elle prend le nom de *tan* (V. *Rusco*) et sert pour le tannage des cuirs. Le bois est employé par les menuisiers, charrons, tourneurs, charpentiers. Après le Chêne vert, c'est le meilleur bois de chauffage, surtout quand il provient d'un versant méridional. Le *Q. sessiliflora* Smith paraît être celui qui était en grande vénération chez les Druides. Le fruit, gland (*aglan*), est très-recherché de l'espèce porcine. — Le Chêne est le symbole de l'hospitalité : son ombre protége plantes et arbrisseaux ; les oiseaux se jouent dans son feuillage ; autour de lui mille insectes bourdonnent ; l'écureuil, le mulot, le sanglier, se nourrissent de ses fruits ; enfin il donne à l'homme son bois et son écorce. — Le mot *garric* est gallois. Ses dérivés latins sont : « *Garricæ, garrigæ, garriciæ,* etc. » Terræ incultæ, Gallis *garriges* (sic). » (*Plur. Auct. Petrus Roboriensis, poëta provincialis,* apud *Joannem Nostradamum,* c. 56.)

> Paut m'an valgut mos precs, ni mos prezics,
> Ni jauzimen d'ausel, ni flour d'eglay,
> Ni lou plazer que Dieu transmet en may,
> Quand on vey verds lous prats, ni lous *garrics*. »
>
> (Du Cange.)

Peu m'ont valu mes prières, ni mes supplications, — ni jouissances d'oiseau, ni fleur de glaïeul, — ni le plaisir que Dieu donne en mai, — quand on voit verts les prés et les *chênes*[1].

Garrigo. Garrigue. Terrain rocailleux et aride, couvert de broussailles, principalement de Chênes kermès, *Garroulho* (Voyez ce mot. Voyez aussi le mot *Garric,* dont nous avons tiré celui de *Garrigo.*)

Garroulho. (Racine, *garric, Garrigo.*) Chêne kermès, *Quercus coccifera* L. Cupulifères. L'écorce sert pour le tannage. On recueillait autrefois sur ce Chêne le *coccus Ilicis,* L., insecte connu sous le nom de *kermès animal,* aujourd'hui non usité en

---

[1] Le mot *garrics* doit se traduire littéralement par *chênes;* mais ici, où la partie semble exprimer le tout, on pourrait le rendre par *bois* : les prés signifieraient les plaines, et les bois les montagnes.

médecine et, comme matière tinctoriale, remplacé par la cochenille.

Gaspo. Rafle, grappe de raisin, de groseille, etc., dépouillée du fruit.

Gatifèl, Catifèl. (Du celtique *cat*, dont le latin a fait *catus, i*, chat ; du latin *fel*, fiel.) Fiel-de-chat, par allusion à l'âcreté de la plante. (Voy. *Matucèl*, qui lui-même n'est qu'une altération de *Catifèl*.)

Gaudo. Gaude, Réséda gaude. *Reseda luteola* L. Plante de la fam. des Résédacées. Elle teint en jaune. Spontanée çà et là dans notre localité, cultivée dans d'autres.

Gèisso. Gesse blanche, G. commune, Pois carré. *Lathyrus sativus* L. Papilionacées. Cultivée comme plante fourragère. Les gens pauvres mangent ses graines. Elle porte quelquefois le nom de *Gairouto*. (Voy. ce mot.)

Gèl. (Du celto-breton *gèl*, dont le latin a fait *gelu*, froid glaçant, peut-être parce que, comme le froid, les fruits de cette plante engourdissent, diminuent ou suspendent même le sentiment et le mouvement.) Ivraie enivrante, vulgairement Zizanie. *Lolium temulentum* L. Graminées. Le grain est vénéneux, stupéfiant ; mêlé aux céréales, il peut déterminer des empoisonnements, des tremblements, des vertiges. Il faut, autant que possible, détruire cette plante. (V. *Irago*.)—L'Ivraie est l'emblème du vice. Elle se glisse inaperçue dans les meilleures semences ; si on ne l'en sépare ou si on ne l'arrache avec soin dès le principe, il n'est plus possible de l'extirper : ainsi du vice dans le cœur de l'homme.

Gènepì. Le vulgaire donne ce nom à la Germandrée à tête dorée, *Teucrium aureum* Schreb. Labiées. C'est une erreur grossière. Le *vrai* Génépi, *Achillea moschata* Jacq. et le Genépi *blanc, Artemisia mutellina* VIII. (Corymbifères), vivent dans les Alpes et ne pourraient croître dans la région méditerranéenne. — Notre pseudo-Génépi est une panacée populaire qui peut aller de pair avec le fameux *Menudet*. (Voy. ce mot.)

Selon Merat et Delens, l'*Achillea moschata* Jacq., Achillée à odeur de musc, serait le *véritable* Génépi des Savoyards.

GENIBRE. (Du celtique *jeneprus,* âpre, dont l'italien a fait *ginepro*, et le latin *juniperus*, genièvre.) Genévrier commun. *Juniperus communis* L. Cupressinées. Les fruits, vulgairement appelés *granos de Genibre,* et improprement *baies*, sont stomachiques, diurétiques ; employés surtout en médecine vétérinaire. Ils servent à préparer l'eau-de-vie de Genièvre, dont il se fait une grande consommation en Allemagne. On en retire une huile essentielle qui entre dans quelques préparations pharmaceutiques. — Le Genévrier est l'emblème de l'asile, du secours : pendant l'hiver, en effet, les merles, les grives, trouvent un asile dans son feuillage épais, et dans ses fruits une nourriture abondante et saine.

GINÈST. (Du celtique *gen*, petit buisson ; le latin en a fait *genista*, genêt.) C'est le nom de tous les Genêts en général, mais plus spécialement du Genêt à balais, *Sarothamnus vulgaris* Wimmer. Papilionacées. Brouté par les bœufs, les bêtes à laine et même les chevaux ; pris en trop grande quantité, il détermine une inflammation des voies urinaires. On peut retirer de son écorce une filasse grossière. M. Stenhouse a découvert dans ce Genêt la *scoparine*, substance cristallisable, jaune, et la *spartéine,* alcaloïde liquide, volatil.

GINÈSTO. (Même étymologie que *ginèst*.) Genêt jonciforme, improprement Genêt d'Espagne. *Spartium junceum* L. Papilionacées. Plante, comme la précédente, fourragère et textile. Ses grandes fleurs à odeur suave et ses rameaux toujours verts lui ont valu une place dans les jardins. La médecine populaire emploie les fleurs de la *Ginèsto* et du *Ginèst* contre l'enflure et la colique. — Le Genêt d'Espagne est devenu l'emblème de la propreté, parce que la filasse obtenue de cette plante sert à fabriquer du linge, et qu'en changeant souvent de linge on entretient la propreté.

GINÈSTO. Genêtière, genistade, lieu couvert de Genêts.

Ginouflado, Girouflado. Ce nom, parfois donné à quelques espèces d'Œillets (*Dianthus*), dont l'odeur, à la vérité, rappelle celle du Girofle, convient plutôt aux variétés de la Giroflée, *Cheiranthus cheiri* L. (Voy. *Biuliè jaune, Massouquet.*)

Giussano, Xiussano. (Ce mot semble de prime-abord, dériver du latin *gentiana*; mais il a, je crois, une autre origine. *Giussano* et *giusses* proviennent de la même source ; ils ont le même radical *giuss*, dont la signification m'est inconnue, mais qui pourrait bien vouloir dire *amer*, ces deux plantes — Gentiane et Absinthe — étant douées d'une amertume très-prononcée. Alors, en admettant que ce radical *giuss* ou *tgiuss* vient du mot grec ψίνθος [1], douceur, on voit de suite que l'ironie a présidé au baptême de ces deux plantes, en les appelant *douces* parce qu'elles sont *amères;* or l'ironie, tout le monde le sait, dit précisément le contraire de ce qu'elle veut faire entendre.) Grande Gentiane. *Gentiana lutea* L. Gentianacées. Officinale, tonique. Elle contient un principe colorant, jaune, cristallin, le *gentianin*, et un principe amer cristallisable, le *Gentiopicrin*.

Giusses. (Voy. *Giussano.*) Absinthe commune. *Artemisia absinthium* L. Corymbifères. Officinale, tonique, vermifuge. Elle contient de l'*absinthate de potasse;* son principe amer, résinoïde, est l'*absinthine*. Elle a donné son nom à la trop fameuse liqueur dite *absinthe*, dont l'usage abusif produit des effets si funestes. Hâtons-nous de le dire, cette liqueur n'emprunte rien de nuisible à l'Absinthe, que, d'ailleurs, les liquoristes suppriment le plus souvent ; de nombreuses analyses l'ont prouvé: quand elle n'est pas colorée avec des sels de cuivre, ce qui est arrivé, il faut attribuer uniquement à l'alcool son action perfide et délétère. — On a fait de cette plante l'emblème de l'absence, par suite de la comparaison établie entre l'amertume de l'absence, le plus grand de tous les maux d'après Lafontaine, et celle de l'Absinthe.

---

[1] Ἄψινθος, absinthe; qui n'est autre chose que ψίνθος, douceur, précédé de l'ἀ privatif des Grecs.

Glaujol, Glauxol. (Du grec γλαυκός, glauque, par allusion à la couleur de la plante.) Gouet commun, vulgairement Pied-de-veau. *Arum italicum* Mill. Aroïdées. Plante vénéneuse. Sa racine tubériforme contient beaucoup de fécule, qu'on a conseillé d'utiliser en temps de disette ; mais il faut d'abord la priver du principe âcre qui l'accompagne. D'après M. Enz, cette racine contient de la *saponine* — Le Gouet commun est l'emblème de l'ardeur, probablement à cause de l'âcreté de son suc brûlant, caustique et vénéneux.

Gourdo. (Du latin *cucurbita*, vase.) C'est le fruit de la Courge calebasse, *Cucurbita lagenaria* L., Cucurbitacée, originaire des Indes et cultivée chez nous. Séché et vidé, il est employé en guise de bouteille. (Voy. *Tuco.*)

> Ma mayre ! iè crida Eneas,
> Que la recounouy, ounte anas?...
> Abe, santapa, pioy qu'es sourda.
> Diguen un mot à nostra *gourda*
>
> Fav.

Ma mère ! lui crie Énée, — qui la reconnait, où allez-vous ?.... — Eh bien ! ma foi, puisqu'elle est sourde, — disons un mot à notre gourde.

Goussetous. (Diminutif de *goussets*, petits chiens, de ce que les fruits accrochants rappellent l'habitude qu'ont les jeunes chiens de s'accrocher aux habits des passants.) On désigne sous ce nom la Cynoglosse officinale, vulgairement Langue-de-chien, *Cynoglossum officinale* L. (Borraginées), et la petite Luzerne, *Medicago minima* Lamk. (Papilionacées).

Goussets. (Diminutif de *gous*, chien ; *gousses*, chiens.) (Voy. *Goussetous.*) Caucalide daucoïde, vulgairement Gratteau. *Caucalis daucoides* L. Plante de la famille des Ombellifères.

Gra. (Voy. *Gro* et *Gru.*)

Gram. (Du latin *gramen*, gazon.) (Voy. *Agram.*)

Grando Margarido. (Du latin *grandis*, grand ; *margarita*, perle.) Grande Marguerite, Leucanthème vulgaire. *Leucanthemum vulgare* Lamk. et autres espèces du même genre.

Corymbifères. Broutées par les bestiaux tant qu'elles sont tendres. (Voy. *Margarideto*.)

GRANO. (Du celtique *greun*, dont le latin a fait *granum*.) Graine, semence des plantes.

GRAPAUDINS. (Racine, *grapaut*, crapaud ; du latin *crepare*, se fendre, parce que ce reptile s'enfle tellement qu'il semble prêt à crever.) Qui tient du crapaud, parce que le chapeau de la plupart de ces Champignons offre l'aspect verruqueux du crapaud.

GRAPAUDIN GRIS. Crapaudin gris, Agaric panthérin. *Agaricus pantherinus* D. C. Chapeau visqueux, déliquescent à sa maturité ; odeur vireuse insupportable. Champignon vénéneux.

— JAUNE. Crapaudin jaune, Agaric citrin, Oronge-Ciguë jaune. *Agaricus citrinus* Schæf. Variété remarquable et constante de l'*Ag. phalloides* Fries. (C. Roum.) Champignon vénéneux.

— ROUS. Crapaudin roux, variété petite et sans verrues de l'Agaric moucheté, *Agaricus muscarius* L. (*Ag. puella* Batsch.) (C. Roum.) Champignon vénéneux.

GRAS-CAPOU. (Littéralement *gras-chapon*, ce qui ne dit rien. Nous préférons traduire par *grosse-tête*, du latin *crassum*, *caput*, expression qui trouve sa raison d'être dans la forme extérieure de la plante.) Barbarée à siliques écartées, vulgairement Herbe de Sainte-Barbe. *Barbarea patula* Fries. Crucifères. Antiscorbutique comme toutes les plantes de cette famille. Cueillie jeune, elle fait partie de la *Salado menudo*. (Voy. ce mot.)

GRELH. (Bien que la lettre *h* ne sonne pas dans la prononciation du mot *grelh*, il est rationnel de la conserver, puisqu'elle sert à mouiller *l* dans *grelha* et *grelhou*, dérivés de *grelh*.) Germe, cœur, brin ou petit rameau. *Grelh de Cebo*, germe d'Oignon ; *grelh de Laxugo*, cœur de Laitue ; *grelh de Lauriè, de Roume*, brin, petit rameau de Laurier, de Ronce.

Grelha. (Racine, *grelh*.) Germer, pousser le germe au dehors.

Grelhou. (Diminutif de *grelh*.) Jeunes pousses cueillies sur la tige sans feuilles (Voy. *Tanòc*) du Chou rouge, et que l'on mange cuites, en salade.

Gresos. (Pluriel de *greso*, s. f.) Soies-de-porc, Nard raide. *Nardus stricta* L. Graminées. Il doit son nom de *Gresos* à la rigidité de ses tiges, qui, naturellement desséchées sur place, rappellent les soies du porc (en patois *gresos*). (Voy. *Pèl-de-co.*)

Grìfoul. (Ce mot vient de *griffo*, griffe, dérivé lui-même de l'allemand *greiffen*, saisir ; ou bien il est formé par la contraction des deux mots latins *gruffum*, hérissé, et *folium*, feuille. Cet arbuste, avec ses feuilles à pointes piquantes et recourbées, semble armé de griffes.) Houx commun. *Ilex aquifolium* L. Ilicinées. Tenace, dur, prenant un beau poli, le bois est trèsbon pour cannes, manches d'outil, etc. La seconde écorce sert à préparer la glu. (Voy. *Besc.*) Ses feuilles contiennent un principe amer, l'*ilicine*. — Le Houx est l'emblème de la Providence, parce que, pendant les neiges de l'hiver, il donne aux oiseaux pour abri son feuillage impénétrable aux frimas, pour aliment ses rouges baies.

Grimouèno. (Du latin *agrimonia*.) Aigremoine. *Agrimonia eupatoria* L. Rosacées. Léger astringent. Ses feuilles ne sont broutées que par les moutons et les chèvres.

Griöto. De ἄγριος, sauvage, ou de *acriatum,* bass. latin., aigreur (?) (Voy. *Agriòto.*)

Gro. (Pour l'étymologie, voy. *Gru.*) Grain, semence de Graminées : *un gro de Blat,* un grain de Blé.—Grain de fruit : *un gro de rasin,* un grain de raisin. — Petite partie : *un gro d'Al,* un caïeu d'Ail.—Grain en général : *Oungan i'a pas de gro,* Cette année il n'y a pas de céréales.

Grosèlho (Du latin *grosselus,* diminutif de *grossus,* petite figue, les groseilles ressemblant aux figues naissantes.) Groseille, fruit du *Grouselhè.* (Voy. ce mot.) Elle est alimentaire, rafraîchissante. On en prépare, en pharmacie, un sirop et une gelée. Elle contient de l'acide citrique et de l'acide pectique.

Grouselhè. (Même étymologie). Groseillier à grappes, Groseiller rouge. *Ribes rubrum* L. Grossulariées. Cultivé. Varie à baies rouges et blanches. Le Groseillier dégénère, s'il n'est pas replanté tous les cinq ans. Quand on le néglige, ses fleurs avortent en grande partie. Il semble ne produire des fruits que par reconnaissance des soins qu'on lui donne. Aussi a-t-on fait de cet arbrisseau le symbole de la reconnaissance.

Grouselhè negre. (Voy. *Cassis.*)

Grouselhè salbage. (Racine, *grossulus, sylvaticus.*) Groseillier sauvage, Groseillier des Alpes. *Ribes alpinum* L. Grossulariées. Spontané dans nos bois.

Gru. (Du celtique *greun,* grain.) Grain de raisin. Ce mot a servi à former le suivant.

Grunado. (Racine, *gru.*) Grains de raisin séparés de la rafle ; les grains tombés au pied de la souche.

Guindoùl. Vulgairement Guindoux, grosse cerise aigre-douce.

Gulhetos. (Voy. *Agulhetos, Agulhoùs.*)

Gulo-de-lioun. (Du celto-breton *guéol,* du latin *gula,* gueule; du celto-breton *léon,* en latin *leo,* lion, à cause de la forme de ses fleurs.) Gueule-de-Lion, Mufle-de-veau, Muflier à grandes fleurs. *Antirrhinum majus* L. Scrofulariacées. Il est rustique, facile à multiplier ; spontané sur les vieux murs, cultivé dans les parterres. Les bestiaux refusent tous les Mufliers.

H

Hèrbage. (Racine, *hèrbo.*) Herbage, toute sorte d'herbes ; pacage, pâturage.

Hèrbejà. (Racine, *hèrbo.*) Herboriser.

Hèrbetos. (Diminutif de *hèrbo*.) Petites herbes, fines herbes, herbes potagères.

Hèrbo. (Du latin *herba*.) Herbe, toute plante qui perd sa tige en hiver.

Hèrbo a cimboul ou cimbour [1]. (Du latin *herba*, herbe ; *cymbalum*. sonnette ; de ce que ses épillets, suspendus à des pédicules filiformes, ressemblent à des grelots.)(V. *Esquilous, Hèrbo tramblanto.*) Herbe à grelots, Brize tremblante. *Briza media* L. Graminées. Il n'est pas étonnant qu'on ait fait de cette plante le symbole de la frivolité; les grelots ne sont-ils pas l'attribut de la Folie ?

Hèrbo apeganto. (Racine, *pego,* du celto-breton *peg,* poix ; *apeganto,* s'attachant comme de la poix : de ce que ses tiges et ses feuilles, armées d'aiguillons recourbés, s'accrochent aux vêtements et aux mains de ceux qui passent trop près de cette plante ; aussi est-elle l'emblème de la rudesse. A Montpellier et à Nîmes, on lui donne le nom d'*Arrapa-man.*) Galiet, Caille-lait, Grateron. *Galium aparine* L. Rubiacées. Inusitée.(Voy. *Reboulo, Empeganto.*)

Hèrbo batudo. (Du latin *batuere,* battre.) Herbe battue, parce que son axe floral, se terminant souvent par deux petites feuilles stériles, lui donne l'aspect d'une plante battue des vents.) Herbe du vent, Phlomide piquant. *Phlomis herba-venti* L. Labiées. Sans usages.

Hèrbo carelhado. (Voy. *Carelhado, Calelhado.*)

Hèrbo d'abelho. (Du latin *apicula,* abeille.) Germandrée des bois, Faux Scordium, Fausse Sauge des bois. *Teucrium scorodonia* L. Labiées. Sans usages. Refusée par les bestiaux. — Aurait-on appelé cette plante *Herbe aux abeilles* parce que les

---

[1] Il est à remarquer que les deux liquides *l*, *r*, dans notre patois comme dans les langues indo-européennes, se substituent l'une à l'autre. Ainsi à Saint-Pons nous disons : *cimboul, talbero, souliè. ratotiouliè, reboulo ;* sur la montagnre, au contraire, on dit : *cimbour, tarbero, souriè, ratotiourié, rebouro.*

abeilles iraient butiner sur ses fleurs? Ou bien parce qu'on
l'aurait confondue avec l'Ulmaire. la Reine-des-prés, *Spiræa
ulmaria* L. (Rosacées), dont les fleurs attirent ces insectes?
Cette dernière opinion nous paraît justifiée par l'odeur, alliacée dans la première plante, suave dans la seconde. Une troisième porte encore, mais plus rarement, le nom d'*Herbe aux
abeilles :* c'est la Mélisse officinale. (Voy. *Citrounèlo.*) Enfin le
Caille-lait jaune, *Galium verum* L., de la famille des Rubiacées,
a reçu plus judicieusement, ce nous semble, le nom d'*Hèrbo
d'abelho,* à cause de l'odeur miellée de ses fleurs.

HÈRBO DAL FEXE. Herbe du foie. (Voy. *Hèrbo dal paumou.*)
(Du grec φλέγω, je brûle. parce que, d'après les anciens, cet
organe est le foyer où se cuit et se prépare le sang.)

HÈRBO DAL MAL ROUGE. (Du latin *herba,* herbe ; *malum,* mal,
et du celto-breton *ru,* rouge, dont le latin a fait *ruber*.) Du côté
de Fraïsse, tous les *Geranium* et *Erodium* sont appelés *Hèrbo
dal mal rouge,* Herbe du mal rouge, parce qu'on attribue, mais
à tort, à ces plantes la propriété de guérir la rougeole ou clavelée des cochons, maladie charbonneuse vulgairement appelée *mal rouge,* qui fait tant de victimes dans l'espèce porcine.
Il faudrait dans la loge de ces animaux plus de propreté et
d'aération. Nous sommes très-persuadé que ces deux moyens
préventifs, malgré leur simplicité, abaisseraient de beaucoup
le chiffre de la mortalité.

HÈRBO DAL PAUMOU. (On dit aussi *palmou,* du latin *pulmo,*
poumon.) Herbe aux poumons, parce qu'on a trouvé quelque
analogie entre les taches de ses feuilles et les tubercules des
poumons. Epervière à feuilles tachées, E. des murs. *Hiera-
cium murorum* L. (Chicoracées) et autres espèces du même
genre. On appelle ainsi, et avec plus de raison, la Pulmonaire
à racine noueuse, *Pulmonaria tuberosa* Schrank. Borraginées.
La première est sans propriétés; la seconde est émolliente,
béchique.

HÈRBO D'AMOUR. (Du latin *amor.* — V. *Amoureto.)* Brize tremblante, vulgairement Herbe d'amour, Amourette. *Briza media*. L. Graminées.

Hèrbo d'amour	Herbe d'amour
Que brandilho,	Qui s'agite,
Brandilho ;	S'agite ;
Hèrbo d'amour	Herbe d'amour
Que brandilho	Qui s'agite
Toujour.	Toujours.

Pourquoi ces noms poétiques *Herbe d'amour, Amourette?* Parce que, à la moindre brise, ses fleurs se balancent, *tremblantes,* sur leurs pédicelles mobiles, comme un cœur de jeune fille palpite sous une pensée d'amour. Cette gracieuse plantule, emblème de la frivolité, n'est rien moins qu'un philtre. Les réalistes la disent un bon.... fourrage. — Elle porte aussi les noms d'*Hèrbo tramblanto, Hèrbo à cimboul.* (Voy. ces mots.)

HÈRBO DE BÈNI-ME-QUÈRRE-QUE-TE-GUERIRÈI. (Du latin *herba, venire, me, quærere, quòd, te, curare.*) Herbe de Viens-me-cher-cher-et-je te-guérirai. Ce nom, ou plutôt cette phrase hyperbolique, donne la mesure de l'importance que le vulgaire attache aux propriétés de cette plante. On croit généralement qu'elle guérit tous les maux des doigts, contusions, brûlures, coupures, écorchures, égratignures, furoncles, voire même et surtout les panaris !! etc., etc. Cette dénomination a dû primitivement appartenir à la *Toute-Bonne,* Sauge sclarée, *Salvia sclarea* L. (Labiées); mais l'erreur ayant confondu trois espèces de Sauge, et celle des prés étant, d'ailleurs, la plus commune, on appelle aussi du même nom quelquefois la Sauge verveine, *Salvia verbenaca* L., et le plus souvent la Sauge des prés, *Salvia pratensis* L. Dans tous les cas, l'erreur est sans conséquence : ces trois Sauges ont, toutes, les mêmes propriétés, et leurs merveilleuses vertus, par trop exagérées, sont aujourd'hui par la science réduites à leur juste valeur, c'est-à-dire à bien peu de chose. Ces plantes sont inusitées. Refusées par les bestiaux, elles doivent disparaître des prairies. (Voy. *Bèni-me-quèrre-que-te-guerirèi, Salbio.*)

Hèrbo de bérps [1]. (Du latin *herba*, herbe : *vermis*, ver.) Valériane dioïque, vulgairement Herbe aux vers. *Valeriana dioica* L. Pl. de la fam. des Valérianées. Cultivée dans quelques jardins, à cause de ses prétendues propriétés vermifuges.

Hèrbo de besc. Herbe à la glu. (Voy. *Bè de poumiè, Besc.*)

Hèrbo de betouèno. Herbe de bétoine. Cette dénomination, qui devrait s'appliquer au *Broutounicà*, indique toujours, dans nos montagnes, l'*Arnicà*. (Voy. ces deux mots.)

Hèrbo de catarri. Herbe au catarrhe. (Voy. *Catàrri.*)

Hèrbo de cìmes. (Du latin *herba*, herbe ; *cimex*, punaise.) Herbe aux punaises, Brize petite. *Briza minor* L. Graminées. Bon fourrage. — Ses épillets, aplatis et souvent rougeâtres, rappelant jusqu'à un certain point la forme et la couleur des punaises, ont valu à cette plante son nom d'*Hèrbo de cìmes*. C'est pourtant une congénère de l'*Hèrbo d'amour!*

Hèrbo de cinq costos. (Du latin *herba, quinque, costa.*) Herbe des cinq côtes, Plantain à feuilles lancéolées. *Plantago lanceolata* L. Plantaginées. Cette plante doit son nom aux cinq nervures qui courent le long de ses pédoncules radicaux. Si l'on voulait le faire dériver, ce qui nous paraît moins exact, des nervures des feuilles, il faudrait l'appliquer à un certain nombre de Plantains qui, tous, ont non-seulement cinq, mais sept nervures à leurs feuilles. — Comme tous les Plantains, astringent peu employé. (Voy. *Plantage.*)

Hèrbo de coutèlo. Herbe à couteau, c'est-à-dire tranchante. Laiche pâle. *Carex pallescens* L. Cypéracées. (Voy. *Coutèlo.*)

Hèrbo d'esperou. (Du latin *herba;* de l'allemand *sporen*, éperon.) Herbe à l'éperon, Aunée de Bretagne. *Inula britannica* L. Corymbifères. Nous ne voyons pas ce qui a pu motiver le nom d'*Hèrbo d'esperou* donné à cette plante, appelée aussi *Limbardo*. Il y a là erreur évidente. Cette appellation caracté-

---

[1] La lettre **p** sonne dans le nom **bérp** au singulier, mais non dans le pluriel **bérps**.

riserait très-bien les *Orchis*, les *Delphinium*, les *Cinaria*, etc. Inusitée.

H**èrbo de fic**. (Du latin *ficus*, figue, à laquelle on a comparé la tumeur appelée *fic*.) Herbe au fic, parce qu'on la croyait bonne pour la guérison de cette affection morbide. C'est le Plantain à feuilles triquètres, *Plantago carinata* Schrad. Plantaginées. Comme tous ses congénères, astringent peu usité.

H**èrbo de garroulho**. (Racine, *garric, garrigo*. Littéralement, Herbe de Chêne au kermès, *Hèrbo*, pour la distinguer de l'arbuste : *Garroulho*, parce que sa feuille ressemble à celle de ce Chêne.) (V. *Garroulho*.) Germandrée Petit-Chêne, vulgairement Petit-Chêne. *Teucrium chamædris* L. Labiées. Amère, aromatique, tonique.

H**èrbo de la fairo**. Herbe de la... diarrhée, Linaire rayée. *Linaria striata* D. C. Scrofulariacées. Cette plante se donne en pàtée, avec de la farine de maïs, aux poussins et aux cannetons, comme remède et préservatif d'une maladie appelée *la fairo*. Lorsque la volaille est malade, elle a ordinairement la diarrhée, en patois la *fouiro*, puisque, pour s'entendre, il faut appeler les choses par leur nom ; de là probablement le mot *fairo*, par corruption de celui de *fouiro*. (Du latin *foria*, excréments liquides.) Cette plante est sans usages en médecine. On l'appelle aussi *Palistre*. (Voy. ce mot.)

H**èrbo de la Passìu**. (Du latin *herba*, herbe ; *passio*, passion ; de ce que sa fleur représente les instruments de la Passion de Jésus-Christ.) Herbe de la Passion, Fleur de la Passion, Grenadille, Passiflore. *Passiflora cærulea* L. Cette plante d'ornement, originaire du Brésil, appartient à la famille des Passiflorées. — Elle est l'emblème de la croyance.

H**èrbo de la rougno**. (Du bas-breton *rong*, rogne.) Herbe de la gale. (Voy. *Matucèl, Gatifèl*.)

H**èrbo de la roumpaduro**. (Du latin *rumpere*, rompre, briser.) Herbe de la rupture, Sceau-de-Salomon. *Polygonatum vulgare* Desf. Smilacées. Astringent inusité.

Hèrbo de las pèrlos. (*Herba*, herbe ; du bas-latin *pirula*, petite poire.) Herbe aux perles, Perlière, Grémil officinal. *Lithospermum officinale* L. Plante de la fam. des Borraginées. Inusitée. Elle doit son nom à ses fruits, dont les carpelles ovoïdes, lisses, d'un beau blanc, luisants et très-durs, ont été comparés à des perles.

Hèrbo de las talpos. (Du latin *talpa*, taupe.) Herbe des taupes. Ainsi appelée parce que, introduite dans les taupinières, elle en chasse ces animaux. Stramoine, vulgairement Pomme épineuse. *Datura stramonium* L. Solanées. Officinale, antispasmodique, narcotique. Poison narcotico-âcre. Les pharmaciens ne peuvent la délivrer sans ordonnance de médecin. Son principe actif est la *daturine,* qui se rapproche beaucoup de l'*atropine,* très-vénéneuse comme celle-ci et comme elle dilatant fortement la pupille. (Voy. *Endourmidouiro.*)

Hèrbo de masclou. (Du latin *masculus*, mâle : herbe de petit mâle.) Turquette, Herniaire glabre, *Herniaria glabra* L., et H. velue, *Herniaria hirsuta* L. Paronychiées. Ces plantes, légèrement astringentes, sont depuis longtemps tombées dans un juste oubli, et néanmoins il fut un temps où on les employait comme astringentes, diurétiques, lithontriptiques, et même pour guérir les hernies!!! etc. De là leur nom d'Herniaire. Le célèbre Montaigne, atteint de la gravelle, faisait un usage habituel de l'Herniaire glabre, alors connue sous le nom d'*Herbe du Turc*. (Voy. *Hèrbo de matriço*.)

Hèrbo de matriço. (Du latin *matrix*, matrice.) Herniaire velue. *Herniaria hirsuta* L. Paronychiées. Elle a dû être appelée *Hèrbo de matriço* par les uns, et par les autres *Hèrbo de masclou,* à cause de ses prétendues propriétés fécondantes, propriétés, du reste, purement imaginaires. (Voy. *Hèrbo de masclou.*)

Hèrbo de mél. (Du celto-breton *mel*, en latin *mel:* herbe au miel, à cause de l'odeur de ses fleurs, qui rappelle celle du miel.) Galiet vrai. Caille-lait jaune. *Galium verum* L. Rubiacées. A été employé comme antispasmodique, diaphorétique ; aujourd'hui inusité. C'est un bon fourrage. Selon quelques auteurs, cette plante, malgré son nom, ne fait pas cailler le lait. (Voy. *Hèrbo d'abelho.*)

HÈRBO DE MILOFÈLHOS. (Voy. *Milofelhos, Hèrbo de talh Fenoulheto.*)

HÈRBO DE NOSTRO-DAMO. (Du latin *nostra, domina.*) Herbe de Notre-Dame, Reprise, Sedon orpin. Sous ce nom sont confondues les trois espèces suivantes : *Sedum telephium* L., *S. maximum* Sut. et *S. fabaria* Koch. Crassulacées. Regardées autrefois comme vulnéraires, maintenant inusitées. — On les a nommées *Hèrbo de Nostro-Damo* parce que, dit-on, suspendues tout l'hiver dans un appartement, elles étaient en fleur le 25 mars, jour de l'Annonciation, l'une des fêtes de la Sainte Vierge. Cette assertion, exagérée quant à la floraison à jour fixe, n'a rien d'étonnant lorsqu'on se rappelle la forte vitalité caractéristique de tous les *Sedum,* vitalité qui leur permet non-seulement de ne pas mourir, mais encore de végéter, de terminer leur évolution florale, longtemps même après leur arrachement et dans des conditions tout-à-fait anormales.

HÈRBO DE PARET. (Du latin *herba,* herbe ; *paries,* muraille.) Herbe des murs, Pariétaire. (Voy. *Hèrbo paretalho.*)

HÈRBO DE PÌUSE. (Du latin *pullex,* puce : herbe aux puces, par comparaison de ses fruits petits, noirs, luisants, avec ces insectes parasites.) Renouée persicaire douce, vulgairement Persicaire. *Polygonum persicaria* L. Polygonées. Vulnéraire (?) Sans usages. Les bestiaux ne la mangent pas.

HÈRBO DE PÌUSE BLANCO. (Herbe aux puces blanches, parce que ses fruits non luisants et un peu rugueux sont moins colorés que dans l'espèce précédente.) Renouée persicaire brûlante, vulgairement Poivre d'eau. *Polygonum hydropiper* L. Polygonées. Vénéneuse. Sa saveur âcre la met à l'abri de la dent des bestiaux. Inusitée.

HÈRBO DE PRAT, FE. (Du latin *herba,* herbe. Au lieu de faire dériver le mot patois *prat* du latin *pratum,* il nous semble que,

puisque le latin *campus* vient du celtique *camp,* on pourrait,
à priori, donner une origine celtique au mot *prat,* qui, plus
tard, serait devenu le radical du latin *pratum.* (V. p. 32.) L'Herbe
des prés ou Foin n'est autre chose que l'ensemble de diverses
Graminées, dont les principales sont : les Agrostides (*Agros-*
tis) ; l'Avoine à épillets jaunâtres, *Trisetum flavescens* P. B.;
l'Av. élevée ou Arrhénathère élevé, *Arrhenatherum elatius* Mert.
et Koch.; l'Av. des prés, *Avena pratensis* L.; l'Av. pubescente,
Avena pubescens L.; le Brome des prés, *Serrafalcus commuta-*
tus Godr.; le Brome doux ou mollet. *S. mollis* Parl.; le Brome
droit, *Bromus erectus* Huds.; la Fléole des prés, *Fleum pratense*
L.; la Flouve odorante, *Anthoxanthum odoratum* L.; les Houl-
ques (*Holcus*): l'Ivraie vivace, vulgairement *Ray-grass, Lolium*
perenne L., et les *L. italicum* Braun. et *L. multiflorum* Lamk.;
les Paturins vivaces (*Poa*); le Vulpin des prés, *Alopecurus*
pratensis L., etc.

HÈRBO DE REBOULO. (Voy. *Reboulo.*)

HÈRBO DE REDOU. (Voy. *Redou.*)

HÈRBO DE SANT-JAN. Herbe de Saint-Jean. (Voy. *Cinto-de-*
Sant-Jan.)

HÈRBO DE SANTURÈO. (Voy. *Santurèo.*)

HÈRBO DE SÈTGE OU DE SÈTI. (Du latin *sedes*, siége.) Herbe de
siége, à cause de son usage comme antihémorrhoïdale ; Scrofu-
laire aquatique. *Scrofularia aquatica* L. Scrofulariacées. N'est
pas employée.

HÈRBO DE TALH. (Quant à la prononciation et à l'orthographe,
même remarque que pour le mot *grelh.*) Herbe à la coupure,
nom tiré de ses prétendues propriétés de guérir les blessures
faites par des armes tranchantes. Cette plante est, pour cette
raison, devenue le symbole de la guerre. Achillée millefeuille,
vulgairement Millefeuille, *Achillea millefolium* L. Corymbifères. Aromatique, vulnéraire. Le nom d'*Achillea* lui vient d'A-
chille, qui le premier, selon Pline, s'en serait servi pour guérir
ses blessures et celles de ses compagnons (Dorvault, Off.). Son
antique réputation consiste aujourd'hui en ce que cette plante

est une des vingt espèces dont se compose le *Thé de Suisse.* (Voy. *Fenoulheto.*)

Une autre plante porte aussi le nom d'*Hèrbo de talh,* à cause de ses propriétés astringentes. C'est le Plantain à feuilles lancéolées, *Plantago lanceolata* L. (Voy. *Hèrbo de cinq costos* et *Plantage.*)

Une troisième plante est appelée *Hèrbo de talh,* mais avec une acception différente : celle d'*Herbe qui coupe.* Ses feuilles, en effet, après leur entier développement, sont assez dures pour faire une incision *(talh),* même profonde, à la peau. Aussi les bestiaux ne broutent-ils cette grande Graminée que dans son extrême jeunesse. C'est la Deschampsie ou Canche touffu. *Deschampsia cæspitosa* P. B. (*Aira cæspitosa* L.)

HÈRBO FARINÈLO. (Voy. *Farinèlo.*)

HÈRBO-FIGUIÈIRO ou FIHÉIRO. (Du latin *ficus,* figuier.) Herbe-figuier. A ce nom, donné à la Pariétaire, nous ne trouvons d'autre raison d'être que la couleur, la rudesse et la pubescence des feuilles de cette plante, qui rappellent les feuilles pubescentes, rudes et grisâtres, du Figuier. (Voy. *Hèrbo pare-talho.*)

HÈRBO FOURCADÈLO. (Du latin *herba,* herbe; *furca,* fourche : herbe petite fourche, à cause des trifurcations de ses rameaux.) Agrostide des chiens. *Agrostis canina* L. Graminées. Donne un bon fourrage.

HÈRBO MAURÈLO. (Voy. *Maurèlo.*)

HÈRBO NOUSADO. (Du latin *nodosa :* herbe nouée, parce que ses tiges sont très-noueuses.) Renouée des oiseaux, vulgairement Centinode, Trainasse. *Polygonum aviculare* L. Polygonées. Sans usages; le vulgaire, néanmoins, la regarde comme astringente.

HÈRBO PARETALHO. (Du mot patois *paret,* qui vient lui-même du latin *paries,* muraille; du mot patois *talhà,* tailler, trouer, percer : d'où son nom vulgaire de *Perce-muraille,* Pariétaire; elle croît, en effet, sur les murs, dans les décombres. Nous en avons deux espèces que l'on confond habituellement : la Parié-

taire dressée, *Parietaria erecta* Mert. et Koch, et la Pariétaire à
tiges diffuses, *P. diffusa* Mert. et Koch. Urticées. La première
est la plus commune. Toutes les deux sont émollientes, rafraîchissantes ; le nitrate de potasse qu'elles contiennent les rend
diurétiques. — On assure que, répandues sur les tas de blé,
elles en écartent les charançons.

Hèrbo pinélo. Lunettière lisse. *Biscutella lævigata* L. Crucifères. Sans usages. Les moutons la mangent, mais ne la recherchent pas.

Hèrbo roullan. (Du celto-breton *rulha*, rouler : herbe rou-
lante. Chardon roulant, et non Roland, comme on l'écrit quelquefois ; Chardon coureur, *Cardo corredor*, comme disent les
Portugais. En effet, dès qu'il est arraché ou coupé, sa légèreté
et sa forme sphérique aidant, le moindre vent le fait *rouler*.)
Chardon à cent têtes, Panicaut des champs. *Eryngium campestre* L. Ombellifères. Comme toutes les plantes épineuses, il
porte le nom vulgaire de Chardon, sans en être un. Il faut
avouer que son facies est bien plutôt le facies d'un Chardon
que celui d'une Ombellifère. On a mangé sa racine, cuite.
Sans usages. Nuisible dans les herbages. On le nomme aussi
Paniscaut. (Voy. ce mot.)

Hèrbo sabou. (Voy. *Sabouneto*.)

Hèrbo tramblanto. (Du latin *tremula*.) Herbe tremblante,
Tremblette, Brize tremblante. *Briza media* L. Graminées. Ses
épillets, suspendus à des pédicules filiformes, relativement
longs, ont une telle mobilité qu'ils se balancent, qu'ils *trem-
blent* au plus léger souffle du vent. De là le nom de cette jolie
plantule, qui, pour cette raison, est le symbole de la frivolité.
(Voy. *Hèrbo d'amour, Hèrbo à cimbour*.)

Herboulat. (Racine, *hèrbo*.) Poirée, Bette. (Voy. *Bledo*.)

Hort. (Du latin *hortus*.) Jardin.

Hourtalessio. (Racine *hortus*, jardin.) Jardinage. Plantes
potagères cultivées dans les jardins.

I

Immourtèlo. On appelle communément Immortelles deux plantes spontanées, dont les fleurs se conservent très-longtemps sans se flétrir : l'Hélichryse stœchas, *Helichrysum stœchas* D. C., et l'Hélichryse tardif, *H. serotinum* Boiss. Corymbifères. Inusitées comme béchiques. Leur faible vertu diaphorétique leur a valu le nom vulgaire de *Catàrri,* qu'elles portent quelquefois. (Voy. *Catàrri.*) On tresse avec leurs fleurs des couronnes funèbres. L'Immortelle cultivée ou des jardins est le *Xeranthemum annuum* L.—Inaltérable dans sa forme et dans sa couleur, quand toutes les autres fleurs perdent bientôt leur éclat, l'Immortelle est l'emblème de la persévérance.

Irago. Ce nom, l'un des deux par lesquels on désigne l'Ivraie enivrante, *Lolium temulentum* L., est-il une simple altération du mot latin *virago,* femme forte, choisi pour faire allusion à l'action puissante de cette faible Graminée? Ou bien le mot *irago* est-il formé de *ira,* colère, et *ago,* je pousse, c'est-à-dire je pousse, je chasse la colère: par extension, je calme, je narcotise, je stupéfie ? Telle est, en effet, la manière d'agir des grains de l'Ivraie, poison stupéfiant. Cette dernière étymologie nous semble préférable ; elle concorde, d'ailleurs, avec celle de *Gèl,* nom patois de la même plante. (V. *Gèl.*) De plus, le mot *irago* (*iram ago,* je chasse la colère) a la même formation que celui de *Tussilago* (*tussim ago,* je chasse la toux.)

Irange. Orange douce, fruit de l'*Irangè.* (Voy. ce mot.) (Du sanscrit *naranga, naryanga, nagaranga,* rouge comme du minium; de *naga,* minium, et *ranga,* couleur rouge. (E. Fournier, *Bull. Soc. Bot.,* t. 17.)

Irange amargant. Orange amère, Bigarade, fruit du Bigaradier, *Citrus bigaradia* Risso ; Citracées. Son écorce fraîche sert à préparer le ratafia dit *curaçao des Iles* ou *de Hollande.*

Irangè. Oranger. *Citrus aurantium* Risso. Citracées. La pulpe du fruit est alimentaire, rafraîchissante. Avec les fleurs et les feuilles de l'Oranger et du Bigaradier on prépare des

infusions, des eaux distillées appelées *eaux de fleur d'Oranger*,
et une huile volatile, dite *néroli ;* l'huile volatile que l'on retire
des zestes du fruit est appelée *essence de Portugal*. Ces divers
produits sont employés comme aromatiques, calmants, antispasmodiques. — Le public, ignorant mais toujours avide de
bon marché, achète le plus souvent de l'eau de *feuille* pour de
l'eau de *fleur* d'Oranger. — La fleur d'Oranger est l'emblème
virginal de la jeune fiancée.

Iʀᴀɴɢᴇᴛ. (Diminutif d'*irange*.) Petite orange.

Iʀᴀɴɢᴇᴛ. (Parce que, jeune, il offre l'aspect d'une petite
orange ; plus tard sa forme change, mais il conserve sa couleur
orangée.) Oronge vraie, Amanite orangée. *Agaricus cœsareus*
Scop.; *Amanita aurantiaca* Bull. Champignons. Espèce comestible et très-appréciée des gourmets.

Iʀᴀɴɢᴇᴛ ǫᴜᴇ ᴇᴍᴘᴏᴜɪsᴏᴜɴᴏ. Oronge qui empoisonne. Sous ce
nom sont comprises les trois espèces suivantes : la Fausse
Oronge, *Agaricus muscarius* L. ; l'Agaric bulbeux, *Agaricus
bulbosus* Bull. ; l'Oronge rude, *Agaricus verrucosus* Bull. Ces
trois Champignons sont très-vénéneux. Leur principe actif est
l'*amanitine*.

Isoᴘ. (De l'hébreu *ezob*, plante de bonne odeur; *Herbe sacrée* des Hébreux. Les Grecs en ont fait leur ὕσσωπος, et, après
eux, les Latins *hyssopus*, hyssope. Le nom patois *isop* est celui
qui se rapproche le plus de l'hébreu *ezob*.) Hyssope et Hysope.
Hyssopus officinalis L. Labiées. Les Juifs formaient avec l'Hysope les goupillons qui servaient à leurs purifications (Du-
chesne.) Il est douteux que la plante qui, dans la Bible,
est nommée *Ezob,* soit notre Hyssope (Duméril). D'après
Mᵍʳ Haynald, l'*Hysope* de Salomon ne serait autre que le
Capparis spinosa (Câprier épineux). Quoi qu'il en soit, celle-ci
est béchique, expectorante. De sa réputation populaire est né
ce proverbe, marqué au coin de l'exagération méridionale :

Qui biu d'Isop

Biu trop.

Qui vit d'Hysope — vit trop.

J

Jacinto. Jacinthe d'Orient. *Hyacinthus orientalis* L. On cultive cette Liliacée à cause de la beauté et surtout de l'arome de ses fleurs. Elle porte souvent et mal à propos le nom pâtois de *Muguet* ou *Muet*. (Voy. ce mot.)

Jalbert. Persil. *Petroselinum sativum* Hoffm. Ombellifères. Cultivé, subspontané. Excitant, diurétique; employé surtout dans l'art culinaire. Braconnot y a découvert une substance gélatineuse, l'*apiine*. MM. Homolle et Joret en ont extrait une huile pyrogénée contenant, d'après eux, un principe fébrifuge, qu'ils ont nommé *apiol*. Semé dans les prairies artificielles à base de Légumineuses, le Persil améliore la qualité du fourrage.

Jalbert salbage. Persil sauvage. Ce nom, très-impropre d'ailleurs, est commun à l'Adonide d'été, vulgairement Rougeole, *Adonis æstivalis* L., et à l'Adonide d'automne, Goutte-de-sang, *Adonis autumnalis* L. Ces plantes, de la famille des Ranunculacées, ne sont utilisées que comme espèces ornementales.

Jalbertasso. (Littéralement, mauvais persil. Dans le mot *jalbertasso* se trouve, comme on le voit, celui de *jalbert*. Les deux plantes se ressemblant beaucoup, l'on a voulu caractériser cette ressemblance par un même nom; mais, comme la première est inoffensive et la seconde vénéneuse, on a marqué cette différence de propriétés en ajoutant au nom de celle-ci la terminaison *asso*, augmentatif patois qui se prend toujours en mauvaise part.) Trois plantes sont appelées *Jalbertasso*. La première est la Grande Ciguë, Ciguë d'Athènes, Ciguë officinale, *Conium maculatum* L. Ombellifères. Employée comme calmant et fondant. Elle contient un alcaloïde liquide, la *Conicine*, son principe actif, et un alcali concret, la *conhydrine*. Les propriétés médicinales et vénéneuses de la Ciguë étaient connues dès la plus haute antiquité. C'est avec le suc de cette plante que les Grecs empoisonnèrent Socrate, condamné à mort.

> Quand abalèt la *Jalbertasso,*
> Socrato se-seriò salbat
> S'abiò mes al founds de la tasso
> Un pessùc de canfre pilat.

Quand il but la *Ciguë*, — Socrate se serait sauvé. — s'il avait mis au fond de la coupe — une pincée de camphre en poudre.

Si quelqu'un dit le contraire, ce ne sera pas M. Raspail.

La seconde plante qui, par erreur, porte le nom de *Jalbertasso*, est l'Éthuse, Faux Persil, Ciguë des jardins, Petite Ciguë, *Æthusa cynapium* L. On l'appelle aussi *Jaubertino, Jalbertino.* (Voy. ce mot.) Inusitée, vénéneuse. Elle est la plus dangereuse des Ombellifères, parce qu'on peut la confondre avec le Persil et le Cerfeuil, auxquels elle ressemble par ses feuilles. Quelques caractères serviront à distinguer le Persil, le Cerfeuil, la Grande et la Petite Ciguë :

NOMS	*Persil*	*Cerfeuil*	*Petite Ciguë*	*Grande Ciguë*
ODEUR	propre	propre	nauséeuse	fétide
FLEURS	jaunes	blanches	blanches	blanches
FRUITS	allongés	allongés	globuleux à stries lisses	globuleux à stries crénelées
TIGES	sans tache, cannelée.	sans tache	violette du bas, lisse.	tachée de pourpre
RACINE	suc extractif	suc extractif	suc nul	suc laiteux.

Enfin la troisième plante improprement nommée *Jalbertasso* est l'*Anthriscus sylvestris* Hoffm. (Voy. *Cerful salbage.*)

JALBERTINO et JAUBERTINO. Petite Ciguë. *Æthusa cynapium* L. Ombellifères. Cette plante, comme nous l'avons vu plus haut, est souvent appelée *Jalbertasso ;* c'est un tort. Puisque la *grande* Ciguë porte avec juste raison le nom de *Jalbertasso*, celui de *Jalbertino* devrait être seul consacré à la *petite* Ciguë. (Voy. *Jalbertasso.*) Sous le nom de *Jalbertino* on confond souvent l'*Anthriscus sylvestris* Hoff. et l'*Æthusa cynapium* L.

JANOLOUNGO. Jeanne longue. Châtaigne de bonne qualité : elle doit son nom à sa forme allongée.

JAUSSEMI. (Du grec ἴασμον. du latin *jasminum.*) Jasmin, Jasmin à fleurs blanches. *Jasminum officinale* L. Type de la famille des Jasminées. Originaire de l'Inde, naturalisé. Arbuste d'ornement. Ses fleurs sont employées dans la parfumerie. — S'accommodant de tous les terrains, se prêtant à toutes-les formes qu'on veut lui donner, produisant un très-bel effet par ses rameaux grimpants, son élégant feuillage et ses fleurs odorantes, le Jasmin est devenu le symbole de l'amabilité.

JAUSSEMÌ SALBAGE. Jasmin sauvage, Jasmin à fleurs jaunes. *Jasminum fruticans* L. Jasminées. Cultivé dans les bosquets; spontané dans les haies.

JOUNC. (Du latin *juncus*.) Jonc. Les Joncs sont des plantes à tige droite et flexible, croissant dans les endroits marécageux. Ils sont le type de la famille des Juncacées. — Plus généralement on appelle Jonc toute plante qui sert de lien. On a proposé, pour les détruire, le sulfate de fer ou l'acide sulfurique étendu d'eau ; ou bien encore les cendres de houille, que l'on répand sur les Joncs nouvellement fauchés. La souplesse du Jonc sous les doigts qui le tressent est proverbiale. On dit : Souple et docile comme un Jonc.

JOUNC A TRES COSTOS. (Du latin *juncus, tres, costa.*) Jonc à trois côtes, Jonc triangulaire, Souchet long, Souchet odorant, à cause de l'odeur de son rhizome, employé dans la parfumerie. *Cyperus longus* L. Cypéracées. Inusité en médecine.(Voy. *Jounc-cebiè.*) On le désigne plus rarement sous le nom de *triangle.* (Voy. ce mot.)

JOUNC-CEBIÈ, ou seulement CEBIÈ. (Littéralement, jonc à lier des oignons.) Racine, *cebo,* du latin *cepa,* oignon. L'épithète *cebiè* doit son origine au fréquent usage qu'on fait de cette plante : celle-ci, en effet, sert à lier des faisceaux d'oignons. C'est un Jonc pour le vulgaire, pour les botanistes un Souchet : le Souchet long ou odorant, *Cyperus longus* L., type de là famille des Cypéracées. Son rhizome aromatique est employé dans la parfumerie. (Voy. *Jounc à tres costos.*)

JOUNC EN CABOSSO. (Du latin *juncus,* jonc ; *caput.* tète.) Vulgairement Jonc à tête, Jonc aggloméré. *Juncus conglomeratus* L. Juncacées. Sert pour liens et ouvrages de vannerie.

JOUNC NOUSAT. (Du latin *juncus nodosus*, jonc noué ; il serait plus exact de dire *jounc nousut,* jonc noueux.) Jonc articulé. *Juncus articulatus* L., *J. lamprocarpus* Ehrh. Juncacées.

JOUNC PELUT. (Du latin *juncus, pilosus.*) Jonc poilu, parce que ses feuilles sont bordées de longs poils mous. Luzule velue ou printanière. *Luzula pilosa* Willd. *Juncus pilosus* L. Cette appellation de *Jounc pelut* conviendrait également à la Luzule des bois, *Luzula sylvatica* Gaud.; *Juncus pilosus* Willd. Pl. de la famille des Juncacées.

JOUNC PETIT. Jonc petit, Jonc des crapauds. *Juncus bufonius* L. Juncacées. C'est presque la seule espèce qui soit du goût de tous les animaux.

JOUNC POUNXUT OU POUNCHUT. (Du latin *juncus.* jonc ; *pungens,* piquant.) Jonc pointu. *Juncus acutus* L. Juncacées.

JOUNCASSES. (Racine, *jounc ; ásses,* augmentatif péjoratif.) Jonchaie : lieu rempli de Joncs.

JOUNQUILHO. Jonquille, Narcisse jonquille. *Narcissus jonquilla* L. Plante de la famille des Amaryllidées, à fleurs jaunes, odorantes. Cultivée.

JOUSIBIÈ. (Du latin *zizyphus.*) Jujubier cultivé. *Zizyphus vulgaris* Lamk. Rhamnées. Originaire de Syrie. Son bois contient de l'*acide zizyphique,* un tannin (*acide zizyphotannique*) et un peu de sucre (Latour). Son fruit est la jujube, *jousibo.* (Voy. ce mot.)

JOUSIBO. Jujube, fruit du *Jousibié* (Voy. ce mot.) Elle est comestible, officinale, pectorale. L'un des quatre fruits pectoraux.

JUCO-LAIT. (Suce-lait. Du latin *sugo,* je suce ; *lac,* lait.) Herbe aux poux, Pédiculaire des bois. *Pedicularis sylvatica* L. Scrofulariacées. Sans usages. Pour la détruire, il faut assainir les prés. — Il nous a été dit qu'on appelait cette plante *juco-lait,* parce que les enfants s'amusaient à sucer la partie inférieure de ses corolles, imprégnée d'un liquide sucré. Ce nom, d'après nous, viendrait plutôt de ce que le foin contenant des Pédiculaires est nuisible aux bestiaux ; qu'il *suce le lait,* c'est-à-dire qu'il en diminue la sécrétion chez les vaches qui font usage de cette pâture insalubre.

L

LACHICHOU, LACHAIROU, LAXAIROU. (Ce mot peut être considéré comme un diminutif de *laxugo, lachugo,* signifiant *petite laitue ;* quoi qu'il en soit, l'étymologie des deux mots est évidemment la même. Racine, *lax, lait,* lait ; du latin *lac,* par allusion au suc laiteux de la plante.) Laiteron commun. *Sonchus oleraceus* L. et quelques autres espèces telles que *S. asper* Vill· et *S. tenerrimus* L., etc. Chicoracées. Les Laiterons jeunes, cuits et mêlés avec d'autres plantes, se mangent en guise d'Épinards ; crus, ils font partie de la salade d'hiver. (Voy. *Salado menudo.*) Excellente nourriture pour tous les animaux. Les lapins en sont très-friands.

LACHUGART ou LAXUGART. (Racine, *laxugo.*) Grosse Laitue, Laitue pommée. *Lactuca capitata* Moris, variété de la *L. sativa* L. Chicoracées.

LACHUGO ou LAXUGO. (Du basque *litchuba* (?)[1], du latin *lactuca* (?). Racine, *lax, lait,* lait, du latin *lac,* parce que la plante montée en graine est lactescente.) Laitue des jardins. *Lactuca sativa* L. Chicoracées. Outre la Laitue pommée, il y a d'autres variétés, telles que les Laitues romaine (*L. romana* Morris), frisée, Laitue-Épinard (*L. laciniata* D. C.), palmée (*L. palmata*), etc. Les feuilles des Laitues sont alimentaires. Les tiges fournissent à la médecine la *thridace* et le *lactucarium,* dont le principe actif est la *lactucine.*

LACHUGO ou LAXUGO D'AIGO. Laitue d'eau. Deux Véroniques

---

[1] Le basque ou celtibère se rapproche beaucoup du celtique.

portent ce nom. Contrairement à leurs congénères, elles ont
leurs feuilles épaisses, charnues, et sont comestibles ; de là leur
nom de *Laitue*. Quant à l'épithète *d'eau*, qui leur a été donnée
pour les distinguer des véritables Laitues, elle a été motivée par
l'habitat humide de ces deux espèces. Ce sont là Véronique
cressonnière, *Veronica beccabunga* L., et la V. Mouron d'eau,
Veronica anagallis L. Véronicées. Usages et propriétés du
Cresson. On mange leurs jeunes pousses cuites ou crues. Elles
font partie de la *Salado menudo*. (Voy. ce mot.)

Lachugo ou Laxugo salbajo. Laitue sauvage. *Lactuca sylvestris* Lamk. Pl. de la fam. des Chicoracées.

Lachusclo ou Laxusclo. (Racine. *lax*, *lait*. lait : du latin *lac* et
usclo[1], du latin *ustulo*, je brûle : lait qui brûle. Le suc laiteux de
la plante est, en effet, très-caustique.) Euphorbe des vallons.
Euphorbia characias L. Euphorbiacées. Très-vénéneuse, comme
toutes les Euphorbes. Sans usages. Le mot *Laxusclo*, au singulier, indique exactement l'Euphorbe des vallons : mais le
nom pluriel, *Laxusclos*, s'applique à toutes les Euphorbes en
général.

Laitissou. (Racine, *lait*, du latin *lac*, à cause du suc laiteux
de la plante.) (Voy. *Lachichou*.)

Lansoulado. (Mot à mot grand linceul, plein un linceul ;
racine, *lansòl*, linceul.) Ibéride pinnatifide. *Iberis pinnata*
Gouan. Crucifères. Lorsque cette plante étend ses nombreuses tiges corymbiformes couronnées de fleurs blanches, elle
forme sur le sol qu'elle a envahi un véritable *tapis* de fleurs ;
on dirait des draps blancs étendus au soleil : de là son nom de
Lansoulado. (Voy. *Manno-Margarido*, *Taraspic*.)

Lantrèso. Euphorbe des moissons. *Euphorbia segetalis* L.
Euphorbiacées. Vénéneuse. Délaissée par les animaux. —
Quelquefois on donne le nom de *Lantrèso* à la *Lachusclo*. (Voy.
ce mot), et celui de *Lantresou* à la *Lantrèso*. Il nous a été assuré
qu'on avait retiré de la glu de ces Euphorbes.

---

[1] Le verbe patois *usclà* veut dire brûler ; *usclo*. il brûl.

LANTRESOU. (Voy. *Lantrèso.*)

LAPPARASSO. (Du latin *lappa,* bardane ; *rasso,* rache, teigne.) Herbe aux teigneux, Bardane. *Lappa minor* D. C. Cynarocéphales. Sudorifique, dépurative. Les bestiaux la refusent. Elle porte aussi le nom de *Gaffarot.* (Voy. ce mot.) — La Bardane est le symbole de l'importunité, à cause de ses fruits, hérissés de petits crochets, qui s'attachent aux vêtements et dont on ne se débarrasse pas sans difficulté.

LAUIOL. (Du latin *gladiolus,* petit glaive, par allusion à la forme de ses feuilles.) Glaïeul. (Voy. *Coutèlo, Lengo.*

LAURA. (Du latin *laborare.*) Labourer, retourner la terre avec la charrue : *Cal laura lou camp,* Il faut labourer le champ. — Tracer ; il se dit des arbres dont les racines s'étendent en rampant au lieu de s'enfoncer en pivotant : *Las racinos de l'Acacia làurou,* Les racines de l'Acacia tracent.

LAURIÈ-AMÈLLO. Laurier-amande. (Voy. *Lauriè-crèmo.*)

LAURIÈ-CRÈMO. (Du celto-breton *laur,* qui est le radical du mot latin *laurus;* du latin, *cremor,* crême.) Laurier-cerise, vulgairement Laurier-crême, Laurier-amandier. *Prunus laurocerasus* L. Amygdalées. Originaire de Trébisonde. Cultivé. Le suave arome de ses feuilles, la ressemblance de ses fruits avec des cerises ont fait prendre ce Laurier, vénéneux dans toutes ses parties, pour l'emblème de la perfidie. Ses feuilles servent à aromatiser plusieurs préparations culinaires, d'où son nom de Laurier-crême, mais son emploi exige la plus grande circonspection. C'est au mois d'août que leur principe toxique est le plus abondant. Elles contiennent de l'acide cyanhydrique et une huile volatile analogue à celle de l'amande amère. On en prépare un hydrolat sédatif et antispasmodique.

LAURIÉ-ROSO. Laurier-Rose, Nérion. *Nerium oleander* L. Asclépiadées. Arbrisseau d'ornement. Très-vénéneux dans toutes ses parties. Il contient deux alcaloïdes : la *pseudo-curarine,* peu active, et l'*oléandrine,* très-toxique. (Lukomski.)

LAURIÈ-SALSO ou LAURIÈ-SAUÇO. (Du latin *salsa,* sauce ; raciue, *sal,* sel.) Laurier-sauce, Laurier noble, Laurier d'Apollon. C'est le δάφνη des Grecs. *Laurus nobilis* L. Laurinées. Originaire du Levant, naturalisé chez nous comme plante d'agrément. Ses feuilles servent de condiment et sont, ainsi que ses fruits, médicinales. C'est avec son feuillage, symbole de la gloire et de tous les genres de triomphe, qu'étaient couronnés les vainqueurs dans les sciences, les arts, l'art militaire. Les bacheliers portaient des couronnes de rameaux de Laurier, munis de leurs baies (*drupes*), d'où prirent naissance les titres de *bachelier, baccalauréat* (baies de laurier, *baccæ laureæ.*)

LAURIOLO. (Du latin *laureola,* petit laurier.) Daphné lauréole, vulgairement Lauréole. Laurier des bois. *Daphne laureola* L. Daphnoïdées. Toute la plante est vénéneuse. Inusitée.

LAUSÈRDO. Luzernière, champ de luzerne.

LAUSÈRDO. Appelée quelquefois, mais très-improprement, Sainfoin. Luzerne cultivée. *Medicago sativa* L. Papilionacées. C'est l'espèce le plus généralement cultivée en prairies artificielles. On cultive aussi la Mignonette ou Luzerne des prés, *M. lupulina* L., et quelques autres espèces. La Luzerne est un excellent fourrage, mais sujet à produire la *météorisation*. L'ammoniaque liquide guérit les animaux de cette maladie. Les Luzernes spontanées, et elles sont nombreuses, sont aussi de bons fourrages.

LAUSÈRDO SALBAJO. Luzerne sauvage. Frappé de l'analogie et de la différence qui existent entre la Luzerne cultivée et cette plante, le vulgaire a très-bien caractérisé celle-ci par ces deux mots : *Lausèrdo salbajo,* Luzerne sauvage. Moins d'accord entre eux, certains botanistes, considérant cette plante comme une hybride du *Medicago sativa* L. et du *M. falcata* L., l'appellent *M. falcato-sativa* Rchb; d'autres, la tenant pour une bonne espèce, intermédiaire entre les deux, lui donnent le nom de *M. media* Pers.; d'autres enfin, la regardant comme une simple forme, une variété du *M. sativa* L., l'ont baptisée *M. sativa,* var. *versicolor* Koch.

LEGNO. (Du latin *lignum,* bois.) Bois à brûler.

Lengo. (Du latin *lingua*.) Langue, Glaïeul des moissons, *Gladiolus segetum* Gawl. Iridées. Il doit son nom de *Lengo* à la forme linguale de la division supérieure du périgone, écartée des divisions inférieures. Dans quelques localités, on l'appelle *Coutèlo*. (Voy. ce mot.) — Ces deux noms, *Lengo, Coutèlo*, désignant une seule et même plante, démontrent, comme on le voit dans le cours de ce Glossaire, que les appellations patoises des végétaux tirent leur origine des divers organes de ceux-ci, c'est-à-dire des parties remarquables, frappantes, dans lesquelles le vulgaire sait trouver une similitude, un point de comparaison avec tel ou tel objet. Ainsi, dans l'espèce, une partie de la fleur lui offre-t-elle la forme d'une langue, il baptise la plante *Lengo*, langue ; si, au contraire, il est frappé de la ressemblance de la feuille avec la lame d'un grand couteau, la plante reçoit de lui le nom de *Coutèlo*, grand couteau. Enfin il appellera *Coutelino* (Voy. ce mot), petit couteau, celle dont les feuilles seront étroites et tranchantes, ou qui ressembleront à une petite lame de couteau. (Voy. *Lauiol*.)

Lengo-de-biòu. (Langue-de-bœuf, nom tiré de la forme de ses feuilles : du latin *lingua* et du celtique *bioou*, onomatopée du cri de cet animal.) Patience officinale. Chez nous, ce nom s'applique moins au *Rumex patientia* L. qu'aux *R. Friesii* Gr. et Godr., *R. crispus* L., *R. conglomeratus* Murr., *R. nemorosus* Chrad., *R. thyrsoides* Koch., etc. Il faut détruire les Patiences dans les prés. La racine de l'officinale est dépurative. Elle contient du soufre, de la *rhubarbarine*.

Lengo-de-cat. (Du latin *lingua*, langue ; du celtique *cat*, dont le latin a fait *catus*. chat. —Voy. *Essai sur l'orthographe et la formation des mots patois*, pag. 29 et 32.) On a donné le nom vulgaire de Langue-de-chat, à cause de la forme ovale-oblongue de ses feuilles, au Buplèvre frutescent, *Buplevrum fruticosum* L. Ombellifères. Ses feuilles étant persistantes, on le plante dans les parcs comme arbuste d'agrément.

Lengo-de-co. (Du latin *lingua*, langue ; du grec κύων, chien : langue de chien, à cause de la forme de sa feuille.) Le nom

de cette plante. comme celui de quelques autres, est le même
en patois, en français, en latin et en grec. — Cynoglosse à
fleurs rayées, *Cynoglossum pictum* Ait.; Cynoglosse officinale,
C. officinale L. Borraginées. La première est commune dans
la partie élevée, la seconde croit dans la partie basse de l'arrondissement de Saint-Pons. On peut, sans témérité, attribuer
au *Cynoglossum pictum* les propriétés du *C. officinale* L., propriétés sédatives très-problématiques, pour ne pas dire nulles.
Que seraient, en effet, de simples pilules de Cynoglosse, com-
parées aux *pilules de Cynoglosse* thébaïco-myrrho-safranées,
dont nous voyons journellement les heureux effets ?

LÉRNO. (Du celto-breton *lemm*, aigu, pointu, par allusion
aux griffes de la tige, qui s'implantent dans l'écorce des arbres.) Lierre commun. *Hedera helix* L. Araliacées. Parasite
nuisible aux arbres. Il est usité comme plante d'ornement.
Ses feuilles servent encore aux pansements des exutoires. Son
tronc donne un suc résineux, appelé *gomme de Lierre*, qui n'est
pas employé. — Dans la vie, dans la mort, le Lierre partage
le sort du Chêne qui lui a donné son appui. C'est pour cette
raison qu'on en a fait le symbole de l'amitié ; nous pourrions
ajouter : de l'amitié intéressée.

LI. (Du radical celto-breton *lin* les Latins ont fait leur *linum*.)
Lin cultivé. *Linum usitatissimum* L. Linées. Précieuse pour les
arts, l'économie domestique et la médecine, cette plante est
devenue l'emblème du bienfaiteur. Quelquefois subspontanée,
mais généralement cultivée pour ses nombreux produits, qui
sont : une filasse très-fine. la graine, son mucilage, sa farine,
son huile et son tourteau.

LI SALBAGE. Pour l'étymologie, voyez *Li* ; *salbage*, du latin
sylvaticus.) Lin sauvage, Lin de Narbonne. *Linum narbonense*
L. Linées.

LIMBARDO. (Du latin *limbarda*. — Voy. *Alibardo*.) Inule de
Bretagne, Aunée de Bretagne. *Inula britannica* L. Plante de
la tribu des Corymbifères. — *Limbardo* et *Alibardo* ne sont
probablement qu'un seul et même mot, bien que, par erreur,

ils désignent deux plantes différentes, et autres que la *Limbarda tricuspis,* à laquelle seule on devrait les appliquer.

LIMOUNETO. (Racine, *limouno,* à cause de son odeur de limon.) Verveine à trois feuilles. *Lippia citriodora* Kunth ; *Verbena triphylla* L'Hérit. Verbénacées. Originaire du Pérou. Cultivée pour l'arome de ses feuilles. On fait avec celles-ci des infusions théiformes. Cette plante porte aussi le nom de *Berbeno,* et par corruption *Bermeno.*

LIMOUNIÈ. (Du grec λιμόνιον, en latin *limonium.*) Limonier, qu'on appelle souvent, mais improprement, Citronnier. *Citrus limonium* Risso. Citracées. Originaire de l'Inde. Cultivé comme plante d'ornement et de produit.

LIMOUNO. (Du grec λιμόνιον, en latin *limonium.*) Limon, citron, fruit du *Limouniè* (Voy. ce mot). Les usages du limon et de ses produits sont connus. Les zestes donnent une huile volatile, dite *essence de citron ;* du suc on retire l'*acide citrique,* tempérant en solution étendue, poison à l'état solide ou en solution concentrée. — Ce qu'on appelle à tort *écorce de citron* est l'écorce, confite au sucre, du *cédrat,* fruit du Cédratier, *Citrus medica* Risso.

LINETO. (Racine, *li,* lin.) Petit Lin. Sa graine est moindre que celle du *Linum usitatissimum* L. Quant à la plante, nous ne l'avons jamais vue.

LIO-RÈNDE, LIO-RÈNDRE. (Du latin *ligare,* en patois *ligà* et *lià,* lier ; *rènde,* haie vive : qui lie, qui enlace les haies.) Cette dénomination caractérise bien le port de cette plante sarmenteuse, grimpante, dont la tige et les rameaux s'enchevêtrent dans les haies. Chèvrefeuillle des bois. *Lonicera periclymenum* L. Caprifoliacées. (Voy. *Couteto.*)

LIOTROP. (Du grec ἥλιος, soleil ; τρέπω, je tourne ; selon Pline, cette plante suivrait le cours du soleil. Les Latins en ont fait leur *Heliotropium,* et le néo-roman, *Liotrop.*) Héliotrope d'Europe. *Heliotropium europœum* L. Borraginées. Sans usages. — On cultive comme plante d'agrément, et pour l'arome vanillé de ses fleurs, l'Héliotrope du Pérou, *H. peruvianum* L. Employé dans la parfumerie.

LIRGO. (De l'espagnol *lirio,* iris.) Iris des marais, Iris jaune. *Iris pseudacorus* L. Iridées. Inusité. Sa racine est vénéneuse. Il pourrait être cultivé à cause de ses grandes fleurs. On appelle aussi de ce nom l'Iris germanique. (Voy. *Coutèlo.*)

LÌRI. (Du celtique *ii,* blanc.) Lis commun, Lis blanc. *Lilium candidum* L. Cultivé. Ce genre, type de la famille des Liliacées, fournit de très-belles plantes de jardin. Cuit, le bulbe du Lis blanc est émollient.— Port majestueux, élégance du feuillage, magnificence et arome des fleurs, la poésie elle-même, tout fait du lis un brillant rival de la rose. Si l'une est l'emblème de la beauté, l'autre est bien celui de la majesté.

LÌRI ROUGE. (Voy. *Lìri salbage.*)

LÌRI SALBAGE. Lis sauvage, Turban. Lis martagon. *Lilium martagon* L. Liliacées. Spontané dans nos bois. Mérite une place dans nos parterres.

LÌROS. (Voy. *Jounc pelut.*)

LÒCO. (Voy. *Oco.*)

LOUFO-DE-CO. (Du celto-breton *louf,* vesse ; du grec χύων, chien : vesse de chien.) Vesse-loup. Ce nom est commun à plusieurs espèces du genre *Lycoperdon,* telles que la Vesse-loup commune, *Lycoperdon verrucosum* Bull•; la V. étoilée, *L. stellatum* L., etc. Ces plantes appartiennent à la classe des Fonginées et à l'ordre des Lycoperdacées. Il est dangereux de respirer les sporules excessivement ténues qui se dégagent, à la maturité, de ces plantes, sous forme de nuage pulvérulent.

LOUTIPAUDOS. (*Louti,* altération du mot latin *loupi* ou *lupi,* du loup ; *paudos,* du grec πούς, ποδός, pied. Cette altération est due à l'euphonie ; il était plus facile de dire *loutipaudos* que *loupipaudos.*) Patte-de-loup. (Voy. *Poumpoun d'or.*)

LUNO CAMPANO. Aunée commune, vulgairement Œil-de-cheval. *Inula helenium* L.; *Corvisartia helenium* Mér. Corymbifères. Chez nous, on ne la trouve çà et là que dans les jardins. Sa racine est excitante, tonique, diaphorétique. Remède populaire, oublié des médecins modernes comme le sont en général toutes nos espèces indigènes ; quelquefois encore employé en médecine vétérinaire. Nous croyons devoir mentionner une remarquable propriété de l'Aunée : celle de calmer les démangeaisons dartreuses. Sa racine contient une résine âcre, une huile volatile. un stéaroptène (*hélénine* ou *camphre d'Aunée*), une glucoside particulière (*inuline*). — Les Grecs appelaient l'Aunée ἑλένιον. Dans les anciens formulaires de pharmacie, elle était désignée sous le nom d'*Enula campana*, nom que lui donnent encore les Espagnols ; c'est d'*Enula campana* que nous vient, défiguré mais très-reconnaissable, notre nom patois de *Luno campano,* ou plutôt d'*Eluno campano.* Ce dernier nom nous paraît être le véritable. Toute la différence qui sépare les deux mots latin et patois, *Enula campana* et *Enulo campano,* ne porte, on le voit, que sur la simple transposition (métathèse) réciproque des deux lettres *n, l.* Quant aux désinences : latine en *a,* patoise en *o,* il nous suffira de rappeler que l'*o* final des patois, bref et féminin, n'est autre chose que l'*a* final des Latins, féminin et bref aussi. Ex.: *cŏstă, cōstŏ ; rōsă, rōsŏ ; hērbă, hērbŏ ; avellānă, abelānŏ ; campānă, campānŏ,* etc.

Lusèrno. (Voy. *Lausèrdo.*)

Lusèrno salbajo. (Voy. *Lausèrdo salbajo*).

M

Majourano, Maxourano. (Du latin *majorana*.) Marjolaine. *Origanum majorana* L. Labiées. Excitante. Inusitée. Cultivée.

Majourano salbajo. Marjolaine sauvage, Origan commun. *Origanum vulgare* L. Labiées. Stimulant, sternutatoire. Inusité.

Malbo. (Le changement fréquent du *v* latin en *b* patois, et de l'*a* latin en *o* patois, nous fait admettre que le mot patois *malbo* a passé par le latin *malva*. D'après M. Eug. Fournier (*Bull. Soc. bot.*, t. 17, p. xxxvii), le latin *malva* vient du sanscrit *mala*, champ; d'où *malava, agrestis,* et par contraction *malva*.) Ceci vient corroborer notre assertion relative à la formation de certains mots patois (Voy. pag. 32) : que beaucoup de nos mots patois, réputés venus du latin, dérivent du sanscrit, ainsi que leurs prétendues racines latines. — On confond généralement sous ce nom toutes les espèces du genre *Malva*, Mauve, type de la famille des Malvacées. Les propriétés et usage des Mauves sont connus. (Voy. *Froumajou*.)

Malbo blanco. (Du latin *malva ;* de l'allemand *blank*, clair.) Mauve blanche, Guimauve. *Althæa officinalis* L. Malvacées. Les fleurs et les racines sont employées comme émollientes en médecine humaine et en médecine vétérinaire. La racine de Guimauve contient une matière gommeuse, abondante, de l'*asparagine*, etc. La *Malbo blanco* (de la couleur blanche-rosée de ses fleurs et blanchâtre de toute la plante) porte aussi le nom patois de *Maubis*. (Voyez ce mot.)

Malbo roujo. (Du celto-breton *ru*, rouge : mauve rouge.) Cette plante, sans être une Mauve, en a tout l'aspect. Au premier coup d'œil, on voit que son port, ses feuilles et ses fleurs, rappellent la Mauve à feuilles rondes, *Malva rotundifolia* L. Aussi le vulgaire l'a-t-il appelée *Mauve*, en y ajoutant, pour la distinguer, l'épithète *rouge*, tirée de la couleur caractéristique de toute la plante. C'est le Géranion luisant, *Geranium lucidum* L. Géraniacées. Cette comparaison d'un Géranion avec une Mauve n'est pas aussi dénuée de fondement qu'on pourrait le supposer *à priori :* elle se justifie, jusqu'à un certain point, et par le facies des deux plantes et par la proximité et la parenté des deux familles Géraniacées et Malvacées, à chacune desquelles elles appartiennent respectivement. Sans usages. On la donne, dit-on, aux lapins.

Mal-d'èls. (Du latin *malum* et *oculus :* littéralement, mal d'yeux.) Pissenlit, Dent-de-lion. On donne ce nom au *Taraxacum officinale* Wigg. et à ses variétés. Chicoracées. Tonique à peu près inusité. Il contient une matière amère, la *taraxacine* (Polex). Les jeunes pousses se mangent cuites, mais surtout crues, en salade. Elles font partie — *pars magna* — de la *Salado menudo.* (Voy. ce mot.) Excellente nourriture pour les lapins et les troupeaux. Les Pissenlits sont aussi appelés en patois *Chicourèo.* Le vulgaire ne saurait distinguer et ne distingue pas un bon nombre de Chicoracées qui, dans leur jeunesse, se ressemblent ; aussi croyons-nous, non sans raison, que sous ces appellations de *Mal-d'èls* et de *Chicourèo* on confond plusieurs autres genres de cette tribu, tels que *picridium, rhagadiolus,* etc., également comestibles (Voy. *Salado menudo.*) —Ce nom de *Chicourèo* donné au Pissenlit s'explique par l'affinité qu'ont entre elles les Chicoracées; mais quelle est l'origine de celui de *Mal-d'èls ?* A-t-il sa raison d'être dans les propriétés ophthalmiques, vraies ou supposées, de la plante ? Ou vient-il de l'action irritante du suc sur l'organe de la vue ? Problème à résoudre, malgré nos informations réitérées. Aucune des personnes par nous interrogées n'a pu nous fournir le moindre renseignement ; peu de gens, en effet, cherchent à se rendre compte des choses, et les chercheurs eux-mêmes n'y parviennent pas toujours.

> *Felix qui potuit rerum cognoscere causas !*
>
> Urous qui pot d'un fèt recouncisse la causo !

Malenco. (Voyez *Amalenco.*)

Malenkiè. (Voyez *Amalenkiè.*)

Malhol. Vigne jeune.

Malsiure. (Voy. *Marsiure.*)

Manno-Margarido. (Ce nom nous paraît dérivé des deux mots latins *magna,* grande ; *margarita,* marguerite : grande marguerite.) La plante ainsi nommée est certes loin d'être une Marguerite ; mais le vulgaire, ami toujours de la comparaison, quelquefois de l'erreur, a cru trouver une certaine ressem-

blance entre les corymbes fleuris d'une Ibéride et les beaux
capitules d'un Leucanthème. Aussi appelle-t-il *Manno-Margarido* l'Ibéride pinnatifide, *Iberis pinnata* Gouan. Crucifères.
Inutile dans les moissons où elle croît, elle pourrait, comme
quelques-unes de ses congénères, être cultivée dans les jardins
à cause de ses beaux corymbes. (Voy. *Lansoulado,* autre nom
de la même plante. — Voy. *Taraspic.*)

MARGARIDETO. (Racine, *margarita,* perle.) Ce mot, l'un de
nos plus jolis noms patois de plante, méritait bien d'avoir pour
équivalent en latin celui de *bellis,* doux et facile à dire, et de
plus très-justement qualificatif, puisqu'il signifie *joli, mignon*
(du latin *bellus*). Petite Marguerite. Pàquerette. *Bellis perennis*
L. Corymbifères. Cette jolie plante, emblème de l'innocence
et si chère aux jeunes filles, si intéressante par la beauté de ses
fleurs et la permanence de sa floraison, mais que son abondance fait négliger, est d'un très-bel effet dans les gazons et
les parterres, où elle est très-précoce.— Très-nutritive pour
les bestiaux, mais produisant peu.

MARGARIDO. (Du latin *margarita,* perle.) Marguerite. Il ne
faut pas la confondre avec la Reine-Marguerite, qui est un
Aster. (Voy. *Grando Margarido* et *Rèino-Margarido.*)

MARRIBLE. (Par corruption du latin *marrubium,* marrube.)
Marrube blanc. *Marrubium vulgare* L. Labiées. Stomachique,
pectoral, etc., il était regardé comme une des meilleures plantes médicinales de l'Europe; aujourd'hui on n'en parle plus, à
l'engouement succède l'oubli : oubli juste ou immérité? Nous
laissons le point d'interrogation, et nous nous bornerons à
constater seulement les effets de la mode, car nous avons
aussi la mode médicale, et les médicaments font comme les
mots du poëte latin :

> *Multa renascentur quæ jam cecidère, cadentque*
> *Quæ nunc sunt in honore...*

Quoi qu'il en soit, M. Thély a trouvé dans cette plante un principe particulier, fébrifuge, la *marrubine* ou *marrubiine.*

MARRIBLE NEGRE. (*Marrible,* même étym.; *negre,* du latin

nigra, noire.) Marrube noir, Marrube puant, Ballote fétide. *Ballota fœtida* Lamk. *Ballota nigra* L. Cette plante a reçu le nom de Marrube noir parce qu'elle a le port et le facies du Marrube blanc et qu'elle est d'un vert sombre, tandis que le premier est couvert d'un tomentum blanchâtre. Comme lui, elle fait partie de la famille des Labiées. Inusitée. A détruire dans les pâturages.

Marroun. (De l'italien *marrone*.) Marron.(V. *Marrouniè.*)

Marrouniè. Marronnier d'Inde. *Æsculus hippocastanum* L. Hippocastanées. Grand et bel arbre d'ornement, originaire de l'Asie et naturalisé en France. Son fruit est appelé *marroun* et plus souvent *castagno de Fièiral*; marron, *châtaigne de Foirail; hippocastane* ou châtaigne de cheval: *castagno de Fièiral*, parce qu'il provient des grands Marronniers qui, à Saint-Pons, embellissent notre promenade dite *le Foirail (lou Fièiral)*, champ de foire; en Turquie, on le fait manger aux chevaux, d'où son nom d'*hippocastane.*

L'écorce du Marronnier d'Inde contient du *tannin*, de la *fraxine;* les capsules des fruits, de l'*acide capsulæscique ;* les fleurs, les feuilles et les semences, du *quercitrin* (Rochleder). Canzonieri a retiré de l'écorce du fruit une substance légèrement amère, l'*œsculine*. Le marron d'Inde peut être donné aux bestiaux. Privé de ses principes âcre et amer, il peut servir à la nourriture de l'homme et surtout aux usages auxquels on emploie l'amidon dans les arts. Indépendamment d'une grande quantité de fécule, il contient de la *saponine* (M. Frémy). — Certaines parties du Marronnier ou leurs produits ont été employés comme fébrifuges. Enfin, dans ces derniers temps, une huile de marrons d'Inde a été proposée contre la goutte par un spécialiste. — Sa grande élévation, ses magnifiques fleurs en thyrses dressés, ont fait choisir le Marronnier d'Inde pour être l'emblème du luxe.

Marsìure. (Voy. *Massigoul.*)

Massigoul. Hellébore fétide, vulgairement Pied-de-griffon. *Helleborus fœtidus* L. Ranunculacées. Plante vénéneuse : même à faible dose, elle agit comme un drastique violent. Nous avons cru devoir le rappeler ici parce que, dans notre localité, on mâche souvent la racine de cet Hellébore pour calmer les maux de dent. De là probablement son nom de *Massigoui*, du latin *massare* ou du grec μασάομαι, mâcher.

MASSOUQUET. Ce nom, donné le plus souvent à l'Œillet virginal, *Dianthus virgineus* L., s'applique aussi à quelques autres espèces, telles que : l'Œillet des chartreux, *Dianthus carthusianorum* L.; l'Œ. de Montpellier, *D. monspessulanus* L.; l'Œ. barbu (ou des poëtes lorsqu'il est cultivé), *D. barbatus* L.; l'Œ. armeria, *D. armeria* L.; l'Œ. prolifère, *D. prolifer* L.; l'Œ. velouté,*D. velutinus* Guss. Silénées. On cultive les Œillets à cause de leurs belles fleurs. Les pétales du *D. caryophyllus* L. servent à préparer un sirop médicinal. L'Œillet est quelquefois improprement appelé *Ginouflado.* (Voy. ce mot.) — *Massouquet* signifie : petite souche qui a des mains (racine, *mas*, de *manus,* mains, et *souquet,* petite souche), par allusion à la souche vivace de l'Œillet virginal et de l'Œillet des chartreux surtout, laquelle s'implante dans les fissures des rochers et s'y cramponne comme avec des mains.

MASTIÈIRO. Nous n'avons pas vu la plante qui porte ce nom.

MATO. Cépée, touffe de tiges, de bois, d'herbes, sortant d'une même souche.

MATUCÈL. Dentelaire d'Europe. *Plumbago europœa* L. Plumbaginées. Antipsorique (?), anticancéreuse (?). Inusitée. Dulong en a extrait une matière neutre, le *plumbagin.* Le suc de la racine est caustique ; mêlé avec de l'huile et du sel, il sert à combattre les maladies cutanées des chiens. — La Dentelaire croît en touffes épaisses ; son nom patois, *Matucèl,* aurait-il pour racine le mot *mato,* touffe? Ou viendrait-il, par corruption, du latin *molucella?* Dans ce cas il y aurait erreur, car le nom de *molucella* se rapporte à la Ballote frutescente et non à la Dentelaire. (Voy. *Gatifèl* ou *Catifèl.*)

MAURIS. Guimauve. Du latin *bimalva*, en italien *bismalva*, c'est-à-dire deux fois mauve, ou double mauve: probablement parce que le calicule de la Mauve est formé de trois folioles, tandis que dans la Guimauve ces folioles sont au nombre de six et même de neuf. De plus, le point d'insertion du calicule est à la base du calice dans la Mauve; dans la Guimauve, au contraire, ce calicule prend naissance plus bas, sur le pédoncule même.) Dans la partie basse de notre arrondissement, on dit *Maubis* et *Maubo :* si la Guimauve croissait à St-Pons, où le mot *malbo* remplace celui de *maubo*, elle y serait appelée, non pas *Maubis*, mais *Malbis*, expression qui se rapprocherait encore plus du latin.(Voy. *Malbo blanco*.). Cette plante veloutée, à teintes douces et fondues ensemble, émolliente, est devenue l'emblème de la bienfaisance.

MAURÈLO et HÈRBO MAURÈLO. Vulgairement Crève-chien, Morelle noire. *Solanum nigrum* L. Solanées. Emollient sédatif à l'extérieur, narcotique à l'intérieur. Plante vénéneuse, à odeur désagréable, peu employée. Son principe actif est la *solanine*. Les animaux refusent cette espèce, comme toutes les autres Solanées. Sous le nom de *Maurèlo* on réunit toutes les variétés du *Solanum nigrum* L. Toutes se propagent rapidement ; il faut les extirper dans les terres cultivées.

MAXOUFIÈ. (Voy. *Fresiè*.)

MAXOUFO. (Du celtique *mefo*, fraise.) (Voy. *Frèso*.)

MÈCO-DE-PIOT. (Du grec μύξα. morve ; *piot*, onomatopée du cri du dindon : littéralement, morve de dindon, par allusion à ses fleurs rouges et pendantes comme la crête du dindon.) Amaranthe à longs épis. *Amaranthus caudatus* L. Amaranthacées. Originaire de l'Inde, cultivé dans les parterres et quelquefois subspontané. — Clémence Isaure fit de l'amaranthe l'emblème de l'immortalité.

On appelle aussi *Mèco-de-piot* la Salicaire, *Lythrum salicaria* L. Lythrariées. Employées à l'extérieur, ses feuilles passent pour vulnéraires et astringentes.

MELOU. (Du latin *melo*). Melon. *Cucumis melo* L. Cucurbitacées. Originaire d'Asie. Cultivé, alimentaire. Il a beaucoup de variétés. Les Melons de la Provence sont très-estimés ; la qualité de ceux de Cavaillon est proverbiale :

> Qu vòu de bouen meloun
> Fau qu'ane à Cavaioun.

Qui veut un bon melon — doit aller à Cavaillon.

Mendìl. Lentillon. (Voy. *Dentilho.*)

Mentastre. (De *mentha,* menthe ; *atra.* mauvaise. Se prend dans la même acception que *pairastre, mairastro,* parâtre, marâtre.) Mauvaise Menthe, Menthe sauvage. *Mentha sylvestris* L. (Labiées) et autres espèces fétides. Les bestiaux ne recherchent pas les Menthes ; il faut détruire celles-ci dans les herbages.

Mento. (Du celto-breton *minthys, mendt,* dont le latin a fait *mentha* et le grec μίνθη, menthe.) Menthe cultivée, *Mentha sativa* L., et Menthe poivrée, *Mentha piperita* L. Labiées. On cultive ces deux espèces. Elles sont cordiales, antispasmodiques, vermifuges. On en prépare un hydrolat, un alcoolat ; on en retire une huile essentielle avec laquelle on aromatise des liqueurs, des pastilles.— La Menthe poivrée est l'emblème de la vertu : comme la Menthe, la vertu, elle aussi, a bien son parfum.

Mento-de-mort. Menthe de la mort ou des morts, parce que cette Menthe abonde dans les cimetières. (Voy. *Mentastre.*)

Mento salbajo. (Pour l'étymologie de *mento,* voyez ce mot ; *salbajo,* du latin *sylvatica,* sauvage.) Menthe sauvage. (Voy. *Mentastre.*)

Menudet. (Du celto-breton *munudik,* serpolet, diminutif du celto-breton *munud,* dont notre patois a fait *menut,* et que le latin a rendu par *minutus,* menu, petit ; allusion à l'exiguïté de ses feuilles.) Serpolet. *Thymus serpillum* L. Labiées. Acre et amer, stimulant aromatique, le Serpolet n'est plus employé en médecine ; mais, en revanche, le populaire en use et en abuse : pour lui, le *Menudet,* le fameux *Menudet,* c'est le bienfaisant dictame, la panacée universelle, le remède à tous les maux présents, passés et futurs ; oui, le remède héroïque par excellence ! Nous ne nous inscrirons pas en faux contre ces assertions : le Serpolet, en effet, est très-bon…. pour les lapins et les abeilles. Il porte aussi le nom de *Sèrpoùl*. (Voy. ce mot).

MÈRDO-DE-COUCUT. (Du latin *merda, cuculus.*) Merde-de-cocu ou coucou. Nous vous demandons pardon , lecteur, pour ces deux mots par trop hardis : ils font partie de ce vocabulaire, nous ne pouvons les supprimer. Au reste, si l'un est tombé de la plume de Molière, l'autre ici n'a pas l'acception que lui donnait Cambronne à Waterloo. D'ailleurs, le poëte biterrois l'a dit : « *Paraulos noun pudissou pas* », et puis, comme son frère le latin,

> Le *patois* dans les mots brave l'honnêteté.

Donc, sachez-le, ô vous qui l'ignorez, la Merde-de-coucou — *stercus cuculi* — n'est autre chose que notre gomme, la gomme du pays. Elle exsude de l'écorce des Cerisiers, Pruniers, Amandiers, Abricotiers et Pêchers de la famille des Amygdalées, tandis que la gomme arabique est généralement produite par des Acacias et autres Papilionacées. Moins soluble que cette dernière, elle n'est employée que dans la chapellerie. Ces gommes sont des *gummates de chaux* (Frémy).

MÈRDO-DAL-DIABLES. (Du latin *merda ;* du celto-breton *diaoul*, dont le latin a fait *diabolus.*) Merde-du-diable, à cause de sa mauvaise odeur. *Asa fœtida*, Ase fétide. Gomme-résine produite par le *Ferula asa fœtida* Lamk., Ombellifère qui croît en Perse , en Syrie , etc. Antispasmodique précieux. Le dégoût des Européens pour cette substance est connu : *stercus diaboli !* Pour les Orientaux, elle est un assaisonnement très-estimé ; les anciens l'appelaient *cibus deorum,* nourriture des dieux. « En fait de goût, point de dispute. »

MESSOURGOS. (Littéralement, *mensonges*.) Poires, pommes tapées ; tranches de ces fruits séchées pour être mangées en hiver.—(Suivant Sylvius, de *mentis somnium,* rêve de l'esprit ou de *mendacium,* J.-P. Couzinié.) Ces fruits, raccornis par la dessiccation, n'ayant pas le volume relativement considérable que leur donnera leur ébullition dans l'eau, et rien n'étant plus fallacieux que le mensonge, le vulgaire a qualifié l'aspect trompeur de ces fruits en appelant ceux-ci *messourgos,* mensonges.

Mil. (Ce radical, d'origine peut-être sanscrite (?), n'aurait-il pas fait le mot latin *milium?*) Millet, Blé de Turquie, Maïs. *Zea mais* L. Graminées. Cultivé. Originaire de l'Amérique méridionale. Le grain contient beaucoup de matières alibiles. Il sert à la nourriture de l'homme et des animaux ; la fane est un bon fourrage; la spathe (voy. *Milhasso*) est employée à remplir des paillasses.

Mil menut. (Du latin *milium*(?) et du celto-breton *munud,* dont le latin a fait *minutus,* menu.) Petit Millet. C'est le fruit du Millet ou Panis-Millet, *Panicum miliaceum* L. Il provient aussi du Millet d'Italie, Panouil, *Setaria italica* P de Beauv. Graminées. Ces plantes sont cultivées dans le midi de la France. On donne les grains aux petits oiseaux; les fanes sont un bon fourrage.

Milgranié. (Étymologie de *milgrano*). Grenadier. *Punica granatum* L. Granatées. Originaire du nord de l'Afrique. Cultivé chez nous. On emploie l'écorce de la racine comme anthelminthique. Elle contient de la *grenadine* (Latour, de Trie) et une substance âcre, la *punicine* (G. Righini). Les fleurs sont, on peut dire, inusitées.

Milgrano. (Du latin *mille, grana,* mille graines. Ses graines sont, en effet, très-nombreuses.) Grenade, fruit du *Milgranié.* (Voy. ce mot.) Son suc est rafraîchissant et astringent; il contient une matière particulière, la *granatine* (M. Landerer). Son écorce, qui est astringente, renferme 18,8 °/₀ de tannin (Davy). — (Voy. *Grano.*) — Le rapprochement, l'intime union de ses graines, ont fait choisir la grenade pour être l'emblème de la concorde.

Milhasso ou Palho de mil. (Du latin *palea,* paille.) Paille de maïs. Ce sont les glumes et les glumelles, simulant une spathe, et non les feuilles, qui constituent la *milhasso.*

Milhéiro (Racine. *mil.*) Champ de Maïs, terre à Millet.

MILOFÈLHOS. (Du latin *mille, folium.*) Millefeuilles, à cause
des nombreuses découpures de ses feuilles. On l'appelle aussi
Fenoulheto, Hèrbo de talh. (Voy. ces mots.)

MIRALHÒLO. (Racine, *miral,* miroir ; du latin *mirari,* admirer.) Petit-Miroir. Cette dénomination est due probablement
à la forme des stipules de la plante. — Gesse sans feuilles. *Lathyrus aphaca* L. Papilionacées. Bon fourrage, mais nuisible
à la récolte du blé.

MIRRO. (Du sanscrit *mura,* dont le grec a fait μύρον, parfum,
et μύῤῥα myrrhe, et le latin *myrrha*.) Myrrhe, par allusion à
l'odeur de ses fleurs, que l'on a cru pouvoir comparer à celle
de la Myrrhe. C'est le Chalef, vulgairement Myrrhe, Myrrhier,
Arbre du Paradis. *Elæagnus angustifolius* L. Type de la famille
des Éléagnées. Originaire d'Orient. Ses fleurs odorantes et ses
feuilles argentées en ont fait un arbre d'ornement. On prépare
avec ses fleurs des liqueurs de table.

MIRTO. (Du grec μύρτος, dont le latin a fait *myrtus*.) Myrte,
Myrtus communis L. Type de la famille des Myrtacées. Cet
arbrisseau aromatique, spontané dans la région méditerranéenne, est cultivé chez nous, mais non en pleine terre.— A
Montpellier, on l'appelle *Hèrba dau làgui,* Herbe du chagrin,
probablement parce qu'autrefois l'on couronnait de Myrte les
nouvelles mariées, par allusion aux peines et aux soucis inhé-
rents à l'état matrimonial. — Le Myrte est l'emblème de
l'amour.

MITOCOURDOUN. (Par corruption du mot latin *helminthocorton,*
emprunté au grec : ἕλμινς, ἕλμινθος, ver ; χόρτος, herbe.) Herbe
contre les vers. (Voy. *Moufo de mar*.)

MOL. (Du latin *mollis,* mou, tendre, à moins que *mollis* ne
vienne du celtique *mol* ?) Mou, Bolet comestible. *Boletus edulis*
Bull. Ce Champignon, qui vient en automne dans les châ-
taigneraies, les bois, les bruyères, est un Cèpe. Cependant,
comme sa chair est moins ferme que celle du *B. æreus* Bull.,
on le désigne en patois plus spécialement sous le nom de
Mol. Il est peut-être moins estimé, mais aussi bon. (Voy. *Cep*.)

Moufeto. (*Petito moufo*, petite mousse. Cette plante a été ainsi nommée parce que sa panicule, douce et mollette, rappelle le velouté de la mousse.) Crételle hérissée. *Cynosurus echinatus* L. Graminées. Les Crételles sont un bon fourrage, mais donnent peu.

Moufo. (De l'italien *muffa*.) Mousse. Petite herbe très-menue et fort épaisse, qui croit sur les terres sablonneuses, sur les toits, les arbres, les pierres. — Les Mousses sont de petites plantes cryptogames, dont les nombreuses espèces réunies forment la grande classe des *Muscinées,* qui se divise en trois ordres: les *Hépathiques,* les *Sphaignes* et les *Mousses* proprement dites.

Moufo d'albre. (De l'italien *muffa,* mousse ; du latin *arbor,* arbre.) Vulgairement Mousse d'arbre, Usnée hérissée. *Usnea hirta* Hoffm. Usnéacées (Lichens).

Moufo de barrico. Vulgairement Mousse de barrique. C'est le *Racodium cellare* Pers. Mucédinées (Fonginées). Il croit dans les caves, sur les tonneaux.

Moufo de garrìc. Vulgairement Mousse de Chêne blanc, Pulmonaire de Chêne. *Sticta pulmonacea* Ach. Parméliacées (Lichens).

Moufo de mar. (De l'italien *muffa,* du latin *mare.*) Mousse de Corse, vulgairement Mousse de mer, Coralline de Corse. *Gigartina helminthocorton* Lamk. Algues. Vermifuge banal. Elle est toujours mêlée à des Conferves, des Fucus et autres plantes marines. (Voy. *Mitocourdoun.*)

Moufo de mar. Vulgairement Mousse de mer, Algue marine. Mousse d'emballage. Bien différente de celle qui précède, celle-ci est la Zostère marine. *Zostera marina* L. Zostéracées. On s'en sert pour emballage et, après l'avoir lavée, pour matelas.

Moufo negro. (De l'italien *muffa,* du latin *nigra.*) Vulgairement Mousse noire, Polytric pilifère. *Polytrichum piliferum* Schreb. Polytrichacées (Mousses). Béchique (?) Inusité. On a fait du Polytric commun l'emblème du secret, parce que, jusque dans ces derniers temps, sa reproduction, comme celle des autres Mousses, a été un des secrets impénétrables de la nature.

Mounjeto. (Du celto-breton *manach* et *monach*, solitaire, dont le grec a fait μονίας, μονάς). Diminutif de *mounjo*, moinesse, *Mounjeto* signifie littéralement petite religieuse. L'origine de ce nom s'explique par la couleur ordinairement *blanche* de la graine, qui rappelle la partie *blanche*, très-apparente, de l'habit religieux féminin. — Ce nom ne pourrait-il pas venir de ce que les moines, *mounjes*, vivent, dit-on, de légumes et principalement de haricots, que l'on aura, pour cette raison, appelés *mounjetos*, c'est-à-dire légume de moine ? — Haricot commun. *Phaseolus vulgaris* L. Papilionacées. Cultivé. Originaire de l'Inde. Ses graines sont très-nutritives. Elles varient beaucoup de forme et de couleur. — Les *Barraquetos* (de *barrat*, rayé) ont leurs graines bigarrées. – Les *Mounjetos grossos*, gros Haricots, ou Haricots de Soissons, très-estimés, H. comprimé, *Phaseolus compressus* Savi (France). — Les *Mounjls*, H. nain, *P. nanus* L. (Inde).—Le Haricot d'Orléans, H. rond, *P. sphæricus* Savi (France).—Le Haricot flageolet, H. enflé, *P. tumidus* Savi (France), etc. — Les Haricots et les Pois contiennent de la *légumine* (albumine végétale), qui compte le soufre et le phosphore au nombre de ses éléments.

Mourilho. Morille commune. *Morchella esculenta* Pers. Aliment très-recherché. Classe des Fonginées, ordre des Champignons. Les alvéoles du chapeau donnent à ce Champignon l'aspect d'une éponge. Vient dans les bois, au printemps.

Mourrelou. Mouron. Deux plantes portent ce nom : ce sont la Stellaire moyenne, vulgairement Morgeline, Mouron blanc, Mouron des oiseaux, *Stellaria media* Vill. (Alsinées), à fleurs blanches, et le Mouron proprement dit, Mouron des champs, *Anagallis arvensis* L., à fleurs rouges dans la variété *phœnicea* (Mouron rouge), et à fleurs bleues dans la variété *cœrulea* (Mouron bleu). Primulacées. Les oiseaux de volière aiment beaucoup le Mouron blanc ; il est bon de rappeler ici

que les Mourons rouge et bleu empoisonnent ces petits prisonniers. — A St-Pons, pour ramollir ou tenir frais les fro-
mages de Roquefort, on les enveloppe dans du *Mourrelou;*
mais, par confusion des espèces, on prend indistinctement le
Stellaria media Vill. ou le *S. uliginosa* Murr. — Sur la partie
élevée, granitique, de notre arrondissement, le *Mourrelou* est
la Montie des ruisseaux, *Montia rivularis* Gmel. Portulacées.
On mange cette plante en salade, et l'on a bien raison. Puisqu'on utilise le Pourpier (*Bourdoulaigo*), pourquoi délaisse-
rait-on la Montie? Ces deux espèces de deux genres on ne peut
plus voisins appartiennent à la même famille; or il est de règle
générale que toutes les espèces d'une même famille jouissent
des mêmes propriétés.—Le mot *mourrelou* vient du mot patois
mourre, museau, bec; *mourrelou,* petit museau, petit bec, et par
extension petite bouchée, c'est-à-dire nourriture de petit bec,
nourriture d'oiseau; ce qui concorde parfaitement avec les
deux synonymes de la plante : Mouron des oiseaux, Morgeline, *Morsus galinæ.*

MOURRELOU SALBAGE. (Pour l'étymologie, voyez *Mourrelou.*)
Mouron sauvage, Oreille-de-souris. On appelle ainsi le Céraiste visqueux, *Cerastium viscosum* L.; le Céraiste à courts
pétales, *Cerastium brachypetalum* Desp., etc., de la famille des
Alsinées. Ces plantes, communes mais sans usages, pourraient
être utilisées en temps de disette.

MOURTAIROL. Vulgairement Foirolle, Mercuriale annuelle.
Mercurialis annua L. Euphorbiacées. Officinale, purgative; rarement employée à l'extérieur, jamais à l'intérieur. Dangereuse. Les bestiaux la refusent. M. Reichardt y a trouvé un
alcaloïde liquide, volatil, très-vénéneux, la *mercurialine.* —
Le mot patois *mourtairol* ne dérive-t-il pas du mot latin *morti-
dator*, meurtrier, c'est-à-dire plante vénéneuse?

MOUSIDURO. (Du latin *mucedo.*) Moisissure. Espèce de duvet
diversement coloré. *Mucor mucedo* L. Mucédinées (Fonginées).
Il est encore bien des personnes qui ne se doutent pas que les
moisissures sont des êtres vivants, appartenant au règne vé-

gétal. Les moisissures ne se bornent pas au seul genre *Mucor ;* elles comprennent encore les genres *Erineum, Racodium, Dematium, Ozonium, Chroolepus,* qui se subdivisent eux-mêmes en nombreuses espèces.

Moussairou. (Du latin *muscus,* mousse, parce que ce Champignon naît parmi la Mousse.) Mousseron. Nous en avons plusieurs espèces : le Mousseron blanc ou gris, *Agaricus albellus* Schæff. (*Ag. mousseron* Bull.), qui vient dans les bois, sur les pelouses, au printemps et en automne ; le faux Mousseron, *Ag. tortilis* D. C. (*Ag. pseudo-mousseron* Bull.), que l'on trouve un peu partout en été ; l'Agaric palomet, *Ag. pectinaceus* D. C. (*Ag. pectinans* Bull.; *Ag. palomet* Thore), qui croît en automne, dans les bois, un peu partout. Les Mousserons sont des Champignons comestibles. (Voy. *Crusolo.*)

Mouxo ou Moucho blanco. (*Mouxo,* ou *moucho,* du grec μόσχος ou du latin *muschus* ou *moschus,* musc ; par allusion à l'odeur forte et tenace de certains Cistes, odeur qui rappelle, bien qu'imparfaitement, celle du musc. L'épithète *blanco* (de l'allemand *blank,* clair) est d'autant plus juste et distinctive, que toute la plante est couverte d'un tomentum blanchâtre.) Ciste blanc, Ciste cotonneux. *Cistus albidus* L. Cistinées. Ce Ciste est sans usages, mais ses belles fleurs devraient lui assurer une place dans les jardins et bosquets.

Mouxo ou Moucho negro. (Du latin *moschus,* musc ; *nigra,* noire.) Pour distinguer cette espèce de la précédente, dont la tige même est blanchâtre, on a dit celle-ci *negro,* à cause de la couleur noirâtre de la tige. — Ciste de Montpellier. *Cistus monspeliensis* L. Cistinées. Sans usages.

Muguet et Muet. (Du latin *moschatus,* musqué.) Muguet de mai. *Convallaria majalis* L. Smilacées. Spontané dans les bois, où il fleurit au printemps, le Muguet est cultivé dans les jardins à cause de ses fleurs. Mais, le plus souvent, la plante qu'on cultive sous ce nom n'est autre chose que la Jacinthe d'Orient, *Hyacinthus orientalis* L. Liliacées. (Voyez *Jacinto.*)

Muscadélo. (Voyez *Roso muscadèlo.*)

N

NABIS. Collet ou nœud vital : c'est le point ou la zone de démarcation entre la racine et la tige, et d'où part le bourgeon de la tige annuelle dans les racines vivaces. — Lorsque, pour les besoins culinaires, nos habiles ménagères veulent conserver les navets, elles en enlèvent le *nabis*. Le bourgeon ne pouvant végéter et se développer, ce qui n'arriverait qu'au détriment de la racine, celle-ci, au lieu de devenir flasque, sèche et fibreuse, reste ferme, succulente, aromatique. — La suppression du *plateau* facilite également la conservation des oignons.

NANETO. Nous n'avons pu nous procurer cette plante.

NANITOR. (Par corruption de *nasitort*, qui vient du latin *nasturtium* (*nasus tortus*, nez picoté), parce que le principe irritant de la plante provoque l'éternuement et fait froncer les ailes du nez.) Passerage cultivée, Cresson alénois, Nasitort. *Lepidium sativum* L. Crucifères. Cultivé, originaire d'Orient. Employé comme assaisonnement.

NANITOR SALBAGE. Passerage à feuilles de graminée, vulgairement Nasitort sauvage, Petite Passerage. *Lepidium graminifolium* L. Crucifères. Employé en guise de cresson.

NAP.,(Du celtique *cnap*, rond, par allusion à la forme de sa racine. Le latin en a fait son mot *napus*, pour *gnapus*, comme dans *notus* pour *gnotus*, *nosco* pour *gnosco*, *natus* pour *gnatus*, etc. (Eug. Fournier, *loc. cit.*)), Navet, Navet dur, Chou faux Navet. *Brassica napus* L., var. *esculenta*. Crucifères. Sa racine est alimentaire, réservée pour l'homme. Les Navets de Pardailhan jouissent d'une grande réputation, comme tendreté, arome et saveur sucrée. (Voy. *Rabo*.)

NÈFLO. Nèfle. (Voy. *Nispoulo*.)

NIÈLO. (Voy. *Anièlo*.)

NISPOULIÈ. (Du mot basque et celto-breton *mispira* le grec a fait μεσπίλη, et le latin *mespilus*, néflier.) Néflier commun.

Mespilus germanica L. Pomacées. Le Néflier sert à faire des haies productives ; son bois, dur, tenace, flexible, est très-bon pour des manches d'outil ; son fruit, *nèfle, nispoulo*, est sucré et comestible quand il a blessi.

NISPOULO. Nèfle, fruit du *Nispouliè*. (Voyez ce mot.)

NISSÒL. (Du latin *nux*, noix ; *solum*, terre.) Châtaigne de terre, Noix de terre, Terre-noix. *Bunium bulbocastanum* L. Une autre espèce, également appelée *Nissòl* et toujours confondue avec la précédente, est le *Conopodium denudatum* Koch. (*Bunium denudatum* D. C.) Ombellifères. La racine tuberculeuse (*Nissòl, Terre-noix*) de ces plantes a une saveur agréable ; les enfants la mangent. L'espèce porcine en est très-friande.

NOUGARET et NOUARET. (Du celto-breton *noazout*, nuire. Cette plante grimpante s'attache aux tiges environnantes au moyen de ses vrilles, les enlace et les étouffe.) Vesce velue. *Cracca minor* Riv. ; *Ervum hirsutum* L. Papilionacées. Plante fourragère, mais nuisible dans les moissons, les luzernières.

NOUGAT et NOUAT. (Racine, *nougo*.) Marc, tourteau des noix mises au pressoir pour l'extraction de l'huile. C'est un engrais pour les terres. On le donne aussi à la volaille ; il communique aux dindes un goût détestable.

NOUGO et NOUO. (Du latin *nux*.) Noix, fruit du Noyer, *Nouiè*. (Voyez ce mot.) L'amande de la noix est divisée en quatre lobes appelés en patois *quèissos* (cuisses), du latin *coxa*.

NOUIÈ. (Du latin *nux*, noix, noyer.) Noyer, *Juglans regia* L. Juglandées. Originaire de Perse, ornemental et productif, cet arbre vient très-bien chez nous. Le Noyer, on le sait, est un excellent bois d'ébénisterie. Son écorce sert à la teinture en noir. Ses fruits verts (*cerneaux*) et secs (*noix*) sont alimentaires ; on en retire une huile siccative employée dans la peinture, bonne à brûler, comestible même tant qu'elle est récente. On utilise le brou. (V. *Escal.*) Outre qu'elles sont un bon engrais, les feuilles servent à préparer des lotions, des tisanes, un extrait, un sirop.

O

Òco. Carline, Carline artichaut. *Carlina cynara* Pourr. Cynarocéphales. Les gens de la campagne mangent quelquefois le réceptacle diversement préparé. Les écailles de ce qu'on appelle vulgairement la fleur (*calathide*) se resserrent en temps humide et s'étalent, au contraire, sous l'influence d'un air sec ; aussi n'est-il pas rare de voir cette *fleur* clouée sur les portes et servant d'hygromètre.

Ordi. (Du latin *hordeum.*) Orge. Ce grain provient de deux espèces : l'Orge commune, *Hordeum vulgare* L., et l'Orge à six rangs, *Hordeum hexasticon* L. Graminées. L'Orge en grain ou *en paille* remplace l'Avoine ; privée de ses balles, elle constitue l'*Orge mondé;* décortiquée et arrondie, elle prend le nom d'*Orge perlé* et sert à faire des tisanes ; germée et séchée, elle entre, sous le nom de *malt,* dans la préparation de la bière. Le pain d'Orge est moins nourrissant que celui de Blé et même de Seigle ; il est lourd et grossier, d'où le proverbe : *Groussiè coumo de pa d'Ordi,* Grossier comme du pain d'Orge. — Les Orges sont cultivées comme plantes fourragères et données en vert. — Pendant la germination de l'Orge, il se produit un principe particulier, la *diastase,* qui a la propriété de transformer la fécule en dextrine et en sucre.

Oubloun. (Du latin *humulus,* de *humus,* terre : allusion à la disposition rampante de la plante.) Houblon. *Humulus lupulus* L. Cannabinées. Comme l'indique son nom (*lupulus,* petit loup), le Houblon est très-vorace ; il épuise bientôt le sol qui le nourrit, et étouffe les arbrisseaux qui le soutiennent ; aussi en a-t-on fait l'emblème de l'injustice. —Officinal, amer, tonique, narcotique. Spontané dans les haies, mais cultivé en grand pour la préparation de la bière. Ses cônes doivent leurs propriétés médicales et économiques à une poussière jaune, résineuse, qu'ils renferment, la *lupuline,* dont les principes actifs sont une substance amère et une huile essentielle. Ses jeunes pousses peuvent être mangées, comme celles de la Bryone (*Tuquiè*), en guise d'Asperges. Ses tiges, longues et volubiles, servent à garnir des treillages ; on peut en retirer de la filasse. Tous les bestiaux mangent le Houblon.

OULIBEDO. (Racine, *oulibo*.) Olivette, terrain planté d'Oliviers.

OULIBO. (Du latin *oliva,* qui lui-même vient du grec ἐλαία.) Olive, fruit de l'Olivier, *Oulìu.* (Voy. ce mot.)

OULÌU et quelquefois OULIBIÈ. (Du grec ἐλαία, olive, olivier, dont le latin a fait *olea* et *oliva*.) Olivier. *Olea europœa* L. Type de la famille des Oléacées. Originaire de l'Asie, cultivé dans le midi de l'Europe. Le bois sert à faire de très-beaux meubles. Le fruit, l'olive, est comestible et fournit une huile excellente. Les feuilles et l'écorce passent pour fébrifuges ; inusitées. Les feuilles contiennent un principe amer, l'*olivine* (M. Landerer). Le tronc des vieux Oliviers laisse exsuder une *gomme* ou *résine,* sans usages, en grande partie formée d'*olivile* (Pelletier). Toutes les parties de l'Olivier contiennent de la *mannite* (M. de Luca). — Puisque l'occasion se présente, ajoutons, — pour les personnes qui, se basant sur l'arome de telle ou telle plante, prétendent que le véritable Thé (voy. *Tè*) croît en France, — ajoutons qu'en Chine on aromatise le Thé avec les feuilles et les fleurs de l'Olivier odorant, *Olea fragrans* Thumb (*Lan-hoâ* des Chinois.) — Tout le monde sait que l'Olivier est l'emblème de la sagesse, de l'abondance et de la paix.

OUMAT. (Voy. *Ourme.*)

OURME et OULME. (Du latin *ulmus.*) Orme, Ormeau. *Ulmus campestris* Smith. Ulmacées. Ce bel arbre est quelquefois, avec ses congénères, planté sur les promenades, avenues et parcs. Il est employé comme bois de charronnage. Sous le nom d'*écorce d'Orme pyramidal,* son liber, vanté contre les maladies cutanées, est presque inusité. Il contient de l'*ulmine* (Klaproth).

Ourtigo. (Du latin *urtica.*) Ortie. Sous ce nom générique, on confond ordinairement les deux espèces suivantes : l'Ortie brùlante ou petite Ortie, *Urtica urens* L., et l'Ortie dioïque ou grande Ortie, *U. dioica* L. Urticées. Cuites, les jeunes pousses sont alimentaires[1]; les feuilles se donnent à la race porcine. — Elles servent à produire l'urtication dans les paralysies et rhumatismes. — Les tiges peuvent fournir de la filasse. — Le suc de la première a été, dans ces derniers temps, employé comme hémostatique ; l'infusé de la seconde, contre les dartres chroniques.

On appelle *flou d'Ourtigo,* fleur d'Ortie blanche, la fleur du Lamier blanc, *Lamium album* L. Cette plante, de la famille des Labiées, n'a des véritables Orties que la forme des feuilles. Sa fleur est un hémostatique populaire. Nous avons vu des femmes employer dans le même cas (par erreur ?) les feuilles du Lamier taché, *Lamium maculatum* L. Labiées.

P

Pa-de-lèbre. (Du latin *panis,* pain; *lepus, oris,* lièvre.) Pain-de-lièvre. Cette dénomination ferait supposer que cette plante est pour le lièvre une nourriture saine et abondante, un mets favori. Nous n'avons pu nous assurer du fait, et la raison d'être du nom vulgaire de cette plante nous est inconnue. — On appelle ainsi la grande Orobanche, *Orobanche rapum* Thuil. (Orobanchées), la plus commune de nos espèces ; mais nous savons pertinemment que sous ce nom se trouvent confondues l'Orobanche couleur de sang, *O. cruenta* Bathol., l'O. du Thym, *O. epithymum* D. C., l'O. du Panicaut, *O. amethystea* Thuil. Inusitées. Dans certains pays, on mange, dit-on, les Oroban-

---

[1] Nous pouvons affirmer *de visu* qu'en ce moment (7 avril 1868), à cause de la cherté des Pommes de terre et du manque de Choux, les habitants du Courniou, village près de Saint-Pons, font leur soupe avec les jeunes Orties cueillies pour cet usage.

ches comme les Asperges. C'est possible, mais, en ayant fait accommoder et en ayant goûté, nous certifions qu'elles ne sont point manducables. Le Pain-de-lièvre ne sera jamais le nôtre, si le bon Dieu veut bien nous laisser le choix.

PABOT. (Du latin *papaver*.) D'après MM. Gillet et Magne, « *papaver* vient d'un mot celtique signifiant bouillie. On prétend qu'on mêlait le fruit du Pavot à la bouillie pour endormir les enfants. » — C'est le mot celto-breton *pap* ou *papa,* qui signifie *bouillie des petits enfants.* (J.-F.-M. Le Gonidec.) — Pavot blanc. *Papaver somniferum* L. Type de la famille des Papavéracées. Originaire de la Perse et de l'Orient; cultivé en France comme produit et ornement de jardins. Ce Pavot et ses variétés fournissent les capsules ou têtes de Pavot, *cap de Pabot* (Voy. ce mot), employées en médecine, à l'exception des graines, dont on retire l'*huile d'œillette,* bonne à manger et à brûler. Par l'incision des capsules, on extrait l'*opium,* dont nous n'avons pas à nous occuper ici. (Voyez *Rousèlo.*)

PACIENÇO. (Du wallon *patich.*) Patience. (Voy. *Lengo-de-biòu, Rousenabre.*) — On a fait de cette plante le symbole de la patience, à cause de l'homonymie des termes.

PAIROULETO. Littéralement, petit chaudron. Probablement parce que ses feuilles, par la disposition de leurs lobes connivents, qui les rendent comme peltées, affectent plus ou moins la forme d'un petit vase. Populage. (Voy. *Ardiol.*)

PALHO. (Du latin *palea.*) Paille; tuyau et épi des céréales séparés du grain.

PALINASSES. Scirpe des bois. *Scirpus sylvaticus* L. Cypéracées. Il est utilisé comme litière et employé à couvrir les chaumières. — *Palinàsses.* Du celto-breton *pallin,* couverture de lit, ordinairement en fil de lin; *àsses,* augmentatif patois péjoratif: *as,* masc. sing.; *asses,* masc. plur.; *asso,* fém. sing.; *assos,* fém. plur., dont nous avons déjà parlé. (Voy. *Jalbertasso*). *Palinasses* signifie donc mauvaise couverture. Ce Scirpe sert, en effet, à couvrir les chaumières; mais, comme couverture, il est bien inférieur à l'ardoise, ce qui justifie bien sa terminaison *asses*.

PALISTRE. Linaire rayée. *Linaria striata* D. C. Scrofulariacées. Cette plante est aussi nommée *Hèrbo de la fairo*. (Voy. ce mot.) Ce nom, *palistre,* a dû se former par contraction des deux mots latins PALLI*dus*, pâle, et STRIA*tus*, rayé. Les corolles de cette Linaire sont, en effet, d'un blanc jaunâtre et rayées de violet.

PALMOULO ou **PAUMOULO**. (Du latin *palmula*, petite palme ; diminutif de *palma*, palme, parce que la forme de l'épi rappelle celle d'une palme.) Orge distique ou à deux rangs, vulgairement *Paumèle*. *Hordeum distichon* L. Graminées. Mêmes usages que ceux de l'Orge commune et de l'Orge à six rangs. (Voy. *Ordi*.)

PAMPO. (Du latin *pampinus*.) Pampe, feuilles de Graminées.

PANÈU. (Du latin *panis*, pain.) Panais cultivé. *Pastinaca sativa* L. Ombellifères. Il n'est pas spontané aux environs de Saint-Pons ; on l'y cultive quelquefois dans les jardins, et sa racine, alors plus tendre et plus douce, est employée dans l'art culinaire, comme le Salsifis, la Scorzonère.

PANIS. Petit Millet. *Panicum miliaceum* L. Graminées. (Voy. *Mil menud*.) Le mot patois *panis* n'est autre chose que le mot latin *panis*, pain, avec cette différence, toutefois, que le patois fait bref l'*a*, qui est long en latin. — Cette expression *panis,* pain, qualifiant le Petit Millet, est bien justifiée par les propriétés éminemment nutritives de cette graine ; celle-ci est bien la nourriture par excellence, un véritable *pain,* le pain quotidien des petits oiseaux prisonniers.

PANISCAUT. (Littéralement, pain chaud ; du latin *panis*, pain ; *caldus,* chaud. Il a été déjà dit (Voy. le mot *Al*) que très-souvent le mot patois n'est autre chose que le radical du mot latin : ainsi, dans ce cas, *caldus* devient *cald*. Nous devons ajouter que souvent la syllabe latine *al* se traduit en patois par *au ;* donc, au lieu de *cald,* nous avons le mot *caud,* et le *d* final est logique, rigoureux, avec d'autant plus de raison que le masculin *caud,* chaud, fait au féminin *caudo,* chaude. Mais on écrit *caut* et non pas *caud,* parce que le *d* et le *t* sont deux lettres similaires, deux consonnes dentales, et que, dans le patois, le *d* final des mots a toujours le son du *t.* Ainsi *rainard, espinard, artichaud, nigaud,* se prononcent et s'écrivent *rainart, espinart, artichaut, nigaut.* Voilà comment se forment les mots patois en perdant leur physionomie primitive. Certains adjectifs terminés par *t* devraient s'écrire par un *d* final, puisque ce *d* entre dans la composition du féminin de ces mêmes adjectifs. Ainsi, au lieu de *nousat, poulit, menut, caut,* il faudrait, contre l'usage reçu, écrire *nousad, poulid, menud, caud,* puisque l'on dit et l'on écrit au féminin *nousado, poulido, menudo, caudo.*) Pain chaud, Panicaut. *Eryngium campestre* L. Ombellifères. Anciennement on mangeait sa racine cuite ; de là le nom de *pain* donné à la plante. L'épithète *chaud* est due à la saveur chaude, aromatique, de la racine, saveur plus ou moins intense, mais toujours assez prononcée dans les racines de toutes les Ombellifères.

PANSO. (Du latin *passa,* séché, sous-entendu *uva,* raisin.) Raisin sec. En termes d'agriculture, on dit *panse de Damas :* espèce de gros raisin séché au soleil.

PANTOCOUSTO. Pentecôte. Le Chèvrefeuille est appelé *Pentecôte* dans la partie basse de notre arrondissement, et *Couteto* dans la partie élevée. Le premier de ces deux noms vient probablement de ce que le Chèvrefeuille fleurit à l'époque de la Pentecôte. (Voy. *Couteto, Lio-rènde.*)

PASSO-ROSO. (De ce que la grandeur de sa fleur dépasse celle de la rose.) Passe-rose, Rose trémière, Guimauve rose. *Althœa rosea* D. C. Malvacées. Originaire de Chine. Cultivée chez nous comme plante d'ornement. Émolliente, inusitée. Ses tiges peuvent fournir de la filasse.

PASTENAGO. (Du latin *pastinaca,* panais.) On appelle ainsi la Berce de Lecoq, *Heracleum Lecokii* Gr. et Godr. (*H. Lecoquii* de Martr.) Ombellifère très-commune dans les prairies de la partie haute de notre département. Cette plante, aromatique mais inusitée, nuit par son grand développement aux Graminées voisines. La ressemblance des deux espèces, la proximité des deux genres *Pastinaca* et *Heracleum*, rendent cette erreur du vulgaire bien excusable ; mais ce qui ne l'est pas, c'est le fait suivant ; nous l'avons constaté plusieurs fois : non content de falsifier les fruits, improprement appelés *graines* d'Angélique, avec ceux de l'*Heracleum Lecokii* Gr. et Godr., le commerce de la droguerie remplace tout bonnement les premiers par les seconds, ce qui est loin d'entrer dans les vues de l'acheteur. Avis à MM. les liquoristes.

Patano. (De l'espagnol *patàta*, pomme de terre.) (Voy. *Truffo.*)

Pato-de-loup. (Du celto-breton *pao* ou *pav*, dont le grec a fait πούς, ποδὸς, patte, pied ; πάτεῖν, fouler aux pieds ; πάτος, chemin foulé ; du latin *lupus*, loup.) Patte-de-loup, Bouton d'or, Renoncule âcre. *Ranunculus acer* L., dont on a fait plusieurs nouvelles espèces. Type de la famille des Ranunculacées ; inusitée, dangereuse comme toutes les Renoncules, surtout à l'état frais. A détruire dans les prés et les herbages. — On la nomme aussi *Poumpoun d'or.* (Voy. ce mot.) — Cette plante est caustique comme la raillerie, dont elle est l'emblème.

Pato-de-passerat. (Pour l'étymologie de *pato*, voyez *Pato-de-loup ; passerat*, du latin *passer*, moineau.) Pied-de-moineau, parce que les fruits (achanes) linéaires, étalés en étoile et enveloppés par les folioles du péricline accrus à la maturité, figurent assez bien un pied d'oiseau. Rhagadiole comestible. *Rhagadiolus stellatus* D. C. et ses variétés. Chicoracées. Fait partie de la *Salado menudo.* (Voy. ces deux mots.) — La même cause a valu un nom presque identique à une autre plante, le *Pè-d'aucèl* ou *Pènaucèl.* (Voy. ces mots.)

Pè. (Du latin *pes*, littéralement pied.) Tige des plantes herbacées. Le mot *cambo*, également employé comme synonyme, prend la même acception. *Coupa lou pè* ou *la cambo de la Lengode-biòu es pas re faire, cal derruba las racinos ;* Couper la tige de la Patience, c'est ne rien faire, il faut arracher les racines.—*Pè* signifie aussi *plante, individu. Espio aquel poulit pè de Jalbert ;* Regarde ce beau Persil, cette belle plante de Persil.

Pè-d'aucèl, Penaucèl par corruption. (Du latin *pes,* pied ; *avicellus,* oiseau.) Pied-d'oiseau. Le nom de cette plante est le même en patois, en français, en grec et en latin : *Pè-d'aucèl,* Ornithope ou Pied-d'oiseau, *Ornithopus compressus* L. Papilionacées. *Ornithopus,* de ὄρνις, oiseau, πούς, pied, parce que la forme et la disposition de ses gousses articulées, comprimées, linéaires, arquées, rappellent le pied d'un oiseau. Les moutons le broutent volontiers. (Voy. *Pato-de-passerat.*)

Pè-de-lauseto. Pied-d'alouette, Dauphinelle d'Ajax. *Delphinium Ajacis* L. Cette Ranunculacée est cultivée comme plante d'ornement.

Pè-de-poulì et Pè-poulì. (Du latin *pes,* pied ; *pullus, pulli,* poulain.) Vulgairement Pied-de-poulain, Pas-d'âne, parce que la forme de sa feuille a été comparée à celle de l'empreinte du sabot de l'âne. Tussilage. *Tussilago farfara* L. Corymbifères. Les fleurs sont béchiques.

Pebre. (Du celto-breton *pebr,* poivre.) Poivre, Poivre commun ou noir. *Piper nigrum* L. Pipéritées. Originaire de l'Inde. Ses usages sont connus. — Le Poivre est l'emblème de la médisance : âcres, caustiques, l'un et l'autre.

Pebrì. (Racine, *pebre,* poivre.) Le *Poivré,* comme l'indique son nom, possède une certaine âcreté, son suc est même employé contre les verrues ; il est néanmoins comestible, et, dans les environs de Saint-Pons, on le mange quand on l'a soumis à une ébullition dans l'eau. Nous n'avons pas vu ce Champignon ; mais, d'après ce qui nous en a été dit, nous présumons, sans toutefois l'affirmer, que c'est l'Agaric âcre, *Agaricus acris* Bull. (*Ag. giganteus* Willd.; *Ag. piperatus* Bolt.)

Pebrino. Ce nom, dérivé de *pebre,* signifie petit poivre. Quelquefois, en effet, le fruit mûr, sec et pulvérisé, remplace le Poivre chez l'habitant de la campagne. Lorsqu'il est encore vert, c'est-à-dire avant la maturité, on le mange en salade ; on le prépare aussi comme les cornichons. — La *Pebrino* est le Piment annuel ou des jardins, vulgairement Poivron. *Capsicum annuum* L. Solanées. Originaire des Antilles. Cultivé chez nous. — On dit au figuré : *Quno pebrino !* Quelle femme acariâtre !

Pèl. (Du latin *pellis,* à moins toutefois, ce qui pourrait bien être, que le mot *pell* ne soit un radical celtique latinisé.) Peau, enveloppe. Suivant les parties qu'elle recouvre, cette peau a, dans le langage botanique, des noms différents. La *pèl de pero, de pruno*, etc., peau de poire, de prune, etc., a reçu celui d'*épicarpe*, tandis que ceux de *tégument*, et plus souvent *épisperme* ou *spermoderme*, sont synonymes de *pèl d'amèllo, de mounjeto*, etc., peau d'amande, de haricot, etc. La *pèl de figo*, peau de figue, est l'involucre. La *pèl d'irange*, écorce d'orange, est encore l'*épicarpe*.

Pèl-de-co. (Du latin *pilus,* poil ; du grec κύων, chien.) Poil-de-chien, à cause de la rudesse de la plante ; Nard raide. *Nardus strica* L. Graminées. Les faucheurs le connaissent et le redoutent ; il est très-difficile à couper. Les bestiaux le dédaignent. (Voyez *Gresos.*) La même raison a valu à cette plante les deux noms patois caractéristiques qu'elle porte.

Pèl-de-grapaut. (Du latin *pellis,* peau ; *crepare,* se fendre, parce que le crapaud s'enfle tellement, qu'il semble prêt à crever (J.-P. Couz.)) Vulgairement, Peau-de-crapaud, à cause de ses feuilles rudes, épaisses. Porcelle à longues racines. *Hypochœris radicata* L. Chicoracées. On mange les jeunes feuilles cuites, ou en salade ; elles font partie de la *Salado menudo*. (Voy. ce mot.) Les racines de toutes les espèces de ce genre plaisent fort à la race porcine. De là les noms d'*Hypochœris* (ὑπο, pour ; χοῖρος, porc) et de *Porcelle* donnés à ces plantes. — Dans certaines localités, elle porte le nom d'*Engraisso-porc*.

Pelhenc. (Qui ressemble à des chiffons. Racine, *pelho,* chiffon ; du latin *pilus,* poil, parce que le vieux linge se reconnaît aux filaments qui proviennent de l'usage, et que l'on a

dû comparer à du vieux linge étendu sur le bord des chemins
les diverses Graminées confondues sous le nom générique de
Pelhenc.) — Plusieurs Graminées, appartenant à différents
genres et n'ayant pas le même facies, constituent le *Pelhenc*,
gazon, espèce de foin croissant sur les talus et les bords des
chemins. Ce sont l'Agropyre des champs, *Agropyrum campestre* Godr. et Gren.; l'Agrostide des chiens, *Agrostis canina*
L. ; le Brome rouge, *Bromus rubens* L. ; le Polypogon de
Montpellier, *Polypogon monspeliense* Desf.—L'*Agrostis canina*,
que l'on nomme *Pelhenc* à Azillanet, est apppelé à Fraisse
Hèrbo fourcadèlo. (Voy. ces mots.)

PELOÙC. (Du latin *pellis,* peau ; *aculeata,* armée de piquants.)
On appelle ainsi la peau ou enveloppe extérieure, hérissée de
piquants (*cupule, capsule*), de la châtaigne, du marron d'Inde,
de la Stramoine, etc.

PELOUFO. (Racine, *pèl.* Du latin *pellis,* peau ; *uva, œ,* raisin ; à moins que *peloufo* ne vienne du grec κέλυφος, coque.)
Peloufo a signifié d'abord peau de grain de raisin ; puis, se
généralisant, cette dénomination a été donnée à la peau de
certains fruits et semences. Ainsi l'on appelle *peloufo de rasin*
la peau (épicarpe) du grain de raisin ; *peloufo de castagno,* la
peau (épisperme) de châtaigne ; *peloufo de pese, de mounjeto,*
la peau (épisperme) de pois, de haricot. Au pluriel, ce mot
signifie encore épluchures, pelures d'ail, d'oignon, de poire,
de pomme, etc. (Voy. *Arofo, Couscoulho.*)

PENOLHO. (Du grec παιωνία, en latin *pœonia.*) Pivoine. *Pœonia peregrina* Mill. Ranunculacées. Sa racine, employée jadis
comme antispasmodique et même antiépileptique, est aujour-
d'hui inusitée. — Les Pivoines sont cultivées pour leurs belles
fleurs.—On a fait de cette plante l'emblème de la honte, parce
que, d'après la Fable, la nymphe Péone aurait été changée en
Pivoine pour avoir porté atteinte à la pudeur. — D'une personne qui rougit sous l'influence d'un sentiment, d'une impression, on dit: Elle est devenue *rouge comme une Pivoine.*

PENSADO. (Du latin *pensatus, a, um,* pesé, examiné ; du verbe *pensare.*) Pensée cultivée. C'est le *Viola tricolor* L. (Violariées), dont la culture a obtenu de si nombreuses et si remarquables variétés.

PENSADO SALBAJO. (Du latin *pensata, sylvatica.*) Pensée sauvage. (Voy. *Biuleto blanco.*) Cette plante est l'emblème de la pensée, comme elle en est l'homonyme.

PERDIGOUNO. Perdrigon, sorte de prune. Il y a le Perdrigon blanc et le Perdrigon violet. (Voy. *Pruno.*)

PÉRD-TOUN-TEMS. (Du latin *perdere, tuum, tempus.*) Il perd, c'est-à-dire te fait perdre ton temps. Si l'on considère comme perdu le temps que l'on met à se mirer, ce nom ou plutôt cette phrase caractéristique, ne pouvait convenir mieux qu'au miroir. Or c'est justement la plante appelée Miroir-de-Vénus qui porte ce nom. — Spéculaire miroir, Prismatocarpe, vulgairement Doucette, Mirette, Miroir-de-Vénus. *Specularia speculum* Al. D. C. (*Prismatocarpus speculum* L'Hérit.). Campanulacées. Les jeunes pousses se mangent en salade. (Voy. *Salado menudo.*)

PERIÈ. (Du celto-breton *per*, poire ; le latin en a fait *pirus*, poirier.) On cultive aujourd'hui un grand nombre de variétés de Poiriers. Leur bois est très-dur et prend un beau poli. Leurs fruits, salutaires à la santé, sont très-estimés comme arome et saveur. Le Poirier commun, *Pirus communis* L. (Pomacées) est regardé comme le type de toutes nos variétés. — Les poires sauvages donnent, par la fermentation, un cidre appelé *poiré.*

PERIÈ SALBAGE. Poirier sauvage. On appelle ainsi le Poirier à feuilles d'Amandier, *Pirus amygdaliformis* Vill., et le Poirier commun, *Pirus communis* L. (Pomacées), qui croissent spontanément dans nos bois.

PERO. (Du celto-breton *per*, dont le latin a fait *pirum*, poire.) Poire, fruit du *Periè.* (Voy. ce mot.)

PEROT. (Voy. *Perou.*) Petite poire.

PEROU. (Racine, *pero ; ou,* diphthongue patoise qui, seule, ne dit rien, et qui, ajoutée à certains mots, devient un diminutif et signifie *petit*. Exemples : *pero, perou*, poire, petite poire; *Louis, Louisou*, Louis, Louis le petit ; *coutèl, coutèlou*, couteau, petit couteau; *cagnot, cagnotou*, chien, petit chien, etc.) Petite poire. C'est le fruit du *Peroutiè*.

Peroutiè. (Racine, *pero*.) Poirier à petits fruits. Il est sauvage ou cultivé. Dans le premier cas, *Peroutiè* est synonyme de *Periè salbage* (Voy. ce mot); ses fruits sont très-petits et non comestibles. — Dans le second cas, le *Peroutiè* est un Poirier qui donne des poires bonnes à manger, mais *toujours petites* (*de perous.*)

Pese. (Du celto-breton *pis;* les Grecs en ont fait leur πισος, et les Latins leur *pisum*, pois.) Pois cultivé. *Pisum sativum* L. Papilionacées. La plante verte est un excellent fourrage. Les grains servent à la nourriture de l'homme et des animaux. — Les gousses de la variété *macrocarpum,* aplaties, non coriaces, sont comestibles.

Pese becut. (Du celto-breton *pis*, pois ; *becut,* racine *bèc,* du celto-breton *bec* ou *beg,* bec.) Pois qui a un bec, Pois chiche, Pois pointu. (Voy. *Cese.*)

Pese salbage. Pois sauvage, Pois de mouton, Pois de porc, Pois de pigeon. C'est le Pois des champs, *Pisum arvense* L. Papilionacées. Ses divers noms disent assez qu'il est propre à nourrir plusieurs de nos espèces domestiques. Spontané, mais le plus souvent cultivé.

Pese senteire. (*Pis,* pois ; du latin *sentire,* sentir.) Pois odorant. C'est la Gesse odorante, *Lathyrus odorata* L. Papilionacée exotique, cultivée comme plante d'ornement. Son arome lui a valu le nom très-connu de *Pois de senteur.*

Pesegòt. Tronc d'arbre ; partie de la tige nue et sans branches d'un arbre *sur pied.* Dès que l'arbre est coupé, dès qu'il n'est plus *sur pied,* le *pesegòt* n'existe plus : il prend le nom de *fusto* (poutre), si la longueur est considérable eu égard à son diamètre, ou celui de *roulh* ou de *souc* s'il est relativement court et très-volumineux. (Voy. les mots *Fusto, Roulh, Souc.*) D'après ce qui précède, le mot *pesegòt* ne pourrait-il pas venir du grec πεζικός, de pied ?

PESSIÈ. (Du grec περσική, de Perse, sous-entendu μηλέα, pommier. Le latin en a fait *persica,* de Perse, et *persica,* pêcher.) Amandier pêcher, vulgairement Pêcher. *Amygdalus persica* L. (*Persica vulgaris* D. C.) Amygdalées. Cultivé. Originaire de Perse. Les feuilles et l'amande du Pêcher peuvent devenir dangereuses par l'acide cyanhydrique qu'elles contiennent. On prépare avec ses fleurs un sirop légèrement laxatif. Mais cet arbre est surtout intéressant par l'excellence de ses fruits. Bien que les variétés de ceux-ci soient très-nombreuses, nous nous contenterons d'en signaler les trois grandes divisions : 1° pêches proprement dites, dont la chair se détache facilement du noyau ; 2° pêches dont la chair est adhérente au noyau : on les nomme *pavies, alberges,* en patois *prèsses;* 3° pêches à peau lisse et non tomenteuse, comme dans les autres espèces : c'est le *brugnon, Amygdalus persica lœvis* D. C.

PÈSSIO. (Du grec περσικόν, de Perse, sous entendu μῆλον, pomme ; en latin *persica.*) Pêche, fruit du Pêcher. (V. *Pessiè.*) — Dans la formation des mots *pèssio, pessiè,* dérivés de *persica,* nous voyons l'*r* de *persica* changée en *s.* Cet exemple n'est pas le seul, et il nous paraît devoir appartenir à une règle générale. Ainsi, au lieu de dire *per forso,* par force (du latin barbare *forcia*) ; *à la courso,* à la course (du latin *cursus*), on dit *per fosso, à la cousso.* Cette laine n'est pas assez torse, *Aquelo lano es pas prou tosso* (du latin *torsus, a, um,* tors, tordu.) Nous citerions même d'autres exemples.

PETO-ROUSSÌ. (Du latin *peditus,* pet ; de l'allemand *ross,* cheval.) Littéralement, Pète-roussin. Pet-d'âne. Ce nom vulgaire est l'équivalent d'*Onoporde* (ὄνος, âne ; πέρδω, je pète) ; mais, au lieu d'être appliqué à l'*Onopordon*[1] *acanthium* L., ce qui serait

----

[1] Tous les auteurs écrivent *Onopordon* ou *Onopordum ;* c'est une erreur. D'après l'étymologie grecque, la véritable orthographe de ce mot est *Onoperdon* ou *Onoperdum.* C'est à cause de la même racine grecque que l'on écrit *Lycoperdon* et non *Lycopordon.*

très-rationnel, chez nous il est commun à plusieurs espèces de Centaurées à fleurs purpurines, telles que les *Centaurea nigrescens* Willd., *C. nigra* L., *C. obscura* Jord., *C. comata* Jord., *C. pectinata* L., etc. Cynarocéphales. Ces Centaurées n'ont pas d'emploi. Les bestiaux les dédaignent; elles sont nuisibles dans les prés.

Pɪʙᴏᴜʟ. (Non du latin *populus,* mais du celtique *pibol,* peuplier.) Sous le nom de *Pìboul* on confond généralement le Peuplier noir, *Populus nigra* L., et le Peuplier blanc, *P. alba* L. On distingue néanmoins le P. d'Italie, *P. pyramidalis* Rozier, et le P. Suisse, de Virginie, de Caroline, *P. virginiana* Desf. Salicinées. Le bois de Peuplier est blanc, tendre, léger, d'un grain peu serré. On en fait des poutres, des planches. Les feuilles (*ràmo*) se donnent aux moutons, aux lapins, etc. Les bourgeons du P. noir et surtout du P. suisse contiennent une matière résineuse; ils entrent dans la composition de l'onguent *populeum.*—Le Peuplier blanc a été consacré au temps, parce qu'on a voulu voir dans ses jeunes feuilles, vertes en dessus et blanches en dessous, une certaine analogie avec les jours et les nuits, dont le temps se compose. — D'après une légende mythologique, on a fait du Peuplier noir le symbole du courage.

Pɪʙᴏᴜʟᴀᴅᴏ. (Racine, *piboul.*) Jets d'une souche de Peuplier. —Champignons qui viennent en société au pied des Peupliers et des Saules. Ce sont les Agarics édules : *Agaricus attenuatus* D. C ; *Ag. cylindraceus* D. C.; *Ag. melleus* Vahl.; *Ag. cortinellus* D. C.—On appelle aussi *Piboulado d'Euse* l'*Ag. ilicinus* D. C. et l'*Ag. socialis* D. C., qui croissent par groupes au pied de l'Yeuse. Ces Champignons sont comestibles.

Pɪʙᴏᴜʟɪᴇ̀ɪʀᴏ. Lieu planté de Peupliers; pépinière de Peupliers.

Pɪɢɴᴇ̀ ou Pɪɴɪᴇ̈. (Du latin *pinus.*) Pin cultivé, Pin pignon. *Pinus pinea* L. Abiétinées. Son bois résineux est employé comme celui des autres Pins.

Pɪɢɴᴇ̀ʟ. Chapelet de *petits* Oignons. Ceux-ci sont tellement

rapprochés les uns des autres et si bien groupés autour de
l'axe du chapelet, qu'ils rappellent la manière d'être des pignons (*pignous*) dans le cône du Pin (*pigno*); de là le nom de
Pignèl. (Voy. *Pigno, Pignou* et *Bras de cebos*.)

Pigno. Cône de Pin, vulgairement pomme de Pin. C'est le
fruit du Pin pignon, *Pignè*. (Voy. ce mot)

Pignou. Pignon. Amande du cône de Pin pignon. Les pignons, dont la saveur est douce et agréable, servent à préparer des émulsions, des dragées, le *pignonat*. On les tient en si
haute estime, qu'ils ont donné lieu à un proverbe patois. Ainsi,
pour exprimer le contentement, la satisfaction qu'éprouve une
personne, on dit en parlant de celle-ci: *Manjo de pignous,* Elle
mange des pignons.

Pin. (Du latin *pinus*.) Pin. Les diverses espèces employées
à reboiser nos montagnes sont: les Pin sylvestre, *Pinus sylvestris* L.; Pin laricio, *P. laricio* Poir.; Pin maritime, *P. pi-
naster* Ait. (Voy. *Sapin*.) Abiétinées. Les usages des Pins sont
les mêmes que ceux des Sapins.—Si le Pin est le symbole de la
hardiesse, il le doit à sa rusticité, qui brave les frimas, et à
son habitat sur les hautes montagnes, au bord des ravins et des
précipices.

Pinto. (Racine, *pinta*, du grec πίνειν, boire, c'est-à-dire plante
qui boit; soit de ce que son habitat est très-humide, soit à cause
du liquide contenu dans les lacunes de sa tige.) Prêle très-
rameuse, vulgairement Queue-de-cheval. *Equisetum ramosum*
Schleich. (*E. ramosissimum* Desf.) Plante de la famille des
Équisétacées. (Voy. *Escuret*.)

Piramidalo. Pyramidale. Cette Campanule, aux grandes et
nombreuses fleurs bleues, aux tiges élevées et flexibles, est
une très-jolie plante d'ornement. —Campanule pyramidale,
Campanula pyramidalis L. Campanulacées. Cette intéressante
espèce ne se trouve point mentionnée dans le *Répertoire des
plantes utiles et des plantes vénéneuses du globe,* de E.-A. Du-
chesne.

Plant. (Du latin *planta,* plante.) Plant; jeune arbre, jeune plante, récemment plantés ou prêts à l'être.—Scion qu'on tire d'un arbre pour le planter.

Planta. (Du latin *plantare.*) Planter, mettre une plante en terre pour l'y faire végéter.

Plantage. (Du latin *plantago.*) Plantain. Sous cette dénomination sont comprises les espèces suivantes : le grand Plantain, *Plantago major* L.; le Plantain intermédiaire, *P. intermedia* Gilib.; le petit Plantain, *P. lanceolata* L., etc. Les Plantains sont légèrement astringents, inusités. Les petits oiseaux aiment beaucoup leurs graines.

Planto. (Du latin *planta.*) Plante, végétal.

Plantoù. (Racine, *plant,* dont il est le diminutif.) Petit plant. Jeune plant; jeunes pieds d'Oignon, de Chou, etc., qu'on plante.

Plataniè et Platano. (Du grec πλατύς, large, et πλάτανος, platane.) Platane. Il y en a deux espèces : le Platane originaire d'Orient, *Platanus orientalis* L., et le Pl. originaire d'Amérique, *P. occidentalis* L. Platanées. Le bois est employé par les carrossiers, les menuisiers. — L'antiquité avait consacré le Platane aux génies.

Plouraire. (Du latin *plorator,* pleureur.) Pleureur. (Voy. *Sause plouraire.*)

Porre. (Du latin *porrum.*) Poireau, Porreau, Ail porreau. *Allium porrum* L. Liliacées. Plante potagère. Le Poireau cuit est adoucissant, émollient.

Porre salbage. Porreau sauvage. (Voy. *Pourril.*)

Pouda. (Du latin *putare.*) Tailler la vigne, émonder un arbre.

Pouisou. (Du latin *potio,* breuvage.) Poison. Pour le vulgaire, tout fruit rouge et toute plante à fruit rouge, qu'il ne connaît pas, est du poison.

Poumeto. (Diminutif de *poumo.*) Petite pomme. Fruit de

l'Alisier Aubépine, *Cratægus oxyacantha* L., et de l'Alisier fausse Aubépine, *C. monogyna* Jacq. (Voy. *Aubrespi.*) Les enfants mangent ce fruit, plus joli que savoureux. — Jamais mot patois ne fut mieux trouvé que celui de *poumeto* : d'abord parce qu'il dérive du mot latin *pomum,* signifiant non-seulement *pomme,* mais encore toute sorte de fruit d'arbre bon à manger, et que la *poumeto* est comestible ; ensuite parce que la science est venue plus tard confirmer la justesse de cette appellation, en classant dans la famille des *Pomacées* l'arbrisseau qui produit les *pommettes*.

POUMIÈ. (Racine, *poumo.*) Pommier cultivé. L'horticulture nous a donné un grand nombre de variétés de Pommiers, dont l'étude, spéciale aux traités de pomologie, n'entre pas dans le cadre de cet ouvrage. — Le bois de Pommier est dur et résistant. (Voy. *Poumiè salbage.*)

POUMIÈ SALBAGE. Pommier sauvage. Il y en a deux espèces : le Pommier commun, *Pirus malus* L. (*Malus communis* Poir.), et le Pommier sauvage, *Pirus acerba* D. C. (*Malus acerba* Mérat.) Pomacées. Le premier, appelé *Doucin* par les horticulteurs, à fruit doux, est la souche des nombreuses variétés cultivées, qui nous fournissent les pommes dites *à couteau*. Le second, plus commun, connu sous le nom de *Paradis,* à fruit acerbe, produit les pommes à cidre.

POUMO. (Du latin *pomum,* pomme ; toute sorte de fruit d'arbre bon à manger.) Pomme, fruit du Pommier. (Voy. *Poumiè.*) Ses usages sont connus. Indépendamment du *cidre,* du vinaigre, de l'alcool qu'on en retire, les pommes contiennent un acide particulier : l'*acide malique*.

POUMPOUN D'OR. Ce nom aurait-il pris naissance dans la comparaison que l'on aurait faite des fleurs jaunes de cette plante avec les pompons dont se trouvent ornées certaines coiffures militaires ? — Pompon d'or, Bouton d'or. On appelle ainsi la Ficaire, *Ficaria ranunculoides* Mœnch, et la Renoncule âcre, *Ranunculus acer* L., de laquelle on a fait plusieurs espèces distinctes. Ces plantes appartiennent à la famille des

Ranunculacées. La Renoncule âcre est, comme ses congénères, dangereuse à l'état frais. Moins caustique, la Ficaire est broutée par les bestiaux ; dans quelques localités, on la mange cuite comme herbe potagère. Ses racines contiennent un acide volatil, l'*acide ficarique*, et une matière (*ficarine*) qui ressemble beaucoup à la saponine (Stanislas Martin). (Voyez *Pato-de-loup, Loutipaudos.*)

Pounxou, Pounchou. (Du latin *pungens*, piquant, qui pique.) Aiguillon. (Voy. *Espino.*) En patois, *espino* et *pounxou* sont synonymes et employés comme tels. Cependant, si l'on voulait trouver entre eux une légère nuance, on pourrait la voir dans le volume du *pounxou*, supposé moindre que celui de l'*espino*.

Pourrigal. (Voy. *Pourril.*)

Pourril. *Pourril*, petit porreau, est le diminutif de *porre*, porreau, comme *courdil*, petite corde, est celui de *cordo*, corde. — Muscari à toupet, vulgairement Porreau sauvage. *Muscari comosum* Mill. Liliacées. Sans usages. (Voy. *Porre.*)

Pourril blanc. (Racine, *porre*, du latin *porrum*, porreau ; de l'allemand *blank*, clair.) Porreau sauvage blanc, Ornithogale de Narbonne. *Ornithogalum narbonense* L. Liliacées. Sans usages. Ferait une jolie plante d'ornement. Très-rare à Saint-Pons, très-commune dans la partie basse de l'arrondissement.

Pradarié. (Racine, *pratum*, pré.) Prairie d'une grande étendue.

Pradelet. (Du latin *pratulum*, très-petit pré.) Qui habite les prés. C'est l'Agaric comestible, *Agaricus campestris* L. (*Ag. edulis* Bull.), vulgairement appelé Boulet, Boule-de-neige, *Campairol*, Champignon des champs, des bruyères, des prés. Cette espèce, qui vient dans les champs, les prés, en automne, est bonne à manger. A Paris, on la cultive en grand sous le nom de *Champignon de couche*. Le *Boulet*, le *Pradelet* et le *Campairol* ne sont qu'un seul et même Champignon.

Pradet. (Diminutif de *prat*, du latin *pratum*.) Petit pré.

PRADO. (Augmentatif de *prat,* du latin *pratum*.) Grand pré, grande prairie.

PRAT. Pré. (Pour l'étymologie du mot *prat,* voy. *Hèrbo de prat.*)

PRAUSSÈLI. Spargoute des champs. *Spergula arvensis* L. Alsinées. On croit que les jeunes agneaux qui mangent trop de cette plante en sont incommodés, que leur respiration devient gênée, forte, bruyante. On dit alors que l'animal *preusso;* de là, sans doute, le mot *praussèli,* c'est-à-dire qui fait respirer bruyamment.

PRÈSSE. (Du latin *persica.*—(Voy. *Pressiè.*) Pavie, alberge, pêche dont la chair ne se sépare pas du noyau. C'est le fruit du *Pressiè.*

PRESSIÈ. (Du latin *persica,* qui d'abord signifia *de Perse,* parce que la pêche est originaire de cette contrée; et de *persica,* qui plus tard fut le nom latin du Pêcher lui-même.) Variété de Pêcher qui produit les pêches appelées *prèsses.* (Voy. *Prèsse* et *Pessiè.*)

PRESURO. (Du latin *pressura,* action de *presser,* parce que cette plante épaissit et caille le lait, qu'elle le *presse* pour extraire le sérum du caséum. Fleur à cailler le lait. (Voy. *Cardouno.*)

PRINTANIÈIRO. (Racine, *primum tempus,* premier temps de l'année.) De printemps, fleur de printemps. Primevère. Ce nom se donne indistinctement à la Primevère à grande fleur, *Primula grandiflora* Lamk.; à la Primevère officinale, *P. officinalis* Jacq., et à l'hybride de ces deux espèces, *P. officinali-grandiflora* Gr. et Godr. (*P. variabilis* Goupil). Le genre *Primula* est le type de la famille des Primulacées. Quelquefois les Primevères sont appelées *Bragos-de-coucut* (voy. ce mot); en français, *Coucou, fleurs de Coucou.* On les cultive comme plantes d'agrément. — L'usage et l'euphonie nous font écrire avec un *n* les mots *printanièiro* et *printemps;* mais, d'après leur étymologie (*primum*), l'orthographe rationnelle de ceux-ci devrait être *primtanièiro* et *primtemps.* — La Primevère est le symbole de la cordialité. Messagère du printemps, elle vient la première, ou du moins une des premières, nous annoncer que la terre va nous donner cordialement ses fleurs et ses fruits, ses trésors annuels.

PROUBENCO. (Du latin *pervinca*, pervenche.) Nous avons la grande et la petite Pervenche, *Vinca major* L. et *V. minor* L. Apocynacées. Elles sont faiblement astringentes, mais la médecine populaire, qui seule en fait usage, les considère comme une panacée. Leur feuillage d'un beau vert luisant et leurs jolies corolles violettes décorent très-bien les bosquets. A cause de leur couleur et de leur diamètre relativement grand, les fleurs des Pervenches sont souvent désignées sous le nom peu flatteur de *Biuleto d'ase.* Violette d'âne ! la fleuı bien-aimée de J.-J. Rousseau ! Profanes ! la fleur qu'il consacre au doux souvenir ! la « *chère Pervenche* » de Mme de Sévigné !

PRUNIÈ. (Du latin *prunus*, prunier.) Prunier cultivé. *Prunuı domestica* L. Amygdalées. Cette espèce a fourni les nombreuses variétés cultivées dans les jardins. Le bois des Pruniers, dur et prenant un beau poli, est employé par les tourneurs et les ébénistes.

PRUNIÈ SALBAGE. (Voy. *Agruneliè.*)

PRUNO. (Πρoῦνoν, en latin *prunum*, prune.) Prune, fruit du *Pruniè.* (Voy. ce mot.) Les prunes sont alimentaires, rafraîchissantes, laxatives. Sèches, elles prennent le nom de *pruneaux.* Par fermentation et distillation, on en obtient une très-bonne eau-de-vie. — Les variétés de nos prunes ayant une appellation néo-romane sont : la *pruno blanco, — brignòlo, — damassòto, — de porc* ou *de Sant-Antoni, — empèuto, — perdigouno, — renoglodo.*

PUDÌS. (Du latin *putis* et *putidus*, puant.) Il n'est pas un nom de plante indiquant autant d'espèces végétales différentes que celui qui nous occupe. En Provence, en effet, le nom de *Pudìs* a été donné à l'Anagyris fétide, *Anagyris fœtida* L. (Pa-

pilionacées), et au Sorbier des bois, *Sorbus torminalis* Crantz
(Pomacées). Dans la partie est des Cévennes, il s'applique aux
Genêts cendré et purgatif, *Genista cinerea* D. C. et *Sarothamnus purgans* Godr. Gren. (Papilionacées). Dans la partie basse
de notre arrondissement, de même qu'à Montpellier, ce nom
désigne le Térébinthe, *Pistacia terebinthus* L.. et il est très-
possible que, par confusion des deux espèces congénères, il
soit quelquefois attribué au Lentisque, *Pistacia lentiscus* L.
(Térébinthacées'. Enfin, dans la partie élevée de notre arrondissement, on appelle *Pudis* le Putiet, Bois puant, Merisier à
grappes, *Prunus padus* L. (Amygdalées). Bien que doués d'une
odeur forte, le Sorbier des bois. le Genêt cendré et le Genêt
purgatif, ne méritent pas le nom de *bois puant*, non plus que le
Térébinthe et le Lentisque, dont l'odeur résineuse est plutôt
balsamique que mauvaise. La dénomination de *Pudis*, malson-
nante d'ailleurs, mais caractéristique, devrait, ce nous semble, être spécialement réservée au *Prunus padus* et à l'*Anagyris
fœtida;* d'abord parce que ces derniers sont tous deux réellement fétides, ensuite parce que les mots latins *padus*, dérivé de
putis, et *anagyris*, signifient *bois puant*, et que la fétidité de ces
deux espèces est notoirement reconnue : dans le langage vulgaire, par les expressions Putiet, Bois puant, et dans le langage
scientifique, par les mots latins *Padus* et *Anagyris fœtida*.

R

R*ABALAIRE*. (Du verbe patois *rabala*, ravaller, trainer : racine,
abal, du latin *ad vallem*.) Ravaleur : qui se traîne. C'est le nom
que porte chez nous l'Aramon, parce que, ordinairement, ce
raisin effleure ou touche la terre. (Voy. *Aramoun*.)

R*ABE*, R*AFE*. (Du grec ῥάφανος, radis. Raifort cultivé, vulgairement Radis. *Raphanus sativus* L.. variété *radicula* D. C.
Crucifères. La variété *nigra* D. C., Radis noir ou des Pari-
siens, n'est pas cultivée dans nos environs.

R*ABE SALBAGE*. (Voy. *Roussergue*.)

RABO, CAULET-RABO. (Du grec ράπυς, en latin *rapa*.) Rave, Chou-rave. Cette variété de Chou, appelée aussi Chou-navet, Navet tendre, est le *Brassica rapa* L., var. *esculenta*. Crucifères. Les usages de cette plante potagère sont connus.

RABUSCLE. (Racine, *rabo*, du grec ράπυς, rave ; *uscle*, du verbe patois *uscla* (brûler), qui lui-même vient du latin *ustulare*. Le *Rabuscle* est, comme la Rave, une Crucifère, et, comme toutes les plantes de cette famille, il a une saveur piquante, âcre.) Rapistre rugueux. *Rapistrum rugosum* All.

RACINO. (Du grec ρίζα, en latin *radix*.) Racine, organe de nutrition de la plante, qui croît en sens inverse de la tige et fixe le végétal dans la terre.

RACINOS. Racines. Outre sa signification générale, ce mot indique spécialement le *Salsifis* et la *Scorzonère,* ainsi que les racines de ces deux plantes. Ex: *De qu'es acò ? — De racinos* ; Qu'est cela ? — Des racines, c'est-à-dire du *Salsifis,* de la *Scorzonère. — Uno poulo amme de racinos* veut dire : Une poule avec des racines de *Salsifis,* de *Scorzonère,* et non de Navet, de Rave, de Carotte, etc.

RAFE. (Voy. *Rabe.*)

RAM, RAMÈL. (Du latin *ramus*, rameau.) Rameau. Petite branche d'arbre. Fleurs, fruits qui croissent en bouquets. *Ramèl de flous, de cerièiros, de peros ;* Trochet de fleurs, de cerises, de poires. — *Lou Dimenche das Rams* ou *das Ramèls,* Le Dimanche des Rameaux.

RAMO. (Du latin *ramus,* rameau.) Ramée, branches d'arbre, de Saule, etc., coupées avec leurs feuilles vertes, qu'on donne aux lapins, aux brebis, aux chèvres, etc. — *Ramo* se traduit aussi par feuilles d'arbre : *Ramo pes magnans,* Feuilles de mûrier pour les vers à soie ; *Ramo de bigno,* Feuilles de vigne.

RAMPAN. (Par contraction des mots latins *ramus* et *palmæ,* rameau, branche de Palmier, en souvenir des palmes que l'on portait au devant de Jésus à son entrée à Jérusalem.) Rameau bénit. Le nom patois *Rampan* a été donné aux rameaux que portent les fidèles à la bénédiction des Rameaux, mais il désigne plus spécialement le Laurier d'Apollon, *Laurus nobilis* L. (Laurinées), que l'on appelle aussi *Lauriè-savço.* (Voy. ce mot.)

RASIGÒT. Chicot, ce qui reste d'une branche coupée. (Voy. *Retanòc.*) — (Du latin *rasus, a, um,* coupé.) Le *rasigòt* ne peut se produire que lorsqu'une branche vient à être coupée.

RASIN. (Du latin *racemus,* grappe de raisin.) L'usage a prévalu, on écrit *rasin;* mais la véritable orthographe est *rasim,* parce que ce mot vient du latin *racemus,* et que, en patois, l'on écrit et l'on prononce *rasimat* (confiture de raisin), et non pas *rasinat.* Un exemple à l'appui de cette assertion : *Gram, agram* (chiendent), s'écrivent avec un *m* final, bien que, par euphonie, l'on prononce *gran, agran.* Pourquoi? Parce que le mot patois *gram* vient de *gramen* et qu'il a conservé le *m* latin. C'est bien le *m* et non le *n* que le mot *gramen* laisse au patois d'après la règle générale, précédemment énoncée, qui préside à la formation des noms patois dérivés du latin. Ces mots patois ne sont autre chose que les radicaux des mots latins privés de leurs désinences, et souvent ces radicaux ont donné naissance aux mots latins eux-mêmes. Ex.: *camp* de *campus, gram* de *gramen, hort* de *hortus, serp* de *serpens, fam* de *fames, fum* de *fumus, lum* de *lumen,* etc. Les mots *fam,* faim; *fum,* fumée; *lum,* lumière, se prononcent aussi *fan, fun, lun.* Le *m* n'a-t-il pas également la valeur et le son du *n* dans certains mots français : Adam, faim, nom, parfum, prénom, etc.?

Le Raisin est, on le sait, le fruit de la Vigne. Ses variétés sont nombreuses; les principales sont: *l'agràs, l'alicant, l'aramoun* ou *rabalaire, lou berdal, lou cruissen, la carignano, la clareto, lou mourastèl, lous muscats blanc* et *negre, lou pateròt,* variété du *mourastèl; lous pico-pouls gris* et *negre, lou ramoundenc, lou rasin de nòbio, lou ribairenc, lou tarret, lou tarret-bourret,* etc.[1].

---

[1] Nous avions commencé à nous occuper de ces nombreuses variétés de raisins et des cépages qui les fournissent, mais un Glossaire ampélographique ayant été annoncé, nous avons cru devoir laisser ce travail à un homme plus compétent, à une plume plus autorisée.

Rasin de coulobro. (Pour l'étymologie, voy. *Rasin;* du latin *coluber,* couleuvre.) Raisin de couleuvre. On appelle ainsi les divers *Muscari,* à cause de leurs fleurs, qui, pour la forme, la couleur et le rapprochement, ont une certaine ressemblance avec une petite grappe de raisin. Cette dénomination de *couleuvre* vient de ce que plante et reptile habitent les mêmes parages; ce serait une erreur de supposer que les couleuvres se nourrissent de ces plantes. (Voy. les mots *Capela, Pourrigal, Pourril.*)

Rasins de sèrp. (Du latin *serpens,* serpent.) Raisins de serpent. On appelle ainsi tous les Orpins (*Sedum*) à feuilles cylindriques. — Il nous a été impossible de découvrir la raison d'être de cette dénomination, *rasins,* appliquée à des plantes dont les fruits (follicules) n'ont absolument aucune ressemblance avec les baies du raisin. L'épithète *de sèrp* ferait-elle allusion à quelque prétendue propriété alexitère du suc des Orpins? Ceux-ci, de même que le Cotylédon (*Couparèlo*), renfermeraient-ils de la *propylamine?* (Voy. *Rasin de coulobro.*)

Rastoul, Restoul. Chaume qui reste dans un champ après la moisson; le champ lui-même. On a fait dériver le mot *rastoul* (en langue romane *restol, restoul*) du latin *stipula,* chaume (J. Couz.). Nous préférons attribuer son origine au verbe latin *restare,* rester, parce que le mot *rastoul* a beaucoup d'affinité avec *restare,* et qu'il rend bien le chaume qui *reste* et le champ où *reste* le chaume après la moisson. Le verbe *rastoulha* (de *rastoul*), qui signifie rester, être de reste, vient corroborer cette assertion. Chez nous, quand une jeune fille se marie avant sa sœur aînée, on dit de celle-ci: *rastoulho,* c'est-à-dire qu'elle *reste* sans se marier, qu'elle *est de reste. È las ainàdos aimou pas de rastoulha,* Et les aînées n'aiment pas à être de reste.

Ratotiouliè, Ratotiouriè. Par corruption de *Gratotiouliè.* (Racine, *grato,* il gratte; *tioul,* cul.) C'est le nom que l'on donne non seulement à l'Églantier, mais encore à tous nos Rosiers sauvages, dont le fruit est vulgairement appelé *Gratte-cul, Ratotioulo, Batotioulo.* (Voy. ce dernier mot.)

Reboulo, Rebouro. Caille-lait gratteron. *Galium aparine* L. Rubiacées. (Voy. *Hèrbo apeganto.*) Plusieurs autres espèces de *Galium* portent le nom de *Reboulo.*

Rebrout. Jet qui vient au pied d'un arbre et l'épuise. (Voy. *Brout.*)

Redou. Corroyère, Redoul, Redoul à feuilles de Myrthe. *Coriaria myrtifolia* L. Coriariées. Plante vénéneuse. Les feuilles sont employées à tanner les cuirs et à teindre en noir.

Regalussio. (En italien, *regolizia*; du grec γλυκύῤῥιζα, réglisse; ῥίζα, racine, γλυκύς, doux.) Réglisse. *Glycyrrhiza glabra* L. Papilionacées. La racine ou mieux rhizome de Réglisse contient, entre autres substances, de l'*asparagine* et un principe particulier, la *glycyrrhizine*, matière sucrée à laquelle elle doit sa saveur douce (Robiquet). Béchique, médicinale. C'est le sucre des hôpitaux. — La *Regalussio de bròco*, improprement *bois de Réglisse*, est le rhizome de la plante.—La *Regalussio negro*, Réglisse noire, est l'extrait sec obtenu de ce rhizome.

Reguèrg. Genêt purgatif. *Sarothamnus purgans* Godr. et Gren. Papilionacées. Sert à faire des balais. On le brûle.

Rèino-Margarido. (Du latin *regina, margarita.*) Reine-Marguerite, Aster de la Chine. *Aster chinensis* L. Corymbifères. On en cultive un grand nombre de variétés, toutes d'un très-bel effet.

Renounculo. (Du latin *ranunculus.*) Renoncule. C'est le nom que l'on donne aux diverses espèces à fleurs jaunes du genre *Ranunculus*, type de la famille des Ranunculacées (Voy. *Pato-de-loup, Poumpoun d'or, Loutipaudos.*)

Resera, Reseda. (Du latin *reseda;* de *resedare*, calmer.) Réséda odorant. *Reseda odorans* L. Résédacées. Originaire d'Afrique ; on le cultive, on l'aime, à cause du parfum de ses fleurs. Il est le symbole du mérite modeste.

Resera salbage. Réséda sauvage, Réséda raiponce. *Reseda phyteuma* L. Très-commun. Réséda jaune, *Reseda lutea* L.

Plus rare. Ces deux espèces n'ont pas d'emploi ; il n'en est pas de même de la Gaude. (Voy. *Gaudo.*)

Retanòc. La partie qui reste hors de terre d'un arbre cassé par le vent ou coupé par le bûcheron. Chicot. — A la rigueur, *rasigòt* et *retanòc* sont synonymes ; cependant il y a une différence entre les deux mots (voy. *Rasigòt*), en ce que le *rasigòt* peut se trouver à différentes hauteurs sur les branches, et que le *retanòc* sort toujours de terre. — Le *tanc*, le *tanòc*, sont mobiles, le *retanòc* ne l'est pas. — Le mot *retanòc* nous parait être formé des deux mots patois *arresta*, arrêter, et *tanòc*, fragment de bois ; c'est-à-dire *fragment de bois arrêté*, fixé, ou *qui arrête* la marche de celui qui se heurte contre ce bois en saillie.

Roso. (Du latin *rosa.*) Fleur du Rosier. (Voy *Rousiè.*)

> *Proubenco* blu de cèl, et tu, *Margaridelo ;*
> *Pensado*, tu, m'amigo, en bestit de belous ;
> Tu, poumpouso *Penolho*, et tu, jantio *Biuleto*,
> M'agradas... mès la Roso es la flou de las flous.

Pervenche bleu de ciel, et toi, *Pâquerette :* — *Pensée*, toi, mon amie, en habit de velours : — toi, magnifique *Pivoine*, et toi, gentille *Violette*, — vous me convenez beaucoup... mais la Rose est la fleur des fleurs.   **M. B.**

Roso muscadèlo. (Du latin *rosa ; muscadèlo*, diminutif de *muscado*, qui vient du latin *moschata*.) Rose musquée. C'est la fleur du Rosier musqué, variété du Rosier toujours vert. *Rosa sempervirens* L., var. *moschata* (*Rosa moschata* D. C.). Rosacées.

Roso salbajo. (Du latin *rosa, sylvatica.*) Rose sauvage. (Voy. *Rousiè salbage.*)

Rosonion. (Par corruption de *geranium.*) Géranion. Ce nom s'applique indistinctement à plusieurs espèces de *Geranium* et de *Pelargonium* (Géraniacées) cultivées, les unes pour leurs magnifiques fleurs, les autres pour la suavité de leur arome.

Roudou. Redoul. (Voyez *Redou.*)

Rouget, Rouxet. La couleur orangée de ce Champignon lui a valu le nom de *Rouget*. (Voy. *Iranget.*)

Roulh. Tronçon cylindrique d'arbre. — Par extension, un *roulh de tèlo* est une pièce de toile roulée sur elle-même et ayant la forme cylindrique d'un tronçon d'arbre.— (Pour l'orthographe et la prononciation, voir ce qui a été dit aux mots *Grelh, Talh.*)

Roulha. Couper, scier un tronc d'arbre à longueurs, en conservant la forme cylindrique. Ex.: *Roulhas aquel bouès à quatre pans ;* Sciez ce bois à tronçons de quatre pans.

Roulla. Ce nom ne serait-il pas le même que celui d'*Hèrbo roullan*? S'il en est ainsi, c'est par erreur qu'on le donne à une plante autre que le *Chardon roulant.* Quoi qu'il en soit, on appelle vulgairement *Roullà* la Véronique des bois ou Fausse Germandrée, *Veronica chamædrys* L. Scrofulariacées. (Voy. *Berounico.*)

Roumanì. (Du latin *rosmarinus*.) Romarin, *Rosmarinus officinalis* L. Labiées. Le Romarin ne croît spontanément que dans la partie chaude et basse de notre arrondissement. Les sommités fleuries sont aromatiques, stimulantes, stomachiques. Elles font partie de quelques préparations pharmaceutiques. On en retire une huile essentielle.

Roume. (Du latin *rubus, rustum,* buisson, ronce.) Ce nom s'applique aux *Rubus discolor* Weihe et Nees, **R.** *collinus* D. C., *R. glandulosus* Bell., var. *micranthus* Gr. et Godr., et généralement à toutes les espèces de Ronce. Ces arbrisseaux servent à faire des haies. Leurs feuilles sont astringentes, ainsi que leurs fruits, appelés *Mûres.* — C'est une Ronce qui produit les *framboises.* (Voy. *Amourèu, Amouro, Bartàs.*)

Roume das camps. (Du latin *rubus, rustum,* ronce ; *camp,* mot d'origine celtique, champ ; dénomination indiquant l'habitat de la plante.) Ronce des champs. Il y en a deux espèces : la Ronce à fruit bleu, *Rubus cæsius* L., et la Ronce des champs, *Rubus agrestis* Waldst. et Kit. (*R. cæsius,* var. *agrestis* Weihe Nees.) Rosacées.

ROUMES, au pluriel, signifie hallier, buisson épais, touffe de Ronces, d'Épines. Pris dans cette acception, ce mot comprend la *Roume* proprement dite, l'*Agruneliè* et l'*Aubrespi*. — *Roume* et *Bartàs* sont synonymes. (Voy. *Bartàs*.)

ROUMEGAS. (Racine, *roume*.) Ronceraie, lieu rempli de Ronces, hallier. (Voy. son synonyme *Bournigàs*.)

ROUQUETO. (Du latin *eruca*.) Chou-roquette, vulgairement Roquette. *Eruca sativa* Lamk. (*Brassica eruca* L.) Crucifères. Cultivée dans les jardins potagers et subspontanée çà et là. Excitant stomachique ; antiscorbutique comme toutes les Crucifères. Elle fait partie de la *Salado menudo*. (Voy. ces mots.)

ROUSÈLO. (Racine, *rouxe*, de la couleur rouge de ses fleurs.) Pavot rouge des champs, vulgairement Coquelicot. On appelle ainsi non-seulement le Pavot coquelicot, *Papaver rhœas* L., le plus commun de tous, mais encore le P. à massue, *P. argemone* L.; le P. douteux, *P. dubium* L., et le P. hybride, *P. hybridum* L. Papavéracées. Mêlés aux fourrages, ces Pavots prédisposent au météorisme et même occasionnent l'empoisonnement ; il faut donc s'opposer à leur multiplication, qui est très-rapide. Jeunes, on les mange sans inconvénient cuits avec d'autres plantes, ou, crus, en salade ; ils font partie de la *Salado menudo*. (Voy. ces mots.) Leurs fleurs sont anodines et pectorales ; le vulgaire les regarde comme sudorifiques. — Le Coquelicot est le symbole de la beauté éphémère : ses grandes et belles corolles rouges se fanent, en effet, peu de temps après leur épanouissement.

ROUSENABRE. (Du grec κιννάβαρι, cinabre, couleur rouge.) C'est le nom que l'on donne à la Patience crépue, *Rumex crispus* L. (Polygonées) et à plusieurs autres *Rumex*. Il est probable que le mot *rousenabre* a servi primitivement à désigner la Patience rouge, *Rumex nemorosus* Schrad, var. *coloratus* (R. *sanguineus* L.), dont les tiges et les nervures des feuilles sont pourpres, et peut-être aussi la P. à feuilles obtuses, *R. Friesii* Gr. et Godr., var. *discolor* Koch. (*R. purpureus* Poir.), dont les jeunes rameaux, les pétioles et les nervures des feuilles, sont plus ou moins rouges. (Voy. *Lengo-de-biòu.*)

Rousiè. (Du latin *rosarium.*) Rosier. Parmi les nombreuses espèces et variétés de Rosiers cultivées comme plantes d'agrément, nous ne citerons que le Rosier de Damas, dit des Quatre-Saisons, *Rosa damascena* Willd., et le Rosier à cent feuilles, *R. centifolia* L. Leurs pétales fournissent une huile essentielle très-suave. — Les produits dont les roses sont la base s'emploient comme médicaments et comme parfums. Le genre *Rosa* est le type de la famille des Rosacées. — De tout temps on a comparé une jeune fille à un bouton de rose. — Une couronne de roses est l'emblème de la récompense de la vertu.

Rousiè salbage. (Du latin *rosarium, sylvaticum.*) Rosier sauvage. Sous cette dénomination se trouvent compris les *Rosa canina, sempervirens, arvensis, rubiginosa,* etc., et toutes les autres espèces spontanées. (Voy. *Ratotiouliè, Batotioulo.*)

Roussergue. (Du latin *raphanistrum* (?).) Radis sauvage, Ravenelle. *Raphanus raphanistrum* L. et *R. landra* Moretti, *in* D.C. Crucifères. Ces deux espèces, longtemps confondues par les botanistes et que le vulgaire confondra toujours, sont très-communes dans les moissons ; il faut les détruire. Leurs graines, mêlées au Blé ou au Seigle, ont souvent occasionné une maladie particulière, la *raphanie.*

Rudo. (Du latin *ruta,* rue.) Nous en avons deux espèces : la Rue fétide, *Ruta graveolens* L., cultivée dans les jardins, et la Rue à feuilles étroites, *R. angustifolia* Pers., spontanée dans les lieux arides, calcaires. La Rue contient une grande quantité d'huile volatile, à laquelle elle doit son odeur forte et désagréable. Elle entre dans plusieurs préparations officinales. Les Arabes tiennent cette plante en grande estime, et les commères de notre localité la considèrent comme une véritable panacée. Toutefois son emploi peut, dans certains cas, avoir les conséquences les plus graves. — Le genre *Ruta* a donné son nom à la famille des Rutacées.

Rumat. Littéralement, roussi, brûlé, probablement parce

qu'on a comparé à l'odeur de brûlé l'odeur forte , alliacée, qu'exhale la plante lorsqu'on la froisse entre les doigts. — Alliaire. *Erysimum alliaria* L. Crucifères. Antiscorbutique. Inusitée. Les animaux la mangent avec plaisir d'après certains auteurs, selon d'autres ils la dédaignent. *Adhùc sub judice lis est.*

Rusco. Écorce d'arbre. — Écorce de Chêne pour tanner les cuirs; réduite en poudre grossière, elle porte le nom de *tan*. (V. *Garric, Garroulho.*) — *Rusco* signifiant écorce d'arbre, en général, vient du celtique *ruksas;* lorsqu'il veut dire tan, le mot *rusco* tire son origine du grec ῥοῦς.

S

Sabino. (Du latin *sabina.*) Sabine. L'arbrisseau qui porte ce nom dans notre arrondissement n'est certainement pas la Sabine, *Juniperus sabina* L., plante des Alpes et des Pyrénées, mais bien le Genévrier de Phénicie, *Juniperus phœnicea* L. (Cupressinées), commun dans la région méditerranéenne. Nos bouviers, après avoir réduit en poudre cette plante, qu'ils croient fermement être la Sabine, la mêlent avec du vin et la font prendre à leurs vaches. C'est, d'après eux, un apéritif et un aphrodisiaque. Son emploi doit bien répondre à leur attente ! (Voy. *Introduction*, page vi.)

Sabo. (Du celtique *saba,* dont le latin a fait *sapa.*) Séve, humeur nutritive des végétaux.

Sabounèlo. (Voy. *Sabouneto.*)

Sabouneto. (Racine, *sabou;* du latin *sapo,* savon.) Savonnette, Saponaire. *Saponaria officinalis* L. Silénées. Plante médicinale, dépurative. Elle contient de la *saponine,* substance qui rend l'eau visqueuse, la fait mousser et lui communique la propriété de nettoyer les étoffes de laine à la manière d'un savon ; de là, le nom de *Sabouneto.*

Safrà, Safrò. (De l'arabe *zafron* ou *zahafran,* tiré de *ass-*

far, mot arabe qui signifie jaune.) Safran. Ce nom s'applique aux stigmates desséchés du Safran, *Crocus sativus* L. Iridées. Ils sont employés comme médicament et comme assaisonnement, et servent à colorer et à parfumer. Le principe colorant du Safran est la *polychroïte ;* il faut, dit-on,153,600 fleurs pour obtenir 1 kilo de Safran sec. — On a cru jadis que le Safran, pris en infusion légère, donnait de la gaîté et que son usage immodéré le rendait dangereux. Aussi a-t-on fait de cette plante l'emblème de l'abus.

SALADO MENUDO. (Du latin *salata, minuta*.) La Salade menue, composée de menues et jeunes herbes, *Salade d'hiver*, est un mélange plus ou moins complet des différentes espèces suivantes : *Aganèl, Aripounxou, Capou, Caunil, Cerfun, Chicouréio, Couscourilho, Crussoun, Douceto, Douceto d'aigo, Espinart, Gras-Capou, Laxairou, Laxugo, Laxugo d'aigo, Mal-d'èls, Nanitor, Pato-de-passerat, Pèl-de-grapaut, Pèrd-toun-tems, Rouqueto, Rousèlo, Touralienco.* (Voy. ces divers mots.) Toutes ces plantes se mangent crues en salade, ou cuites préparées comme les Épinards.

SALARANIO. (Du latin *chelidonium*.) Grande Chélidoine, Éclaire. *Chelidonium majus* L. Papavéracées. Plante dangereuse ; jadis on la croyait bonne pour les ophthalmies, d'où son nom d'*éclaire*. Son suc jaune, âcre et caustique, détruit, dit-on, les verrues. Elle contient de la *chélidonine* et de l'*acide chélidonique*. Sa racine renferme un alcaloïde, la *chélérythrine* (Probst et Poplex).

SALBIO. (Du latin *salvia ;* de *salvare*, guérir.) Sauge officinale, Herbe sacrée, Thé d'Europe. *Salvia officinalis* L. Labiées. Anciennement la Sauge a joui d'une grande réputation, témoin son nom latin, *Herba sacra*, et ce vers de l'École de Salerne :

> *Cur moriatur homo cui* SALVIA *crescit in horto?*

Ce qui veut dire en bon patois :

> *L'home deu-ti crenta la mort*
> *Quand a la* SALBIO *dins soun hort?*

De nos jours, le mérite hyperbolique de cette plante a été

réduit à sa juste valeur. On la regarde comme un aromatique excitant, tonique, mais on l'emploie très-peu. *Sic transit.....Salvia!* — C'est encore une Sauge que le vulgaire a baptisée d'un nom aussi exagéré dans sa longueur que dans sa signification : *Bèni-me-quèrre-que-te-guerirèi*. (Voy. ce mot ou plutôt cette phrase.)— Une plante si estimée ne pouvait que devenir le symbole de l'estime.

Salbio salbajo. (Du latin *salvia, sylvatica.*) Sauge sauvage, Phlomide à feuilles de Sauge, *Phlomis lychnitis* L. Labiées. Inusitée.— Bien qu'elle ne soit pas une Sauge, son port et son facies, semblables à ceux de la Sauge officinale, justifient jusqu'à un certain point son nom vulgaire de *Salbio salbajo*.

Saleces. (Du latin *salices,* saules.) Oseraie, Osiers.

> ... *Fugit ad* Salices *et se cupit ante videri.*
> Virg.

Sanguì. (Du latin *sanguinus.* Sanguinus, *quædam parva arbor, quòd cortex et fructus ejus sit sanguinei coloris. — Ad arborem quam rustici* Sanguinum *vocant...*Du Cange, *Glossarium,* t. III, col. 697.) Sanguinelle, Cornouiller sanguin. *Cornus sanguinea* L. Cornées. Il sert à faire des haies. Le bois est employé par les tourneurs ; les jeunes rameaux, par les vanniers. Les bestiaux en mangent les feuilles. On extrait de ses fruits une huile bonne à brûler.

Sanissoù. (Il est très-naturel de faire dériver *Sanissoù* du latin *senecio;* mais ne pourrait-on trouver à ce mot une autre étymologie? Le Seneçon étant une nourriture très-recherchée des lièvres, des lapins et de certains oiseaux, par conséquent *très-saine,* le mot *Sanissoù* ne peut-il pas venir du latin *sanissimus (cibus* sous-entendu)?) Seneçon. *Senecio vulgaris* L. Corymbifères. Les petits oiseaux de volière en sont très-friands. Plus nuisible qu'utile et se propageant rapidement. — Pour cette plante, comme pour bien d'autres, plusieurs espèces sont confondues sous le même nom générique.

San-Miquèl, San-Miquelet. (De ce qu'il vient à l'époque

de la St-Michel.) St-Michel, Petit St-Michel, Couleuvrée,
Agaric marbré. *Agaricus colubrinus* Bull. (*Ag. procerus* Pers. (an
Scop?); *Ag. clypeatus* L.) Ce Champignon est comestible et
très-recherché. — A Fraisse, il porte le nom de *Brugassou*.
(Voy. ce mot.)

SANTURÈO. (Du grec κεντχύριον, en latin *centaurium,* centaurée.) Cette plante a reçu les noms de Centaurée, Petite Centaurée, Herbe à Chiron, Herbe au Centaure; non parce qu'elle
est une Centaurée, elle n'a rien de commun avec le genre *Centaurea,* mais parce que les Grecs attribuaient au centaure Chiron la découverte de ses propriétés. C'est l'*Erythræa centaurium* Pers. Gentianées. Tonique, stomachique, fébrifuge. Elle
contient une matière cristallisable, l'*érythro-centaurine,* qui
devient d'un rouge vif par son exposition aux rayons solaires.

SAPIN. Sapin. Outre les Pins, deux espèces de Sapin ont
servi au reboisement partiel de nos montagnes : le Mélèze
d'Europe, *Abies larix* Lamk. (*Pinus larix* L.), et l'Epicéa, *A.
excelsa* D. C. (*Pinus abies* L.) Le bois des Pins et Sapins sert
pour mâtures, constructions, meubles. On en retire la *colo-
phane,* le *galipot,* la *poix blanche* ou *de Bourgogne,* la *poix-ré-
sine,* la *poix noire,* les *brais gras* et *sec,* le *goudron,* le *noir de
fumée,* la *térébenthine* et son huile essentielle. Les *bourgeons* ou
gemmes de Sapin du Nord sont diurétiques, béchiques.

SARIGONIO. (Voy. *Salaranio.*)

SARRAIS. Millet ou Panis sanguin. *Panicum sanguinale* L.,
Digitaria sanguinalis Scop., *Paspalum sanguinale* Lamk. Graminées. Plaît aux bestiaux.—La plante que l'on nous a dit être
le *Sarrais* est bien le *Panicum sanguinale* L., mais on a dû se
tromper. Dans le Tarn, on appelle avec juste raison *Sarraic* le
Millet verticillé, *Setaria verticillata* P. B. (*Panicum verticilla-
tum* L.), parce que la panicule spiciforme de celui-ci, très-
rude et accrochante, avec bractées munies d'aiguillons, étran-
gle souvent les oisons en s'arrêtant dans leur gosier, et que
le mot *sarraic* signifie *étrangle-oison,* si l'on admet qu'il est

formé par contraction et altération des deux mots patois *sarra*,
serrer, étrangler, et *aucoù*, oison. En langue celtique, *sarra*
veut dire *fermer*, serrer, et *aouch* signifie *oie*.

Sarrais-panissiè. (*Panissiè*, racine *panis*, du latin *panis*, signifie porte-panis, porte-millet.) Pied-de-coq. *Panicum crus-
galli* L., *Echinochloa crus-galli* P. B. Graminées. Coupé en
vert, c'est un bon fourrage pour les vaches.

Sarsifì. Salsifis des jardins, Salsifis à feuilles de Poireau.
Tragopogon porrifolius L. Chicoracées. Sa racine est alimentaire ; inusitée comme pectorale. Cette espèce, comme toutes
celles du genre *Tragopogon*, est très-bonne dans les pâturages.
(Voy. *Bouxibarbo, Racinos.*)

Saüc et **Sambùc.** (Du sanscrit *bhuka*, trou ; *sambhuka*, tige
creuse ; en latin *sambucus*.) Sureau commun. *Sambucus nigra*
L. Caprifoliacées. Les fleurs passent pour diaphorétiques, résolutives. On prépare avec les baies le *rob de Sureau*, sudorifique peu employé. Avec des fragments de Sureau, dont ils
enlèvent la moelle, les enfants font des canonnières, *esclaufi-
dous*, onomatopée de la détonation que produit l'air comprimé
en s'échappant de la canonnière.

Sause. (Du grec οἰσύα, saule, qui lui-même vient du sanscrit *vécya*, plante à rameaux flexibles ; *vé* sanscrit devenant
habituellement οι en grec. (Eug. Fournier, *loc. cit.*) En latin,
salix.) Primitivement on a dit *salze*, saule ; *salso*, sauce ;
malbo, mauve, mots encore en usage dans le haut Languedoc ;
plus tard *salze, salso, malbo*, subissant une nouvelle altération, sont devenus *sause, sausso, maubo.* — Saule, Saule blanc.
Salix alba L. (Salicinées) et quelques autres espèces. (Voy.
Amarino, Bedisso, Bourdièiro, Bim, Saleces.)

Sause plouraire. (*Sause*, même étymologie ; *plouraire*, du
latin *plorans.*) Saule pleureur, Saule de Babylone. *Salix baby-
lonica* L. Salicinées. Originaire d'Orient. Emblème de deuil,
il sert à l'ornementation funèbre des tombeaux, au-dessus des-
quels se balancent tristement ses longs rameaux pendants. Il

nous rappelle le magnifique psaume : *Super flumina Babylonis...*

SEGA. (Du latin *secare,* couper.) Scier, couper le blé ; moissonner.

SEMEN. (C'est le mot latin *semen,* que nous avons conservé sans autre altération qu'une très-légère différence dans la prononciation.) Semence, grains et graines destinés à être semés. — *Blat de semen,* Blé de semence, Blé à semer.

SEMENA. (Du latin *seminare.*) Semer, ensemencer ; répandre sur une terre préparée du grain, de la graine.

SEMENALHOS. (Du latin *seminalis,* qui concerne la semence, la graine.) Semailles, ou saison, action de semer.

SEMENAT. (Du latin *seminatus.*) Champ nouvellement ensemencé.

SEMENÌLHOS. (Du latin *seminalis.*) Diminutif de *semen.* Menues semences, menues graines. *Semenilhos de Jalbert, de Nap;* semences de Persil, de Navet. — Petites semailles; saison, action de semer les petites graines : *Es lou tems de las semenilhos,* C'est la saison des petites semailles ; *Cal fa las semenilhos,* Il faut faire les petites semailles, semer les menues graines. — Semis, petites graines semées : *Aquì de semenilhos de Caulet,* Voilà un semis de Choux.

SERBIÈ. (Du latin *sorbus.*) Sorbier, Cormier. *Sorbus domestica* L. Pomacées. Cultivé. L'écorce peut être employée pour la teinture en noir et le tannage. Le bois est bon pour ébénistes, menuisiers, armuriers, graveurs.— Les fruits, *sorbes, cormes,* très-astringents avant leur maturité, sont comestibles quand ils ont blessi. Fermentés, ils donnent une boisson agréable, dont on peut extraire de l'eau-de-vie.

SÈRBO. (Du latin *sorbus.*) Sorbe, corme, fruit du *Serbiè.* (Voyez ce mot.)

SEROUDO. (Du latin *serotinus,* tardif, parce qu'on le sème au printemps, c'est-à-dire tardivement ; de là son nom de *Blé de mars.*) Blé trémois, Froment, Blé d'été. *Triticum vulgare* Vill., var. *æstivum* L. Graminées. (Voy. *Blat.*)

SÈRPOÙL. (Du grec ἕρπυλλον, serpolet; racine, ἕρπειν, ramper; le latin l'a traduit par *serpillum.*) Serpolet. (Voy. *Menudet.*)

SIAL, SIGAL. (Du celto-breton *segal,* ou du basque *cekalea,* seigle, dont le latin a fait *secale,* seigle.) Seigle commun ou cultivé. *Secale cereale* L. Graminées. Une de nos plus précieuses céréales, le Seigle, à cause de sa rusticité, vient à toutes les expositions et dans tous les terrains où le Blé ne réussirait pas. Le grain sert à la nourriture de l'homme et des animaux domestiques; donnée en vert, la plante est un très-bon fourrage; on emploie la paille pour emballages, liens, paillassons, etc. Dans la médecine populaire, on fait, avec la farine de Seigle et le miel, des cataplasmes résolutifs.

SIAL CARBOUNADO. (Du celto-breton *segal,* seigle; du latin *carbo,* charbon.) Seigle charbonné, Seigle ergoté, Ergot de Seigle. Ce produit anormal se développe sur les épis de quelques céréales, et notamment sur celui du Seigle, *Secale cereale* L. De Candolle le considéra comme un Champignon et le nomma *Sclerotium clavus* (*sphacælia* de Léveillé). D'après Schlenzig, l'Ergot est une altération morbide du grain, causée par la piqûre d'un insecte, le *Rhagonycha melanura.* — Substance officinale, hémostatique, obstétricale, *très-vénéneuse.* Son mélange dans le pain détermine, chez ceux qui en mangent, l'*ergotisme,* sorte d'ivresse suivie de prostration et de gangrène. — Son principe actif médicamenteux est l'*ergotine;* son principe vénéneux, bien différent de celle-ci, paraît résider dans l'huile grasse, un des nombreux matériaux qui constituent l'Ergot de Seigle. — Terminons cet intéressant article par une simple question qu'il nous a été impossible de résoudre. La loi défend aux pharmaciens de délivrer le Seigle ergoté et l'ergotine sans une ordonnance portant la signature d'un médecin: comment se fait-il que les sœurs de l'hospice de Saint-Pons *ordonnent* et *vendent* impudemment et impunément l'*Ergot de Seigle* et l'*ergotine,* sans prescription médicale, lorsque, obéissant à la loi, les pharmaciens de la ville non-seulement n'ordonnent pas, mais refusent même de vendre ces médicaments ?

Sinegrè, Senegrè. (Du latin *sanum*, saine ; *granum*, graine.) Fenugrec, Sénegré, Saine graine, Trigonelle fenugrec. *Trigonella fœnum-græcum* L. Papilionacées. Cette plante est un bon fourrage ; on en fait des prairies artificielles. Les semences, employées en médecine vétérinaire, sont mucilagineuses, adoucissantes.

Sinèlo. Senelle. Pour nous, c'est le fruit capsulaire du Buis (Voy. *Bouis*), dont les enfants s'amusent à faire des chapelets ; dans d'autres parties de la France, on appelle vulgairement *Senelle* le fruit de l'Aubépine, que nous désignons, nous, sous le nom de *Poumeto.* (Voy. ce mot.)

Siure. (Du latin *suber*.) Liége, Chêne-Liége. *Quercus suber* L. Cupulifères. L'écorce élastique, épaisse, constitue le *liége*. qui donne un charbon très-doux, nommé *noir d'Espagne,* dont on fait une *encre de Chine.*

Souc. (De l'allemand *stock*.) Gros tronc d'arbre coupé, brut ou équarri, sans racines. Au mot *souc* s'attache toujours l'idée de grosseur ; ainsi le *souc* est toujours gros. La *souco,* jamais d'un aussi fort volume, est souvent très-petite et munie de ses racines. Le *souc* est un tronc très-volumineux d'arbre *coupé ;* le *pesegòt,* un tronc d'arbre *sur pied,* gros ou petit. (Voy. *Pesegòt.*)

Souci. Souci. C'est le nom qu'on donne au Souci des champs, *Calendula arvensis* L., et au Souci des jardins, *C. officinalis* L. Corymbifères. Les feuilles passent pour résolutives, les fleurs pour stimulantes. Inusitées. Il faut arracher le Souci sauvage, qui se multiplie très-facilement dans les terres cultivées.— Le mot *souci,* autrefois *solsi,* vient du latin *solsequium* (racine, *solem, sequi ;* suivre le soleil). Ses fleurs, ouvertes de neuf heures du matin à trois heures du soir, se tournent toujours vers le soleil. — Cette plante est l'emblème du chagrin, des peines de l'âme.

Souco. (Racine, *souc*. Voy. ce mot.) Souche, partie inférieure du tronc d'un arbre, munie de ses racines et séparée du reste de l'arbre. — *Souco* signifie aussi pied de vigne.

Souquet, Souqueto. Bien que le premier de ces mots soit le diminutif de *souc* et le second celui de *souco,* ils sont synonymes et doivent se traduire par *petite souche.*

Sourrai. Ce mot nous paraît être le même que *sarrais, sarraic.* Quoi qu'il en soit, dans certaines localités, il sert à désigner la Setaire verte, Panic vert, *Setaria viridis* P. B. (*Panicum viride* L.) Plante de la famille des Graminées.

Sucre-bert. (Du latin *saccharum,* σάκχαρον des Grecs, sucre ; *viride,* vert.) Sucre-vert. Sorte de poire ainsi nommée parce que sous sa peau, verte à l'extérieur, se trouve une chair sucrée.

Surfun. Cerfeuil. (Voy. *Cerfun.*)

T

Tabat. (Du latin *tabacum,* qui, lui-même, vient de *Tabago,* nom de l'île patrie de cette plante. Il fut importé en France par Jean Nicot, en 1560.) Tabac, Nicotiane. *Nicotiana tabacum* L. Solanées. Plante cultivée, médicinale, rarement employée, et seulement à l'extérieur ; poison narcotico-âcre très-énergique. Son principe le plus actif est la *nicotine,* toxique si violent, qu'une goutte suffit pour tuer un chien. — Les feuilles de Nicotiane, fermentées et diversement préparées, sont vendues par la régie sous le nom de *Tabac.* Le Tabac à priser et à fumer, tout le monde le sait et le Gouvernement ne l'ignore pas, est un violent poison ; il se trouve néanmoins à la portée du premier venu, même d'un enfant. Comment se fait-il que les feuilles de Nicotiane ne puissent être débitées que sur ordonnance de médecin, après de longues et minutieuses formalités et sous l'accablante responsabilité du pharmacien, seul autorisé à les délivrer?

Talbero. (Voy. *Tarbero.*)

Taledo. (Voy. *Aledo.*)

Talpiè. (Racine, *talpo;* du latin *talpa,* taupe.) (Voy. *Hèrbo de las talpos.*)

Tamarìs. (Du latin *tamarix* ou *tamaricus.*) Tamarisque de France. *Tamarix gallica* L. Tamariscinées. Planté pour orner les bosquets et pour établir des abris contre le vent.— Un fait qui mérite, croyons-nous, d'être signalé, c'est l'absorption du sel marin par le *Tamarix gallica,* croissant dans un terrain non salé. En mai 1863, près d'Aiguesvives, entre Narbonne et Saint-Pons, nous avons constaté que cet arbrisseau, vivant à plus de 30 kilom. de la mer, à une altitude de plus de 160 mètres, présentait dans ses feuilles une saveur salée bien prononcée. Parmi les matériaux qui concourent à sa nutrition, évidemment il choisit dans le sol le chlorure de sodium en quantité notable et se l'assimile.

Tana. (Du grec θάλλω, je pousse des branches.) Thaller ou taller, monter en tige, mettre la tige. *Tanà* ne se dit qu'en parlant des plantes herbacées, annuelles ou bisannuelles. *Aquelos laxùgos coumençou à tanà;* Ces laitues commencent à monter en tige ou en graine. (Voy. *Tàno.*)

Tanarido. (Du latin *tanacetum.*) Tanaisie. *Tanacetum vulgare* L. Corymbifères. Amère, stimulante, anthelmintique. Placée entre les matelas, elle chasse, dit-on, les puces et les punaises. Si le fait est vrai, — et nous serions porté à l'admettre, — on doit l'attribuer à l'huile volatile de la plante; il faut donc employer celle-ci à l'état frais. — La Tanaisie compte au nombre de ses éléments l'*acide tanacétique* (Peschier) et un principe amer, la *tanacétine* (Frommherz, Leroy).

Tanc. Bûche, morceau de bois de chauffage.

Tano. (Par corruption du grec θαλλός, rameau; de θάλλω, je pousse des fleurs, des branches.) Ne se dit qu'en parlant des plantes herbacées. La *tàno* est pour ces dernières ce que sont la *branco* et le *ramèl* pour les plantes ligneuses; la *tàno* est annuelle, la *branco* et le *ramèl* sont vivaces. — Thallé ou talle; jeune tige, jeune rameau. Ce mot n'est guère usité qu'au pluriel. *Las tànos* sont les sommités fleuries du Chou rouge, avant l'épanouissement des fleurs. On les mange préparées comme les Asperges.

Tanòc. Ce mot peut être considéré comme un diminutif de *tanc;* dans ce cas il signifie petite bûche, fragment de branche d'arbre, de tronc ou tige d'arbuste. — Quelquefois il est synonyme de *Calòs* (voy. ce mot); ainsi on appelle *un tanòc de Caulet,* une tige de Chou dépouillée de ses feuilles. (Voy. *Retanòc.*)

Taperiè. (Du grec κάππαρις.) Câprier. *Capparis spinosa* L. Capparidées. On cultive cet arbrisseau dans la partie basse de l'arrondissement. L'écorce de sa racine passe pour diurétique. (Voy. *Capriè, Capro, Tapero.*)

Tapero. Câpre. Les boutons floraux du Câprier épineux, conservés dans le vinaigre, constituent les Câpres. Condiment très-usité.

Taraspìc, Talaspìc. (Par corruption du mot *thlaspi,* que le latin a emprunté au grec θλάσπι.) Les plantes cultivées sous ce nom dans les parterres ne sont pas des Thlaspis, mais bien des Ibérides: *Iberis garrexiana* All., *I. umbellata* L., etc. Crucifères.

Tarberò. On appelle ainsi deux plantes ayant le même habitat, mais différentes d'aspect et de famille, et que leur facies ne permet pas de confondre: l'une est la Renoncule flammette, *Ranunculus flammula* L. (Ranunculacées), et l'autre, le Rossolis à feuilles rondes, *Drosera rotundifolia* L. (Droséracées). Ce qu'il y a de remarquable, c'est qu'on donne le nom de *Tarbero* à deux espèces douées, l'une et l'autre, de propriétés âcres, caustiques et vésicantes, espèces nuisibles à la race ovine; *l'une et l'autre,* nous a-t-il été dit, *maudites de tous les bergers.* Nous pensons que le mot *tarbero,* exprimant l'action malfaisante de ces plantes, est d'origine grecque et vient de ταρβαλέος, terrible. On dit bien aussi *talbero* par métathèse,

figure très-fréquente dans notre dialecte, mais c'est *tarbelo*
qu'il faudrait dire et que l'on a dit primitivement. C'est aussi
par métathèse que nous disons *crambo* pour *cambro* (chambre),
crabo pour *cabro* (chèvre), *croumpa* pour *compra* (acheter),
comme on disait au XIIIe siècle.

TARNÌGO. (Voy. *Arnigo*.)

TARTALIÈXE, TARTARIÈXE, TARTALIÉGE. Crête-de-coq. On
donne ce nom aux diverses espèces de *Rhinanthus*. Scrofulariacées. Les Crêtes-de-coq sont des plantes qu'il faut détruire.
Leur présence est l'indice de la mauvaise qualité et de la sté-
rilité des prairies où elles se multiplient rapidement.

TÉ. (Du latin *thea*.) Thé. S'il est une plante peu connue et
sur l'identité de laquelle le vulgaire ait les notions les plus er-
ronées, c'est bien certainement la plante dont il est ici question. Nous savions bien que les diverses sortes de thé du commerce proviennent du Thé de la Chine, *Thea chinensis* (Camel-
liacées), arbrisseau de la Chine, du Japon, etc., et dont il y a
deux variétés, le *Thea bohea* L. et le *T. viridis* L. Mais quelle
fut notre surprise quand on nous dit que le Thé croît non-
seulement en France, mais à Saint-Pons même ! Nous vou-
lûmes le voir, et, pour satisfaire notre curiosité ou plutôt
notre désir d'apprendre, diverses personnes — très-obligeantes
d'ailleurs et que nous remercions sincèrement — nous appor-
tèrent les espèces les plus hétérogènes, croyant et nous certi-
fiant, chacune de son côté, que celle qui nous était présentée
était bien le *véritable Thé*.

Les plantes décorées, on ne sait trop pourquoi, du nom de
Thé sont : 1° la Crapaudine, Épiaire dressée, *Stachys recta* L.
(Labiées); 2° la Crapaudine velue, *Sideritis hirsuta* L.(Labiées),
spontanées çà et là ; 3° l'Ansérine odorante, *Chenopodium am-
brosioides* L. (Salsolacées), originaire du Mexique et natura-
lisée en France, cultivée dans les jardins ; 4° la Centaurée
de montagne, *Centaurea montana* L. (Cynarocéphales), également cultivée dans les jardins. Non content de ces quatre
créations de Thé, le vulgaire en a imaginé une cinquième :

lou Tè bourrut. Ce prétendu *Thé velu* est l'Épiaire d'Allemagne, *Stachys germanica* L. (Labiées), dont le tomentum justifie parfaitement l'épithète *bourrut*[1]. Commun en France, il ne se trouve à Saint-Pons que dans quelques jardins. La différence est néanmoins bien grande, pour l'arome et la saveur, entre ces cinq pseudo-thés et le véritable Thé, qui, dans les pays de production, est aromatisé avec les feuilles et les fleurs de l'Olivier odorant. (Voy. *Ouliu.*)

L'*Ansérine odorante* ou *Ambroisie* serait l'emblème de l'insulte, parce que, dit-on, dans plusieurs provinces d'Italie, pour insulter quelqu'un, il suffit de lui présenter un rameau de cette plante.

Tel. (Du latin *tilia*.) Tilleul. Cultivé chez nous, ce bel arbre n'est pas spontané dans nos bois. Notre espèce est le Tilleul à larges feuilles, *Tilia platyphyllos* Scop. Tiliacées. Les fleurs sont antispasmodiques et légèrement diaphorétiques ; le bois est léger, blanc et tendre ; l'écorce, fibreuse, peut servir à faire des cordes. — Tout le monde connaît la légende mythologique de Philémon et Baucis. Après la métamorphose de celle-ci en Tilleul, cet arbre devint l'emblème de l'amour conjugal.

Toumato. (De l'espagnol *tomata*.) Vulgairement Tomate, Pomme d'amour, Morelle tomate. *Solanum lycopersicum* L. Solanées. Plante potagère, originaire de l'Amérique méridionale. Le fruit, également appelé *tomate*, sert dans l'art culinaire.

Toumatat. (Racine, *toumàto*.) Extrait de tomate, pulpe concentrée du fruit.

Touralienco. (Du latin *littoralis*, qui habite les *tourals* (*littora*, les rivages), les bords. Cette plante, en effet, se trouve ordinairement aux bords des champs et des vignes, et, comme on le voit, c'est à son habitat qu'elle doit le nom de *Touralienco*, qu'elle porte à Saint-Chinian. — Picridie commune, vulgairement Terre grepie, *Picridium vulgare* Desf. Cette plante, de la

---

[1] Racine, *bourro ;* du latin *burra*. (Voy. *Bourrou.*)

tribu des Chicoracées, est connue à Montpellier sous le nom
de *Terra grepia,* et sous celui d'*Escarpouleto* dans le Gard. Elle
fait partie de la *Salado menudo.* (Voy. ces mots.)

Tousèlo. Touselle, Froment dont l'épi est sans barbe, Froment d'hiver. *Triticum vulgare* Vill., variété *hybernum* L. Graminées. (Voy. *Seroudo, Blat.*)

Trapo-mousco. (Voir, pour l'étymologie, *Trepe;* du latin
musca, mouche.) Attrape-mouche, de ce que les petits diptères
vont s'engluer au sommet visqueux de ses tiges. Cette dénomination sert à désigner deux espèces voisines : le Silène à
fleurs penchées, *Silene nutans* L., et le Silène d'Italie, *S. italica*
Pers., plantes de la famille des Silénées. Une troisième espèce,
dans certaines localités, porte, à bon droit, le nom d'Attrape-
mouche: c'est le *Silene muscipula* L.

Trauco-sac. (De *trauca,* trouer; racine, *trauc,* trou ; du grec
τρύω, je brise, je troue. — *Sac,* du celtique *sak,* dont les Latins
firent leur *saccus.*) Littéralement *troue-sac,* parce que ses épillets, mêlés au fourrage ou au grain, trouent les sacs, les toi-
les d'enveloppe. On appelle ainsi le Brome stérile, *Bromus
sterilis* L. (Graminées), avec lequel on confond souvent le
Brome des toits, *Bromus tectorum* L. et probablement d'autres espèces. — Ces deux plantes sont regardées comme mauvaises à cause de leurs épillets grêles, pointus à la base, qui,
une fois secs, blessent la bouche des animaux. (Voy. *Espado,
Espangassat.*)

Trefèl. (Abréviation de *tres fèlhos,* trois feuilles. Du latin
trifolium, emprunté lui-même au grec τρίφυλλον, de ce que ses
feuilles sont à trois folioles.) Trèfle, Trèfle rampant. *Trifolium repens* L. Papilionacées. Cultivé, il forme d'excellents
pâturages dans les terrains un peu frais. Tous les Trèfles sont
de bonnes plantes fourragères.

Trefiol. (Voy. *Trèflo, Trefèl, Entrefèl.*)

Tréflo. (Même étymologie que *Trefèl.* (Voy. ce mot.) Trèfle
des prés. *Trifolium pratense* L. — T. cultivé. *T. sativum* Rchb.
Papilionacées. On le cultive pour prairies de deux ans.

Trentanèl. (C'est-à-dire *trento anèls,* trente anneaux ; du latin *triginta* et *anellus,* de ce que les points d'insertion des feuilles, après la chute de celles-ci, forment sur les tiges des espèces d'anneaux très-nombreux.) Sainbois, Daphné garou. *Daphne gnidium* L. Daphnoïdées. Plante vénéneuse. Elle contient une substance cristalline, la *daphnine,* qui n'est pas son principe actif. L'écorce est officinale, vésicante.

Trèpe. (De la basse latinité *trappa,* trappe, sorte de piége. De là les mots *attraper; calcitrapa,* chausse-trape, signifiant tantôt une ancienne machine de guerre armée de *pointes,* arrêtant la marche des hommes et des chevaux, et tantôt une plante *épineuse,* qui *attrape,* retient les vêtements. De là encore le mot latin *trapa* donné à la macre, par allusion à son fruit *épineux.* Insidieux comme une chausse-trape, caché dans les herbages, le *Trèpe* forme un buisson peu élevé, *épineux,* s'accrochant aux vêtements et arrêtant la marche des individus. Donc, pour nous, *Trèpe* est synonyme de *buisson épineux,* de *chausse-trape.*) Genêt d'Angleterre. *Genista anglica* L. Papilionacées. Buisson épineux qui croît souvent dans les prairies de montagne ; nuit beaucoup à la qualité du foin auquel il se trouve mêlé.

Trescalan. Millepertuis. *Hypericum perforatum* L. Hypéricinées. Astringent, vulnéraire. Très-rarement employé. — Le mot *trescalan* est arabe. (Mary-Lafon.)

Triangle. (Du latin *tres,* trois ; *angulus,* angle ; parce que ses tiges sont triangulaires.) Triangle. C'est le nom vulgaire du Scirpe littoral, *Scirpus littoralis* Chrad. (*S. triqueter* L.), et du Scirpe maritime, *Scirpus maritimus* L. Plantes de la famille des Cypéracées. On appelle quelquefois *Triangle* le Souchet long. (Voy. *Jounc à tres costos.*)

Trilho. (Du latin *trichila,* berceau de vigne.) Pied de vigne dont les sarments, entrelacés et soutenus par un treillage, forment un berceau, un couvert. — Cep de vigne qui monte contre une muraille ou contre un arbre.

Trilho salbajo. (Du latin *trichila, sylvaticus.*) Treille sauvage ; Vigne sauvage, qui croît spontanément dans les bois, les buissons ; Lambrusque, Lambruche. *Vita sylvestris.* Ampélidées.

TROUMPO-PASTRE. (Du bas-breton *trompa,* tromper ; du latin, *pastor,* berger.) Trompe-berger. Sorte de poire dont l'extérieur peu séduisant, n'excitant pas la convoitise du gourmet, la met à l'abri d'une main rapace.

TRUFIÉIRO. (Racine, *trufo.*) Champ ensemencé de Pommes de terre.

TRUFO. (Du latin *tuber,* truffe. La pomme de terre a dû être ainsi appelée chez nous, parce que ce tubercule présente extérieurement l'aspect bosselé, irrégulier, de la truffe, et, comme elle, est extrait du sein de la terre.) La plante et le tubercule portent le même nom. — Pomme de terre, Parmentière, du nom du pharmacien Parmentier, qui en fut le propagateur. *Solanum tuberosum* L. Solanées. Originaire du Pérou, importée en Europe vers 1530, par les Espagnols : elle n'a commencé à être cultivée que vers la fin du dernier siècle à Saint-Pons, où bien des fois auparavant sévissait la disette. On a obtenu beaucoup de variétés. Enfouies ou brûlées, les tiges et les feuilles peuvent servir d'engrais. Les jeunes pousses contiennent de la *solanine,* substance vénéneuse (Desfosses). Le tubercule est un aliment précieux dans nos montagnes ; il entre pour beaucoup dans l'alimentation des hommes et des animaux domestiques : c'est le pain des pauvres. On en retire un amidon, *fécule de pomme de terre,* très-usité dans les arts, et dans l'art culinaire en particulier. Avec cette fécule, on obtient de la *dextrine,* de l'alcool, du *glycose* ou sirop de fécule, qui malheureusement — il faut qu'on le sache — sert à falsifier un grand nombre de sirops ; avec elle — il faut le dire aussi — on falsifie les chocolats, on prépare des semoules indigènes, et tel gastronome savoure bravement dans son potage la fécule de la modeste Parmentière, sous les noms prétentieux de *Sagou de l'Inde, Tapioca du Brésil.*

TRUFO NEGRO. (Du latin *tuber,* truffe ; *nigrum,* noire.) Truffe noire. Le patois ajoute à cette production végétale l'épithète *negro,* tirée de sa couleur, pour la distinguer de la *Trufo,* Pomme de terre. — Truffe. *Tuber brumale* Mich. (*T. cibarium* Pers.) Classe des Fonginées, ordre des Lycoperdacées. On en connaît plusieurs variétés. Elle chasse, dit-on, le sommeil, ce qui n'empêche pas les gourmets de la tenir en grande estime. Notre arrondissement en produit quelques-unes.

Tùco. (Du basque ou celtibère *kuya.*) Calebasse, Courge-bouteille, Gourde. *Cucurbita lagenaria* L. Cucurbitacées. Plante de l'Inde, cultivée. Autrefois on employait les graines, qui sont rafraîchissantes. Le fruit, sec et vidé, sert de bouteille, de poire à poudre. — Le mot *tùco* est synonyme de *couxo,* et signifie courge ; mais, avec cette acception générale, il est peu employé. (Voy. *Couxo, Gourdo, Tuquiè.*)

Tulìpo. (Du latin *tulipa.*) Tulipe sauvage, Tulipe. *Tulipa sylvestris* L. Liliacées. — L'espèce cultivée dans les parterres, à nombreuses et magnifiques variétés, est la Tulipe des fleuristes, *T. gesneriana* L., plante de l'Asie mineure. Quelquefois, mais improprement, on appelle *Tulipo* la Fritillaire, *Fritillaria pyrenaica* L. (*F. aquitanica* Clus.). Liliacées. — Vers l'an 1744, la Tulipe de Gesner eut une vogue immense ; les amateurs achetèrent telle ou telle variété à des prix si fabuleux, que cette fleur, d'ailleurs superbe, devint l'emblème de l'orgueil.

Tuquiè. (Racine, *tùco.*) Littéralement, courge sauvage. Navet du diable, Bryone. *Bryonia dioica* Jacq. Cucurbitacées. Le suc de la racine fraîche est vénéneux. Appliqué sur la peau, il produit des érosions. Dépouillée par des lavages réitérés de son suc et de la *bryonine,* qui en est le principe actif, la racine, souvent très-volumineuse, fournit une grande quantité de fécule alimentaire. Au point de vue comestible, cette plante, comme tant d'autres, a été détrônée par la Pomme de terre. —On mange les jeunes pousses. Les jets nombreux et grimpants servent à couvrir des tonnelles.

Dans la création des mots patois, l'opinion du vulgaire est

souvent très - judicieuse. Comment serait-elle mal fondée, quand, dédaignant toute théorie, elle se base sur des faits et qu'elle est le résultat immédiat de l'observation? Si l'on pouvait remonter à l'origine des choses, —*rerum cognoscere causas,* — on verrait, nous en sommes persuadé, que les noms par lui imposés l'ont été avec connaissance de cause, et que tous ou presque tous ont leur raison d'être. La Bryone nous en fournit la preuve. Elle n'a ni le fruit, ni la racine de la Courge; et cependant elle a été nommée *Tuquiè, Couxèiro,* deux mots patois qui, l'un et l'autre, signifient *Courge sauvage.* Il lui a bien fallu remarquer une grande ressemblance entre la Bryone et la Courge pour baptiser la première du nom de Courge sauvage, *Couxèiro, Tuquiè.* Il a donc vu et bien vu. Les botanistes, à leur tour, sont venus sanctionner cette affinité, cette *parenté,* qui rapprochait ces deux plantes, en groupant celles-ci dans la même famille des *Cucurbitacées.*

U

Ulhet rouxe. (Du latin *ocellus,* petit œil, œillet; *rubens, ruber,* dont le radical celto-breton est *ru,* rouge.) Œillet rouge. *Dianthus caryophyllus* L. Silénées. Les pétales, légèrement toniques et diaphorétiques, servent à préparer un sirop, un ratafia. On les emploie aussi en parfumerie. Cette espèce et plusieurs autres du même genre sont cultivées comme plantes d'ornement. (Voy. *Massouquet.*)

Urfrèso. (Du latin *euphrasia.*) Euphraise. Ce nom est commun à l'Euphraise officinale, *Euphrasia officinalis* L., et à l'Euphraise des bois, *E. nemorosa* Pers. Plantes de la famille des Scrofulariacées. Jadis on attribuait des propriétés ophthalmiques à l'E. officinale, d'où son nom vulgaire, immérité. de Casse-lunettes.

V

Varaire. (Voy. *Baraire.*)

X

Xaine, Chaine. Chêne blanc (Voy. *Garric*). L'étymologie de *xaine* nous est inconnue. Des trois synonymes patois, latin et français : *chaine, quercus* et *chêne,* nous croyons que le premier est le plus ancien. Dans notre Midi, où il abondait, l'arbre cher aux druides devait nécessairement porter un nom autochthone longtemps même avant l'introduction des langues latine et française, et ce nom pouvait bien être *chaine.* Donc le mot *chaine* ne viendrait ni de *quercus,* ni de *chêne.* — Le mot *chêne,* lui aussi, ne nous paraît pas dérivé du mot latin *quercus,* comme l'ont prétendu certains auteurs. La langue française, d'origine plus récente, a dû, ce nous semble, emprunter son mot *chêne* au mot *chaine* (celtique ou autre) plus ancien, conséquemment plus répandu, que celui de *quercus.* Enfin ne doit-on pas tenir compte de cette affinité d'orthographe et de consonnance qui unit entre eux les mots *chaine* et *chêne?* Cette même affinité entre *chêne* et *quercus* est évidemment inadmissible.

Xalbert. (Voy. *Jalbert.*)

Xalbert salbage. (Voy. *Jalbert salbage*)

Xalbertasso. (Voy. *Jalbertasso.*)

Xalbertino. (Voy. *Jalbertino.*)

Xancre, Chancre. Chancre, Cuscute. *Cuscuta trifolii* Babingt. et Gips. Convolvulacées. Cette plante parasite a reçu le nom de Chancre, parce qu'elle ronge et fait périr les Luzernes qu'elle envahit. Il faut la détruire avec soin. On a conseillé dans ce but le sulfate de fer en solution.

Xanoloungo. (Voy. *Janoloungo.*)

Xaussemi. (Voy. *Jaussemi.*)

Xèisso. (Voy. *Gèisso.*)

Xèl. (Voy. *Gèl.*)

Xenibre. (Voy. *Genibre.*)

Xeringla. (Par corruption du mot français.) Serynga, Seringat. *Philadelphus coronarius* L. Myrtacées. Il croît naturellement dans les vallées du Piémont et les montagnes du Caucase (Richard). Cultivé pour l'arome de ses fleurs. — Comme l'indique son nom latin de *Philadelphus* (du grec φίλος, ami; ἀδελφός, frère), le Seringat est l'emblème de l'amour fraternel. — Pourquoi, nous sommes-nous dit, ces noms de *Philadelphus coronarius?* Pourquoi cet emblème de l'amour fraternel? Voici ce que les fleurs du Seringat ont offert à notre examen. Les filets des étamines (frères) se touchent tous par la base et forment une *couronne* autour du pistil. Linné, le sagace observateur, n'a voulu voir dans cette disposition des étamines que des frères amis, se donnant pour ainsi dire la main et formant par leur union un cercle non interrompu; en un mot, une *couronne de frères amis, philadelphus coronarius.*

Xicouréio, Xicouréo. (Du latin *cichorium*, κιχώρη.) Chicorée sauvage. *Cichorium intybus* L. La Chicorée a donné son nom à la tribu des Chicoracées. Les jeunes pousses font partie de la *Salado menudo* (voy. ces mots); les feuilles servent à préparer des infusions; elles sont une très-bonne nourriture pour les lapins. Le *café chicorée* n'est autre chose que la racine torréfiée de la plante cultivée. Beaucoup de personnes croient la Chicorée purgative; c'est une erreur: elle est amère, dépurative, tonique. Très-souvent, et mal à propos, on appelle *Xicouréo* le *Mal d'èls.* (Voy. ce mot.) La première a les fleurs bleues, le second les a jaunes. (Voy. *Endebio, Escarolo.*)

Xinèst. (Voy. *Ginèst.*)

Xinèsto. (Voy. *Ginèsto.*)

Xinouflado. (Voy. *Ginouflado.*)

Xiussano. (Voy. *Giussano.*)

Xiusses. (Voy. *Giusses.*)

Xoubarbo. (Voy. *Bouxibarbo.*)

Xounc. (Voy. *Jounc.*)

Xouncasses. (Voy. *Jouncasses.*)

Xuco-lait. (Voy. *Juco-lait.*)

TABLEAU SYNOPTIQUE

des mots français, patois et botaniques, contenus dans ce Glossaire

A

FRANÇAIS	PATOIS	LATIN
Abeille,	Abelho,	Ophrys apifera Huds.
Abricot,	Auricot,	
Abricotier,	Auricoutiè,	Prunus armeniaca L.
Absinthe,	Giusses,	Artemisia absinthium L.
Acacia,	Acacia,	Robinia pseudo-acacia L.
Acanthe,	Acanto,	Acanthus mollis L.
Agaric citrin. Crapaudin jaune,	Grapaudin jaune,	Agaricus citrinus Schæf.
Agaric comestible,	Boulet, Campairol, Pradelet,	Agaricus campestris L. (A. edulis Bull.)
— des Chênes.	Piboulado d'euse,	Agaricus ilicinus D. C. — socialis D. C.
— des Peupliers,	Piboulado,	Agaricus attenuatus D.C.
— des Saules.	Id.	— cylindraceus D. C. — melleus Vahl. — cortinellus D. C.
— du Panicaut,	Bridoulo,	Agaricus eryngii D.C.
— en conque,	id.	— ostreatus Jacq.
— engainé. Coucoumèle jaune ou grise,	Boutaire,	— vaginatus Bull. (Amanita vaginata Lamk.)
— fausse crusole,	Crusolo missanto,	Agaricus asper Fries.
— marbré,	San-Miquèl, San-Miquelet. Brugasson,	— colubrinus Bull. (A. clypeatus L.)
— palomet.	Crusolo,	Agaricus pectinaceus Bull.
— panthérin, Crapaudin gris,	Grapaudin gris,	Agaricus pantheratus D.C.
— poivré,	Pebri,	Agaricus piperatus Bull. (A. giganteus Willd.)
— rude,	Crusolo missanto	Agaricus asper Fries.
Agrostide des chiens. Herbe fourchue,	Hèrbo fourcadèlo, Pèlhenc,	Agrostis canina L.
Aiguille-de-berger, Aiguillette,	Agulhou.	Scandix pecten-Veneris L.

FRANÇAIS	PATOIS	LATIN
Aiguillon,	Espigno, Espino, pounxoù.	
Ail,	Al, Alh,	Allium sativum L.
— sauvage,	Al salbage,	— roseum L.
		— sphærocephalum L.
		— polyanthum Ræm. et Schult. etc.
— jeune ou petit,	Alhet.	
Airelle,	Aires,	Vaccinium myrtillus L.
Alaterne,	Aladèr,	Rhamnus alaternus L.
Alberge,	Albèrgo, Aubèrgo, Prèsse,	
Alise,	Albio,	
Alisier,	Albiè,	Sorbus aria Crantz.
Alliaire,	Rumat,	Erysimum alliaria L.
Althéa (Ketmie de Syrie),	Altèa,	Hibiscus syriacus L.
Amadou, Amadou-vier,	Amadou, Esco,	Polyporus igniarius Fries. — P. fomentarius Fries.
Amande,	Amèllo.	
Amandier,	Amelliè,	Amygdalus comm. L.
Amandon,	Amellou.	
Amaranthe,	Mèco-de-piot,	Amaranthus caudat^s L.
— blette,	Blet,	— blitum L.
Amélanche,	Amalenco.	
Amélanchier,	Amalenkiè, Amalenco,	Amelanchier vulgaris Mœnch.
Amourette,	Hèrbo d'amour, Amoureto,	Briza media L.
Ancolie,	Campanetos,	Aquilegia vulgaris L.
Angélique,	Angelìco,	Angelica sylvestris, var. elatior Wahl.
Anis,	Anis, Fenoul d'anis,	Pimpinella anisum L.
Ansérine,	Farinèlo,	Chenopodium album L. — C. vulvaria L.
Anthrisque cerfeuil,	Cerful, Surfun,	Anthriscus cerefolium Hoffm.
Anthrisque sauvage,	Cerful, Surfun salbage, Jalbertàsso, Jalbertino,	Anthriscus sylvestris Hoffm.
Aphyllante de Montpellier,	Bragalou,	Aphyllanthes monspeliensis L.
Aramon,	Aramoun, Rabalaire.	

FRANÇAIS	PATOIS	LATIN
Arbouse,	Arbousso.	
Arbousier,	Arboussiè,	Arbutus unedo L.
Arbre,	Albre.	
— de Judée,	Blasiniè,	Cercis siliquastrum L.
— petit, jeune,	Albrou, Albret.	
Aristoloche,	Fautèrno, Fautèrlo,	Aristolochia rotunda L.—A. longa L.
Armoise commune,	Cinto-de-San-Jan, Hèrbo de San-Jan,	Artemisia vulgaris L.
— estragon, Estragon,	Estragoun,	Artemisia dracunculus L.
Arnique,	Hèrbo de betouèno, Arnica,	Arnica montana L.
Arrête-bœuf. Bugrane,	Agaboùsses, Agarousses, Agarous,	Ononis procurrens Wallr.
Artichaut,	Artixaut, Artichaut,	Cynara scolymus L.
— cardon,	Cardouno.	Cynara cardunculus, var. sylvestris L.
Ase fétide,	Mèrdo-dal-Diables,	Ferula asa fœtida Lamk.
Asperge,	Espargue,	*Plusieurs* Asparagus.
Asphodèle, Bâton royal,	Aledo, Taledo.	Asphodelus albus Willd.
Astragale hameçon.	Crocs,	Astragalus hamosus L.
Aubépine,	Albrespi, Aubrespi,	Cratægus oxyacantha L.—C. monogyna Jacq.
Aubergine,	Bièdase, Aubergino,	Solanum melongena L.
Aubier,	Albenco.	
Aulne commun,	Bèrgne,	Alnus glutinosa Gærtn.
Aunée,	Luno-campano,	Corvisartia helenium Mér. (Inula helenium L.)
— de Bretagne,	Hèrbo d'Esperou,	Inula britannica L
Aveline,	Abelano.	
Avelinier,	Abelaniè,	Corylus avellana L.
Avoine,	Cibado,	Avena sativa L. — orientalis Schb. — brevis Roth.
— folle,	Cibado couioulo,	— fatua L. — barbata Brot.
Axe de l'épi de maïs dépouillé de ses grains,	Coucarèl.	

FRANÇAIS	PATOIS	LATIN

B

FRANÇAIS	PATOIS	LATIN
Balles (d'avoine, de blé),	Abes. Aròfo.	
Ballote fétide.	Marrible negre.	Ballota fœtida Lamk.
Balsamine	Balsami	Balsamina hort. L.
Barbe-de-bouc.	Bouxibarbo, Bouchibarbo.	Tragopogon pratense L.
— de-chèvre,	Endebieto,	Clavaria flava Schæff.
Bardane,	Gafarot, Lapparasso,	Lappa minor D. C.
Basilic,	Basèli,	Ocimum basilicum L.
— à larges f^{lles}	Alfabrego, Alfasego,	— — variété.
Baume.	Baume,	Mentha gentilis L.
Berce,	Pastenago.	Heracleum Lecoquii De Martr. (H. Lecokii Gr. et Godr.)
Berle nodiflore.	Api salbage,	Helosciadium nodiflorum Koch.
Bétoine,	Broutonnièà.	Betonica officinalis L.
— des montagnes	Arnicà,	Arnica montana L.
Bette, Blette,	Bledo, Hèrboulat,	Beta vulgaris L., var. cycla L.
Betterave.	Bledorabo,	Id., var. rapacea Koch.
Bigarreau,	Bigarrèu,	Cerasus duracina D.C.
Blé, Froment,	Blat, Blad, Fourmen, Froumen.	Triticum vulgare Will.
— de mars, d'été,	Seroudo, Bladeto,	Id., var. æstivum.
— noir,	Blat negre.	Polygonum fagopyrum L.—P. tataricum L.
Blette,	Clouco.	
Bleuet,	Bluet,	Centaurea cyanus L.
Bois (forêt).	Bosc.	
— blanc.	Bouès blanc,	Genres Salix, Populus.
Bois de campêche,	Campet, Bouès de campet,	Hæmatoxylon campechianum L.
— de chauffage.	Legno.	
— de Ste-Lucie,	Calprùs,	Prunus mahaleb L.
— puant,	Pudis,	Prunus padus L. Pistacia terebinthus L. Sorbus torminalis Crantz. Genista cinerea D. C. Sarothamnus purgans God. Anagyris fœtida L.

FRANÇAIS	PATOIS	LATIN
Bolet bronzé,*	Cep. Sec,	Boletus æreus Bull.
— comestible,	Cep, Mol.	— edulis Bull.
Bonnet-de-prêtre,	Bounet-de-capela,	Helvella mitra L.
Bordure,	Bourdièiro,	*Genre* Salix.
Bouillon-blanc.	Brisàn,	*Genre* Verbascum.
Boule de Chêne blanc	Bolo de garric.	
— de neige. (*Voy.* Agaric comestible,)		
Boulet.	(Id.)	
Bourgeon,	Bourroù.	
Bourrache,	Bourracho, Bour-raxo,	Borrago officinalis L.
— sauvage.	Clabelino.	*Plusieurs* Echium.
Bouton-d'or,	Poumpoun-d'or,	Ranunculus acer L.
Branche (d'arbre),	Branco.	
Brancursine,	Acanto,	Acanthus mollis L.
Brin (de plante, de fleur),	Brout,	
Brize tremblante,	Hèrbo d'amour, Amoureto, Hèrbo à Cimboùl ou Cimboùr.	Briza media L.
Brome des champs,	Espangassàt,	Serrafalcus arvensis Godr. (Bromus ar-vensis L.)
— des toits,	Trauco-sac,	Bromus tectorum L.
— stérile,	Trauco-sac, Es-pàdo,	Bromus sterilis L.
— très-grand,	Espàdo,	Bromus maximus Desf.
Brou,	Escal.	
Broutade,	Broutado.	
Broutille,	Broutigno.	
Bruyère,	Brug. Brùgo,	Calluna vulgaris Sal. *et plusieurs* Erica.
Bruyère cendrée,	Brùgo salbajo,	Erica cinerea L.
— (terrain),	Brùgos.	
Bryone,	Couxèiro. Tuquiè,	Bryonia dioica Jacq.
Bûche,	Tanc.	
Bûchette,	Broc, Bròco, **Tanòc.**	
Bugrane, Ar-rète-bœuf.	Agabousses, Aga-rous. Agarousses	Ononis procurrens Wallh.
Buis.	Bouis,	Buxus sempervirens L.
Buisson,	Bouissou.	Cratægus oxycantha L. — monogyna Jacq. Prunus spinosa L.
Bulbe. Oignon,	Cebo.	
Buplèvre frutes-cent,	Lengo-de-cat.	Buplevrum frutico-sum L.

FRANÇAIS	PATOIS	LATIN

C

Cade,	Cade,	Juniperus oxycedrus L.
Caïeu d'ail,	Beno d'al.	
Caille-lait jaune,	Hèrbo d'abelho, Hèrbo de mèl.	Galium verum L.
Camomille,	Camoumilo,	Matricaria chamomilla L. Anthemis arvensis L.
Campanules,	Campanctos,	*Genre* Campanula.
Camphrée,	Camforàta,	Camphorosma monspeliaca L.
Canche touffu,	Coutelino, Hèrbo de talh,	Deschampsia cæspitosa P. B.
Capillaire,	Capillèro,	Adianthum capillus-Veneris L.
Càpre,	Càpro, Tapero.	
Càprier,	Taperiè, Capriè,	Capparis spinosa L.
Capsule, cupule de chàtaigne,	Pelouc.	
Capucine,	Capucino,	Tropæolum majus L.
Carde, cardon,	Càrdo, Càrdou,	Cynara cardunculus, var. sativus L
Carline commune,	Cardounilho,	Carlina vulgaris L.
— artichaut,	Oco, Lòco,	— cynara Pourr.
Carotte,	Carroto,	Daucus carotta L.
Caroube,	Courroupio.	
Caroubier,	Courroupiè,	Ceratonia siliqua L.
Cataire,	Catàrri,	Nepeta cataria L.
Caucalide daucoïde, Gratteau,	Goussets,	Caucalis daucoides L.
Ceinture-de-S-Jean,	Cinto-de-San-Jan,	Artemisia vulgaris L.
Céleri,	Api,	Apium graveolens L.
— sauvage,	— salbage,	Helosciadium nodiflorum Koch.
Centaurée,	Peto-roussì,	Centaurea nigrescens Willd. *et ses congénères.*
— des collines,	Caboussudo,	— collina L.
— du solstice,	Auriolo	— solstitialis L.
Cépéc,	Màto,	
Ceps.	Cep,	Boletus edulis Bull. *et* B. æreus Bull.

FRANÇAIS	PATOIS	LATIN
Cerfeuil,	Cerful, Surfun,	Anthriscus cerefolium Hoffm
— sauvage,	— salbage,	— sylvestris Hoffm.
Cerise,	Cerièiro.	
Cerisier,	Cerièis,	*Variétés du* Prunus avium L.
— aigre,	Aguiniè,	Prunus cerasus L.
— mahaleb,	Cerièis salbage.	Cerasus mahaleb D.C.
— sauvage ou Merisier,	Calprùs,	— avium D.C.
Cévadille,	Cibadeto, Cibadil,	Veratrum sabadilla, Retz.
Chalef,	Mirro,	Elæagnus angustifolius L.
Chalumeau,	Caramèlo.	
Champ,	Camp.	
— de maïs,	Milhèiro.	
— nouvellement ensemencé,	Semenat.	
Champignon,	Couamèl.	
Chanvre,	Canbe,	Cannabis sativa L.
— d'eau ou sauvage,	— salbage,	Lycopus europæus L.
Chapelet de gros oignons,	Bras de cebos.	
— de petits id.,	Pignèl.	
Charbon des blés, Nielle,	Carboù,	Ustilago segetum Cord. (Uredo carbo D. C.)
Chardon,	Cardoù.	
— à foulon, Cardère,	Cardoù de fouloun,	Dispsacus fullonum Mill.
— aux ânes,	— d'ase,	Cirsium eriophorum Scop.
— étoilé,	Auriolo,	Centaurea calcitrapa L.
— hémorrhoïdal,	Caussido,	Cirsium arvense Scop.
— roulant,	Hèrbo roullan. Paniscaut,	Eryngium campestre L
Chardonnette,	Cardouno, Flou per enflourà, Presuro,	Cynara cardunculus, var. sylvestris L.
Charme,	Càlpre,	Carpinus betulus L.
Châtaigne,	Castagno.	
— de Foirail,	— de Fièiral.	
Châtaignier,	Castàn,	Castanea vulgaris Lamk.
Châtaigneraie,	Castagnàl.	
Châtaignon,	Castagnoù.	
Châton,	Catoù.	
Chaume,	Rastoùl.	
Chausse-trappe,	Auriolo, Calcatreplo.	Centaurea calcitrapa L.
Chélidoine,	Salarànio. Sarigònio.	Chelidonium majus L

FRANÇAIS	PATOIS	LATIN
Chêne blanc,	Garric, Xaine ou Chaine,	Quercus pedunculata Ehrh. — sessiliflora Smith. — pubescens Willd.
— kermès,	Garroulho,	— coccifera L.
— liége,	Siure,	— suber L.
— vert,	Ausi, Euse, Ausino,	— ilex L.
Chénevis,	Canabou.	
Chèvrefeuille,	Couteto, Lio-rènde, Pantocousto,	Lonicera periclymenum L. — etrusca Santi.
Chicorée,	Chicourèo, Xicourèio,	Cichorium intybus L
Chicot,	Rasigòt, Retanòc.	
Chiendent,	Gram, Agram.	Agropyrum repens P.B. A. glaucum Rœm. et Schult. — Cynodon dactylon Pers.
Chinois,	Cinouès,	Citrus bigaradia Risso.
Chondrille jonciforme	Aganèl de camp.	Chondrilla juncea L.
Chou,	Caulet,	Brassica oleracea L.
— cabus ou pommé,	— capus, poumat,	B. oler. capitata Hort.
— fleur,	— flòri,	— — botrytis Mill.
— de Milan ou frisé,	— milanes,	— — sabellica Hort.
— rave,	— rabo, Rabo.	— rapaL., var. esculenta
— rouge,	— rouxe ou rouge,	— oleracea rubra Hort.
— — ses jeunes pousses,	Grelhous.	
— — ses sommités fleuries,	Tànos.	
Ciguë (grande),	Jalbertasso,	Conium maculatum L. Æthusa cynapium L. Anthriscus sylvestris Hoftm.
— (petite),	Jalbertino, Jalbertasso,	Æthusa cynapium L. Anthriscus sylvestris Hoftm.
Cirse des champs,	Caussido,	Cirsium arvense Scop.
— à tête laineuse,	Cardoù d'ase,	— eriophorum Scop.
Ciste cotonneux,	Mouxo ou Moucho blanco,	Cistus albidus L.
— de Montpellier,	-- negro,	— monspeliensis L.
Citron,	Citroun, Limouno.	
Citronnelle,	Citrounèlo.	Melissa officinalis L.
Citronnier,	Citrouniè,	Citrus limonium Risso.
Citrouille,	Couxo et Coujo melouno,	Cucurbita pepo D. C.
Clavaire,	Bouxibarbo,	Clavaria flava Schæff. — coralloides L. — amethystina Bul.

FRANÇAIS	PATOIS	LATIN
Clématite des haies.	Bildalbo.	Clematis vitalba L.
— ses jeunes pousses.	Bidalbous.	
— odorante.	Biradélo.	— flammula L.
Clinopode commun.	Baséli salbage,	Calamintha clinopodium Benth.
Cloches.	Campanos.	Digitalis purpurea L.
Cœur.	Cor. Grelh.	
— de chapon.	Cor-de-capou.	
Coignassier.	Coudounié.	Cydonia vulgaris Pers.
Coing.	Coudoun.	
Coloquinte.	Colokinto.	Cucumis colocynthis L.
Concombre.	Coucoumbre.	Cucumis sativus L.
— sauvage ou d'âne.	— salbage ou d'ase.	Ecballium elaterium Ric.
Cône de Cyprès.	Bolo de Ciprié.	
— de Pin.	Pigno.	
Consoude.	Empes.	Symphitum tuberosum L.
Coque d'amande.	Close.	
Coquelicot.	Rousélo.	Papaver rhœas L.—P. argemone L. — P. dubium. L. — P. hybridum L.
Corne, cornouille.	Cormo.	
Corne-bœuf.	Cornobiou.	
Cornichon.	Coarnissoun.	Cucumis sativus L.
Cornouiller.	Cournoulhé.	Cornus mas L.
— sanguin.	Sangui.	Cornus sanguinea L.
Coronille queue-de-scorpion.	Canitorto,	Coronilla scorpioides Koch.
Cosse.	Couscoulho.	
Côte.	Costo.	
Coudrier.	Abelanié.	Corylus avellana L.
Coulevrée.	San-Miquél. San-Miquélez.	Agaricus colubricus Bull. (A. clypeatus L.)
Courge.	Couxo, Coujo.	Cucurbita maxima D.C.
— calebasse.	Gourdo. Tueo.	— lagenaria L.
— sauvage.	Couxéiro. Tuquié.	Bryonia dioica Jacq.
Crapaudins. Voyez *Agaric et Agaricus.*		
Cresson.	Crussoun. **Creissilhous**	Nasturtium officinale R.B.
Crête-de-coq.	Méco-de-piot.	Amaranthus caudatus L.
—	—	Lythrum salicaria L.
—	**Tar'alièxe, Tartar'ège,**	*Plusieurs* Rhinanthus.
Crételle hérissée.	Moutéto.	Cynosurus echinatus L.
Cupulaire.	Alibardo.	Cupularia viscosa G. G.
Cuscute.	Xanere. Chanere.	Cuscuta trifolii Bab. et Gips.
Cynoglosse. Petits-Chiens.	Lengo-de-... sous-selous,	Cynoglossum pictum Ait.—C. officinale L.

FRANÇAIS	PATOIS	LATIN
Cynorrhodon,	Batotioulo, Bato-tiouliè, Ratotioulo, Ratotiouliè,	Rosa canina L. *et autres* Rosa.
Cyprès,	Ciprié, Ciprissiè,	Cupressus sempervirens L.

D

FRANÇAIS	PATOIS	LATIN
Dauphinelle d'Ajax,	Pè-de-lauseto,	Delphinium Ajacis L.
Dentelaire d'Europe,	Hèrbo de la rougno, Matucèl, Gatifèl, Gatifèl,	Plumbago europæa L.
Digitale,	Bràgos-de-coucut, Campànos.	Digitalis purpurea L.
Douce-amère,	Belperiè, Douçàmèro	Solanum dulcamara L.
Doucette.	Douceto,	*Plusieurs* Valerianella.
—· d'eau,	— d'aigo,	*Plusieurs* Epilobium.

E

FRANÇAIS	PATOIS	LATIN
Eclaire,	Salarànio,	Chelidonium majus L.
Ecorce d'arbre,	Rusco.	
Eglantier,	Rousiè salbage, Batotiouliè, Ratotiouliè, Garrabiè,	Rosa canina, sempervirens, arvensis, rubiginosa, umbellata, etc.
Eglantine,	Roso salbajo.	
Eglantine. (Voy. *Ancolie*.)		
Ellébore blanc,	Baraire,	Veratrum album L.
— fétide,	Massigoùl	Helleborus fœtidus L.
— vert,	Baraire, Varaire,	— viridis L.
Emonder,	Espilhà.	
Empeau,	Empèut.	
Endive,	Endebio,	Cichorium endivia L.
— petite,	Endebio.	*Id.*, var. angustifolia.
— petite,	Endebieto,	Clavaria flava Schæff.
Endormie,	Endourmidouiro, Hèrbo de las talpos,	Datura stramonium L.
Enter,	Empeuta.	
Epervière à feuilles tachées,	Hèrbo dal fexe, Hèrbo dal paumou,	Hieracium murorum L.

FRANÇAIS	PATOIS	LATIN
Epi,	Espigo.	
— de maïs,	Cabosso de mil, Coco de mil.	
Epicéa,	Sapin,	Abies excelsa D. C.
Epier, monter en épi,	Espigà.	
Epilobe,	Douceto d'aigo,	*Plusieurs* Epilobium.
Epinard,	Espinart,	Spinacia inermis Mœn. et S. spinosa Mœnc.
Epine,	Espino, Espigno. Pounxoù.	
Epurge,	Catapusso,	Euphorbia lathyris L.
Erable commun,	Asedùr,	Acer campestre L.
— de Montpellier,	Agast,	— monspessulanum L.
— grand,	Asaròt,	— pseudo-platanus L.
Ers,	Esses,	Ervilia sativa Link. (Ervum ervilia L.)
Erythrone dent-de-chien.	Caniden,	Erythronium dens-canis L.
Escarole,	Escarolo,	Cichorium endivia L., var. latifolia.
Esparcette,	Esparcet,	Onobrychis sativa L.
Eupatoire d'Avicenne,	Capou,	Eupatorium cannabinum L.
Euphorbe des moissons,	Lantrèso, Lantre-soù,	Euphorbia segetalis L.
— des vallons,	Laxùsclo,	— characias L.
Euphorbes,	Laxùsclos.	
Euphraise, Casse-lunettes.	Urfrèso,	Euphrasia officinalis L. — nemorosa Pers.

F

FRANÇAIS	PATOIS	LATIN
Faîne,	Faxo.	
Faisceau de sarments,	Gabèl.	
Farouch,	Farroux, Ferouxe,	Trifolium incarnatum L.
Faux bois,	Albenco.	
— platane,	Asaròt,	Acer pseudo-platanus L.
Fenouil,	Fenoùl,	Feniculum vulgare Gœrtn.
Fenouillette,	Fenoulhet.	
Fenugrec,	Sinegrè, Senegrè,	Trigonella fenum-græcum L.
Feuille,	Fèlho.	

FRANÇAIS	PATOIS	LATIE
F^{lle} des Graminées,	Pampo,	
Fève,	Fabo,	Vicia faba L.
Figue,	Figo.	
Figue-fleur,	Bourrau.	
Figuier,	Figuiè, Fihè, Figuièiro, Fihèiro,	Ficus carica L.
Finette,	Finaudèlo.	
Flambe,	Coutèlo,	Iris germanica L.
Fleur,	Flou.	
— à cailler,	Flou per enflourà, Cardouno ,	Cynara cardunculus, var. sylvestris L.
— de coucou,	Coucudo,	Narcissus pseudo-narcissus L. — Primula officinalis Jacq.
— de la Passion, Passiflore,	Flou de la Passìu,	Passiflora cœrulea L.
— d'ortie,	Flou d'ourtigo,	Lamium album L.
— des fruits,	Flou.	
Fleuri,	Flourat, Flourit.	
Fleurir,	Flourì.	
Foin,	Fe.	
Forêt,	Bosc.	
Fougère commune,	Falièiro,	Pteris aquilina L.
— de chèvre ou sauvage,	Falièiro de crabo, Falièiro salbajo.	Polystichum filis mas Roth.
Fourragère,	Farracho, Farraxo,	
Fragon piquant,	Bresegou,	Ruscus aculeatus L.
Fraise,	Maxoufo, Frèso.	
Fraisier,	Maxoufiè, Fresiè,	*Plusieurs* Fragaria
— sauvage,	Fresiè salbage, Crèbo-biòu,	Ranunculus repens L.
Framboise,	Amourèu, Flambouèso.	
Framboisier,	Amourèu, Flambouèsiè,	Rubus idœus L.
Frêne,	Fraisse,	Fraxinus excelsior L.
Fromage,	Froumajou.	
Froment,	Blat,	Triticum vulgare Vill.
— d'hiver,	Touselo,	*Id.* var. hybernum L.
Fruit en général,	Fruxo.	
— de l'Aubépine,	Poumeto.	
— des Chicoracées,	Bolo-caut.	
Fumeterre,	Fumoterro,	*Plusieurs* Fumaria.

G

FRANÇAIS	PATOIS	LATIN
Gaînier,	Blasinié,	Cercis siliquastrum L.
Galéope à f^lles étroites	Courcoumal salbage,	Galeopsis angustifolia Ehrh
— douteux,	Cremal.	— dubia Leers.
— tetrahit,	Courcoumal, Cremal.	— tetrahit L.
Galle de chène blanc.	Bolo de garric.	
Gants-de-Notre-Dame,	Bragos-de-coucut, Campànos,	Digitalis purpurea L.
Garrigue,	Garrigo.	
Gaude,	Gaudo,	Reseda luteola L.
Gazon (espèce de foin),	Pelhenc.	Agropyrum campestre G. God. Bromus rubens L.—Polypogon monspeliense Desf. — Agrostis canina L.
Genêt,	Ginèst,	Sarothamnus vulgaris Wimmer.
— à fleurs velues,	Arnigo.	Genista pilosa L.
— d'Angleterre.	Trèpe,	— anglica L.
— épineux,	Arjalàs,	— scorpius D. C.
— jonciforme ou d'Espagne,	Ginèsto.	Spartium junceum L.
— purgatif,	Regerg,	Sarothamnus purgans Godr.
Genétière,	Ginèsto.	
Genévrier commun,	Genibre,	Juniperus communis L.
— oxycèdre,	Cade,	— oxycedrus L.
Gentiane,	Giussano,	Gentiana lutea L.
Géranion,	Rosonion,	*Plusieurs* Geranium et Pelargonium.
—	Agulhetos, Gulhetos,	*Plusieurs* Geranium L
— luisant,	Maibo roujo,	Geranium lucidum L.
Gerbe,	Garbo.	
Germandrée à tête dorée,	Genepi,	Teucrium aureum Screb.
— des bois,	Hèrbo d'abelho,	— scorodonia L.
— Petit chène,	— de garroulho,	— chamædris L.
Germe,	Grelh.	
Germer,	Grelha.	
Gesse chiche,	Gairouto.	Lathyrus cicera L.
— commune,	Gèisso,	— sativus L.
— des bois,	Besso d'ase,	— latifolius L.

FRANÇAIS	PATOIS	LATIN
Gesse des prés,	Esparcet salbage,	Lathyrus pratensis L.
— odorante,	Pese sentcire,	— odorata L.
— sans feuilles,	Miralhòlo,	— aphaca L.
Giroflée jaune,	Ginouflado,	Cheiranthus cheiri L.
Giroflée violier,	Biuliè jaune,	Id.
Glaïeul,	Coutèlo, Lengo,	Gladiolus segetum Gawl.
Id.	Glauiol,	Id.
Gland,	Aglan.	
Glu,	Besc.	
Gomme du pays,	Mèrdo-de-coucut.	
Gouet,	Glauxòl, Glaujol,	Arum italicum Mill.
Gousse,	Couscoulho.	
Grain,	Gra, Gro, Gru.	
Graine,	Grano.	
Grains de raisin,	Grunado.	
Grappe,	Gaspo.	
— petite,	Broutigno.	
Grateron,	Hèrbo apeganto, Reboulo,	Galium aparine L.
Greffe,	Empèut.	
Greffer,	Empeutà.	
Grémil officinal,	Hèrbo de las pèrlos,	Lithospermum officinale L.
Grenade,	Milgrano.	
Grenadier,	Milgraniè,	Punica granatum L.
Grenadille, Passiflore,	Flou de la Passiu,	Passiflora cærulea L.
Griotte,	Agrioto.	
Griottier,	Aguiniè,	Prunus cerasus L. (Cerasus caproniana D.C.)
Groseille,	Grosèlho.	
Groseillier,	Grouselhè,	Ribes rubrum L.
— noir, Cassis,	Cassis,	— nigrum L.
— sauvage,	Grouselhè salbage,	— alpinum L.
Gui commun et Gui de Chêne,	Abesc, Besc de l'ou-miè, Hèrbo de besc,	Viscum album L.
Guigne,	Aguino.	
Guignier,	Aguiniè,	Prunus cerasus L. (Cerasus caproniana D. C.)
Guimauve,	Malbo blanco, Maubis,	Althæa officinalis L.
Guindoux,	Guindoùl,	
Gypsophile des vaches,	Caunil salbage,	Gypsophila vaccaria Sibth. et Sm.

H

Hallier,	Bartàs, **Bouissou, Bour-nigàs, Bourligàs Rou-megàs, Roumes.**	
Hampe ou tige d'Oignon,	Canorgo.	
Haricot,	Mounjeto,	Phaseolus vulgaris L. *et ses variétés.*
Hélichryse,	Catàrri,**Herbo de catàrri,** Immourtèlo,	Helichrysum stæchas **DC.** — serotinum Boiss.
Héliotrope d'**Europe**,	Liotrop,	Heliotropìum **europæum L**
— du Pérou,	*Id.*	— peruvianum L.
Helvelle en mitre,	Bounet-de-capela,	Helvella mitra L.
Herbage,	Hèrbage.	
Herbe,	Hèrbo.	
— à couteau,	Hèrbo de coutèlo,	Carex pallescens L.
— à la coupure,	Hèrbo de talh,	Achillæa millefolium L. Plantago lanceolata L. Deschampsia cæspitosa PB.
— à la glu,	Hèrbo de besc,	Viscum album L.
— au catarrhe,	Catàrri,Hèrbo de ca-tàrri, Immourtèlo,	Helichrysum stæchas **DC.** — serotinum Boiss.
— au fic,	Hèrbo de fic,	Plantago carinata Sch.
— aux cinq côtes,	Hèrbo de cinq **costos,**	— lanceolata L.
— aux perles,	Hèrbo de las pèrlos,	**Lithospermum** officinale L.
— aux punaises,	Hèrbo de cìmes,	Briza minor L.
— aux teigneux,	Lapparasso, **Gafaròt,**	Lappa minor D. C.
— aux vers,	Hèrbo de bèrps,	Valeriana dioica L.
— d'amour,	Hèrbo d'amour, Amoureto,	Briza media L.
— de bétoine,	Hèrbo de betouèno,	Arnica montana L.
— de la Passion,	Hèrbo de la Passiu,	Passiflora cærulea L.
— de pré,	Hèrbo de prat,	*Plusieurs* graminées.
— de Ste-Barbe,	Gras-capoù,	Barbarea patula Fries.
— du vent,	Hèrbo batudo,	Phlomis herba-venti L.
— fourchue,	Hèrbo fourcadèlo,	Agrostis canina L.
— tremblante,	Hèrbo tramblanto, Hèrbo d'amour,	Briza media L.
Herbes potagères,	Hèrbetos.	
Herboriser,	Hèrbeja.	

FRANÇAIS	PATOIS	LATIN
Herniaire,	Hèrbo de masclou,	Herniaria glabra L. —
	Hèrbo de matriço,	H. hirsuta L.
Hêtre,	Fau,	Fagus sylvatica L.
Hièble,	Eusses, Eulès, Ebles,	Sambucus ebulus L.
Houblon,	Oubloun,	Humulus lupulus L.
Houx commun,	Grifoul,	Ilex aquifolium L.
— petit,	Bresegou,	Ruscus aculeatus L.
Hyssope,	Isop,	Hyssopus officinalis L.
Ibéride des jardins,	Taraspìc,	Iberis garrexiana All.
Talaspic,		*et* I. umbellata L.
— pinnatifide,	Manno-Margarido,	I. pinnata Gouan.
	Lansoulado,	
Immortelle,	Immourtèlo , Ca-	Helichrysum stæchas DC.
	tàrri,	— serotinum Boiss.
Inule de Bretagne	Hèrbo d'esperoù,	Inula britannica L.
	Limbardo,	
Iris d'Allemagne,	Coutèlo, Lìrgo,	Iris germanica L.
— jaune,	Lìrgo,	— pseudacorus L.
Ivraie enivrante,	Gèl, Iràgo,	Lolium temulentum L.
— **vivace, Ray-grass,**	Amargal,	— perenne L.

J

FRANÇAIS	PATOIS	LATIN
Jacinthe d'Orient,	Jacinto, **Muguel, Muel,**	Hyacinthus **orientalis** L.
Jardin,	Hort.	
Jardinage,	Hourtalessio.	
Jasmin,	Jaussemì,	Jasminum officinale L.
— sauvage,	— salbage,	— fruticans L.
Jeanne-longue,	Jano-loungo,	
Jonc,	Jounc.	
— à lier,	Cebiè, Jounc cebiè,	Cyperus longus L.
— à tête,	Jounc en cabosso,	Juncus **conglomeratus** L.
— à trois côtes,	Jounc à tres costos,	Cyperus longus L.
	Cebiè, **Jounc cebiè,**	
— des crapauds,	Jounc petit,	Juncus bufonius L.
— des marais,	Balco,	**Heleocharis palustris** R. Br.
— noueux,	Jounc nousat,	Juncus articulatus L.
		(J. **lamprocarpus** Ehrh.)
— poilu,	— pelut, Liros,	Luzula sylvatica Gaud.
		(Juncus pilosus Vill.);
		L. pilosa Willd. (J.
		pilosus L.)

FRANÇAIS	PATOIS	LATIN
Jonc pointu,	Jounc pounxut,	Juncus acutus L.
— rude,	Duret,	— squarrosus L.
Jonchaie,	Jouncasses.	
Jonquille,	Jounquilho,	Narcissus jonquilla L.
Joubarbe,	Cussòudo,	Sempervivum tectorum L.
Jujube,	Jousibo, Jujùo.	
Jujubier,	Jousibiè,	**Zizyphus vulgaris Lamk.**
Jusquiame,	Carelhado, Hèrbo	*Tous les* Hyosciamus.
	carelhado, Esquilous,	

L

FRANÇAIS	PATOIS	LATIN
Labourer,	Laurà.	
Laiteron commun,	Laxairou, **Lachichou,**	Sonchus oleraceus L.
	Lachairou, Laitissou.	— S. asper Vill. — S. tenerrimus L.
Laitue d'eau,	Laxugo d'aigo,	Veronica beccabunga L. — V. anagallis L.
— des jardins,	Laxùgo, Lachùgo,	Lactuca sativa L.
— pommée,	Laxugart, **Lachugart,**	— capitata Hor.
- sauvage,	Laxugo salbajo.	— sylvestris Lamk.
— vivace,	Couscourilho,	— perennis L.
Lambrusque,	Trilho salbajo.	
Lampourde,	Gafaròt,	Xanthium spinosum L. — macrocarpon D. C.
— à gros fruits, **Aubergine sauvage.**	**Aubèrgino salbajo, Gafarot,**	Id.
Lauréole,	Lauriolo,	Daphne laurcola L.
Laurier-crême,	Lauriè-crèmo,	Prunus lauro-cerasus L.
— rose,	— roso,	Nerium oleander L.
— sauce,	— sauço, **Rampan,**	Laurus nobilis L.
Lavande en épi, Spic	Aspic, **Estamous.**	Lavandula spica L. — L. latifolia Vill.
Lentille.	Dentilho.	Lens esculenta Mœnch.
Lentillon,	Mendil,	*Id.*, var. subsphœrosperma Godr.
Liège,	Siure,	Quercus suber L.
Lierre commun,	Lèuno,	Hedera helix L.
Limon,	Citroun, Limouno.	
Limonier ou Citronnier,	Limouniè,	Citrus limonium Risso.
Lin,	Li,	Linum usitatissimun L.
— petit,	Lineto,	Linum. .?

FRANÇAIS	PATOIS	LATIN
Lin sauvage,	Li salbage,	Linum narbonense L.
Linaigrette,	Coutou,	Eriophorum angustifolium Roth.— E. latifolium Hoppe.
Linaire rayée,	Hèrbo de la fairo, Palistre,	Linaria striata D. C.
Lis blanc,	Liri,	Lilium candidum L.
— martagon,	Liri salbage,	— martagon L.
Liseron des champs,	Courrejolo,	Convolvulus **arvensis** L.
— des haies,	Id.	— sepium L.
Lunettière,	Hèrbo pinèlo,	Biscutella lævigata L.
Luzerne cultivée,	Lausèrdo,	Medicago sativa L.
— petite,	Goussetous,	— minima L.
— sauvage,	Lausèrdo salbajo,	— falcato - **sativa Rchb**.
Luzernière,	Lausèrdo.	
Luzule des bois,	Jounc pelut, Liros,	Luzula sylvatica Gaud. (Juncus pilosus Vill.)
— velue,	Jounc pelut,	Luzula pilosa Willd. (Juncus pilosus L.)
Lycope d'Europe,	Canbe salbage,	Lycopus europæus L.

M

FRANÇAIS	PATOIS	LATIN
Mâche,	Douceto,	*Plusieurs* Valerianella.
Maïs,	Mil,	Zea mais L.
Marguerite grande,	Margarido, Grando Margarido,	*Plusieurs* Leucanthemum.
— petite,	Margarideto,	Bellis perennis L.
Marjolaine,	Majourano,	Origanum majorana L.
— sauvage,	— salbajo,	— vulgare L.
Marron,	Marroun, Castagno de Fièiral.	
Marronnier,	Marrouniè,	Æsculus hippocastanum L.
Marrube blanc,	Marrible,	Marrubium vulgare L.
— noir,	— negre,	Ballota fœtida Lamk.
Masse d'eau, Massette.	Boso,	Typha latifolia L. *et* T. angustifolia L.
Mauve,	Malbo,	*Plusieurs* Malva.
Mélèze d'Europe,	Sapin,	Abies larix Lamk.
Mélisse,	Citrounèlo, Hèrbo d'abelho,	Melissa officinalis L.
— sauvage, Melitte,	Citrounèlo salbajo,	Melitis **melissophyllum** L.

FRANÇAIS	PATOIS	LATIN
Melon,	Melou,	Cucumis melo L.
Melongène,	Aubergino, Biètdase	Solanum melongena L.
Menthe-coq,	Cost,	Tanacetum balsamita L
— cultivée,	Mento,	Mentha sativa L. *et* M. piperita L.
Menthe de mort, ou sauvage,	— de mort. — salbajo, **Mentastre**,	— sylvestris L. *et autres espèces.*
Mercuriale annuelle,	Mourtairol,	Mercurialis annua L.
Mère des Asperges,	Esparguièiro,	*Plusieurs* Asparagus.
Merisier,	Calprùs,	Prunus avium L. (Cerasus avium D. C.)
— à grappes,	Pudis,	— padus L.
Millefeuille,	Fenoulheto, Hèrbo de milofèlhos, Hèrbo de talh,	Achillæa millefolium L.
Millepertuis,	Trescalàn,	Hypericum perforat^{m} L.
Millet,	Mil,	Zea mais L.
— ou Panis pied-de-coq,	Sarrais-panissiè,	Panicum crus-galli L.
— ou *Id.* sanguin,	Sarrais,	— sanguinale L.
Moisi,	Mousit, Flourit.	
Moisissure,	Flouriduro, Mousiduro,	Mucor mucedo L. *et autres genres.*
Molène,	Brisan,	Le *genre* Verbascum.
Momordique, Concombre aux ânes,	Coucoumbre d'ase, salbage,	Ecballium elaterium Rich.
Morelle,	Maurèlo, Hèrbo maurèlo,	Solanum nigrum L.
Morille,	Mourilho,	Morchella esculenta L.
Mouron des champs,	Mourrelou,	Anagallis arvensis L.
— des oiseaux,	Mourrelou,	Stellaria media Vill. — uliginosa Murr. Montia rivularis Gmel.
— sauvage,	— salbage,	Cerastium viscosum L. — brachypetalum **Desp.**
Mousse,	Moufo.	
— de barrique,	— de barrico,	Racodium cellare Pers.
— de Corse ou de mer,	Mitocourdoun, Moufo de mar,	Gigartina helmintho-corton Lamk.
— de mer ou d'emballage,	Moufo de mar,	Zostera marina L.
— noire,	— negro,	Polytrichum piliferum Schr
Mousseron,	Moussairou,	Agaricus albellus Schæff — tortilis D. C. — pectinaceus D. C.
Mufle de veau, **Muflier**	Gulo-de-lioun.	Antirrhinum majus L.

FRANÇAIS	PATOIS	LATIN
Muguet cultivé,	Muet, Muguet, Jacinto,	Hyacinthus orientalis L.
— sauvage,	— — salbage,	Convallaria majalis L.
Mûre (de Mûrier),	Amouro.	
Mûre (de Ronce),	— de bartàs.	
Mûrier,	Amouriè,	Morus alba *et* nigra L.
Muscari, vulg^t Prêtre.	Capelà,	Muscari neglectum Guss.
— Vaciet,	Rasin de coulobro,	*Divers* Muscari.
— — Hyacinthe à toupet,	Pourrìl, Pourrigàl,	Muscari comosum Mill.
Myrthe,	Mirto,	Mirtus communis L.
Myrtille,	Aires,	Vaccinium myrtillus L.

N

Nard raide,	Gresos, Pèl de co,	Nardus stricta L.
Narthécie,	Coutelino petito,	Narthecium ossifragum Huds.
Nasitort,	Nanitor,	Lepidium sativum L.
— sauvage,	— salbage,	— graminifolium L.
Navet,	Nap,	Brassica napus L., *var* : esculenta.
Nèfle,	Nispoulo.	
Néflier,	Nispouliè,	Mespilus germanica L.
Nielle des blés,	Carboù,	Ustilago segetum Cord. Uredo carbo D. C.
— des champs,	Anièlo, Agnèlo,	Agrostemma githago L.
Noisetier,	Abelaniè,	Corylus avellana L.
Noisette,	Abelano.	
Noix,	Nouo, Nougo.	
— (quartier de).	Quèisso de nougo.	
—(cône) de Cyprès,	Bolo de cipriè.	
— vomique (entière),	Coudèrlo,	Strychnos nux vomica L.
Nombril-de-Vénus,	Couparèlo,	Umbilicus pendulinus D.C.
Noyau,	Closc.	
Noyer,	Nouiè,	Juglans regia L.

O

Œillet,	Massouquet,	*Plusieurs* Dianthus.
— rouge,	Ulhet, Ulhet rouxe,	Dianthus caryophyllus L.

FRANÇAIS	PATOIS	LATIN
Oignon,	Cebo,	Allium cepa L.
— petit,	Cebeto.	
Oiseau-qui-bec-quette-l'abeille,	Aucèl-pico-l'abelho,	Ophrys apifera Huds.
Olive,	Oulibo.	
Olivette,	Oulibedo.	
Olivier,	Ouliu,	Olea europæa L.
Orange,	Irange.	
— amère,	— amargant,	Citrus bigarradia Risso.
— petite,	Iranget.	
Oranger,	Irangè,	— aurantium Risso.
Orchis brûlé,	Cap-negro,	Orchis ustulata L.
— taché,	Doumaisèlos,	— maculata L.
Oreille-de-chardon,	Bridoulo,	Agaricus eryngii D. C.
Orge,	Ordi,	Hordeum vulgare L.
		— hexasticon L.
Origan,	Majourano salbajo,	Origanum vulgare L.
Ormeau,	Ourme, Oulme, Ou-mat,	Ulmus campestris Sm.
Ornithogale de Narbonne,	Pourril blanc,	**Ornithogalum narbonense** L.
Orobanche,	Pa-de-lèbre,	Orobanche rapum Thuil. *et autres espèces.*
Oronge fausse,	Iranget que em-pouisouno,	Agaricus muscarius L. — bulbosus Bull. — verrucosus Bull.
— vraie,	Iranget, Rouget,	Agaricus cæsarus Sc. (Amanita auratiaca B).
Orpin-reprise,	Hèrbo de Nostro-Damo,	Sedum telephium L. — maximum Sut. — fabaria Koch.
Orpins à feuilles cylindriques,	Rasins de sèrp.	
Ortie,	Ourtigo,	Urtica **urens** *et* **dioica** L.
Oseille,	Agreto,	Rumex acetosa L.
— petite ou de brebis,	Binagrèlo,	— acetosella L.
Oseraie,	Saleces.	
Osier,	Amarino, Amari-niè, Bim, Be-disso, Bourdièiro,	Salix vitellina L. — S. alba L. — S. vi-minalis L., etc.

FRANÇAIS	PATOIS	LATIN

P

FRANÇAIS	PATOIS	LATIN
Paille,	Palho.	
— de Maïs,	Milhasso, palho de Mil.	
Panais,	Panòu,	Pastinaca sativa L.
Panicaut,	Paniscaut, Hèrbo roullan,	Eryngium campestre L.
Pâquerette,	Margarideto,	Bellis perennis L.
Pariétaire,	Hèrbo fihèiro, Hèrbo paretalho, H. de paret,	Parietaria erecta *et* diffusa Mert. et Koch.
Passerage cultivée,	Nanitor,	Lepidium sativum L.
— drave,	Boujo,	-- draba L.
— petite,	Nanitor salbage,	— graminifolium L.
Passe-rose,	Passo-roso,	Althæa rosea D. C.
Patience,	Pacienço, Lengo-de-biòu, Rousenabre,	*Plusieurs* Rumex, *tous à saveur non acide.*
Patte-de-loup,	Pato-de-loup, Poumpoun-d'or, Loutipaudos.	Ranunculus acer L.
Paumelle,	Paumoulo,	Hordeum distichon L.
Pavie,	Aubèrgo, Prèsse.	
Pavot,	Pabot,	Papaver somniferum L.
Peau,	Pèl.	
— de fruits,	Peloufo, Arofo.	
Pêche,	Pèssio.	
Pêcher,	Pessiè,	Amygdalus persica L. (Persica vulgaris D.C.)
Pédiculaire des bois,	Juco-lait,	Pedicularis sylvatica L.
Peigne-de-Vénus,	Agulhou,	Scandix pecten-Veneris L.
Pensée cultivée,	Pensado,	*Variétés du* Viola tricolor L.
— sauvage,	— salbajo, Bìuleto blanco,	Viola tricolor L.
Perdrigon,	Perdigouno.	
Persicaire,	Hèrbo de pìuse,	Polygonum persicaria L.
— brûlante,	— pìuse blanco,	— hydropiper L.
Persil,	Jalbert,	Petroselinum sativum Hoffm.
— sauvage,	— salbage,	Adonis æstivalis L. — autumnalis L.

FRANÇAIS	PATOIS	LATIN
Pervenche,	Proubenco, Biuleto d'ase,	Vinca major L. — minor L.
Petit Houx,	Bresegou,	Ruscus aculeatus L.
Petit Millet,	Mil-menud, Panis,	Panicum miliaceum L. Setaria italica P. B.
Petite Centaurée,	Santurèo, Hèrbo de santurèo,	Erythræa centaurium Pers.
Petite quantité de grains, de légumes,	Amarèl.	
Peuplier,	Piboul,	*Plusieurs* Populus.
Phlomide à feuilles de Sauge,	Salbio salbajo,	Phlomis lychnitis L.
— piquant,	Hèrbo batudo,	— herba-venti L.
Picride commune,	Touralienco,	Picridium vulgare Des.
Pied-d'alouette,	Pè-de-lauseto,	Delphinium Ajacis L.
Pied-de-griffon,	Marsiure, Massigoul,	Helleborus fœtidus L.
Pied-d'oiseau,	Penaucèl,	Ornithopus compressus L.
Pied-de-veau,	Glauxòl, Glaujòl,	Arum italicum L.
Pignon,	Pignoù.	
Pin,	Pin,	*Plusieurs* Pinus.
Pin-pignon,	Pignè,	Pinus pinea L.
Piocher,	Foucha, Fouxa.	
Pissenlit,	Mal-d'èls, Chicou-rèio,	Taraxacum officinale Wigg. *et autres es-pèces.*
Pivoine,	Penolho,	Pæonia peregrina Mill.
Planche de légumes,	Faisso.	
Plant,	Plant, Plantoù.	
Plant et graine de choux,	Caulat.	
Plantain,	Plantage,	Plantago major L. — intermedia Gilib. — lanceolata L.
— caréné,	Hèrbo de fic,	— carinata Schrad.
— lancéolé,	Hèrbo de talh, Hèr-bo de 5 costos,	— lanceolata L.
Plante,	Planto.	
Planter,	Plantà.	
Platane,	Platanè, Platano,	Platanus orientalis L. — occidentalis L.
Poire,	Pero.	
— petite,	Perot, Perou.	
Poires et pommes tapées,	Messourgos.	
Poireau, Porreau,	Porre,	Allium porrum L.
— sauvage,	Pourril,	Muscari comosum L.
Poirée,	Bledo, Hèrboulat,	Beta vulgaris L., *var.* cycla L.

FRANÇAIS	PATOIS	LATIN
Poirier,	Periè,	Pirus communis L.
— à petites poires,	Peroutiè.	
— sauvage,	Periè salbage, Peroutiè,	— amygdiliformis Vill. — communis L.
Pois carré,	Gèisso,	Lathyrus sativus L.
— chiche, pointu,	Cese, Pese becut,	Cicer arietinum L.
— cultivé,	Pese,	Pisum sativum L.
— de senteur,	Pese senteire,	Lathyrus odorata L.
— sauvage,	Pese salbage,	Pisum arvense L.
Poison,	Pouisou.	
Poivre,	Pebre,	Piper nigrum L.
Poivron, Piment,	Pebrino,	Capsicum annuum L.
Polypode commun,	Alencados,	Polypodium vulgare L.
Polypore touffu,	Endebieto,	Polyporus frondos⁸ Fr.
Polytric,	Moufo negro,	Polytricum piliferum Schr.
Pomme,	Poumo.	
— d'amour,	Toumato,	Solanum lycopersicum L.
— de terre,	Trufo, Patano,	— tuberosum L.
Pommier,	Poumiè,	Malus communis Poir. *et ses variétés.*
— sauvage,	— salbage,	Pirus malus L. (Malus communis Poir.) P. acerba D.C.(M. acerba Mérat.)
Populage des marais,	Ardiol, Pairouleto,	Caltha palustris L.
Porcelle,	Pèl-de-grapaut,	Hypochœris radicata L
Potiron,	Couxo, Coujo,	Cucurbita maxima DC.
Pourpier commun,	Bourdoulaigo,	Portulaca oleracea L
Pousse de taillis,	Brouto, Brout.	
Poutre,	Fusto.	
Prairie, grand Pré,	Prado, Pradariè.	
Pré,	Prat.	
— petit,	Pradet.	
— très-petit,	Pradelet.	
Prêle des champs,	Escuret, Escureto, Cassaudo,	Equisetum arvense L. — hyemale L.
— d'hiver,	Id.	— Id.
— rameuse,	Pinto,	— ramosum Schl.
Présure,	Presuro, Cardouno, Flou,	Cynara cardunculus, *var.* sylvestris L.
Primevère,	Bragos-de-coucut, Coucudo, Printanièiro	Primula officinalis Jac.
Prune,	Pruno.	
Prunelle,	Agrunèl.	
Prunellier,	Agruneliè,	Prunus spinosa L.
Prunier cultivé,	Pruniè,	— domestica L.

FRANÇAIS	PATOIS	LATIN
Prunier épineux ou sauvage,	Agruneliè, Pruniè salbage,	Prunus spinosa L.
Psoralier bitumineux, **Trèfle odorant,**	Caramèlo,	Psoralea bituminosa L. — plumosa Rchb.
Pulmonaire,	Hèrbo dal fexe, Hèrbo dal paumou,	Pulmonaria tuberosa Schrank.
— de chêne,	Moufo de garric,	Sticta pulmonacea Ach
Pyramidale,	Piramidalo,	Campanula pyramidalis L.

R

FRANÇAIS	PATOIS	LATIN
Racine,	Racino,	
Racines,	Racinos,	Tragopogon porrifolius L. —Scorzonera hispanica L., *var.* latifolia Koch.
Radis,	Rabe, Rafe,	Raphanus sativus L., *var.* radiculata D.C.
— sauvage,	—salbage, Rous-sergue,	Raphanus raphanistrum L. *et* R. landra Moretti.
Rafle,	Gaspo.	
Raiponce,	Aripounxou, Aripounchou,	Campanula rapunculus L.
Raisin,	Rasin.	
— sec,	Panso.	
Rameau,	Ramèl.	
Ramée,	Ramo.	
Rapistre rugueux,	Rabuscle,	Rapistrum **rugosum** All.
Rave,	Rabo, Caulet-rabo.	Brassica rapa L., *var.* esculenta.
Redoul,	Redou, Roudou,	Coriaria myrtifolia L.
Réglisse,	Regalùssio,	Glycyrrhiza glabra L.
Reine-Marguerite,	Rèino-Margarido,	Aster chinensis L.
Renoncule,	Poumpoun-d'or, Pato-de-loup,	Ranunculus acer L.
— flammette,	Tarbero, Talbero,	— flammula L.
— rampante,	Crèbo-biòu,	— repens L.
Renouée liseron,	Courrejolo,	**Polygonum convolvulus** L.
— des oiseaux,	Hèrbo nousado,	— aviculare L.
Réséda odorant,	Resera,	Reseda odorata L.
— sauvage,	Resera salbage,	—lutea *et* phyteuma L.

FRANÇAIS	PATOIS	LATIN
Reste de fruits à vendre,	Escax, Escach.	
Rhagadiole comestible,	Pato-de-passerat,	Rhagadiolus stellatus D. C.
Robinier,	Acacia,	Robinia pseudo-acacia L.
Romarin,	Roumani,	Rosmarinus officinalis L.
Ronce ,	**Roume, Roume de camp,**	*Plusieurs* Rubus.
Ronceraie,	Bartàs, Bournigàs, Roumegàs.	
Roquette,	Rouqueto,	Eruca sativa Lamk. (Brassica eruca L.)
Rose,	Roso.	
— musquée,	— muscadèlo.	
— sauvage,	— salbajo.	
— tremière,	Passo-roso.	Althæa rosea D. C.
Roseau, Canne de Provence,	Carabeno ,	Arundo donax L.
— des étangs,	Boso,	Typha latifolia L. — angustifolia L.
Rosier cultivé,	Rousiè,	Rosa damascena Willd. — centifolia L., *etc*.
— sauvage,	Batotioulié , Ratotioulié, Rousiè salbage, Garrabiè,	*Les* Rosa canina, sempervirens, arvense, rubiginosa, umbellata, *etc*.
Rossolis,	Tarbero, Talbero,	Drosera rotundifolia L.
Rouvet blanc,	Balajous,	Osyris alba L.
Rue,	Rudo,	Ruta graveolens L. — angustifolia Pers.

S

FRANÇAIS	PATOIS	LATIN
Sabine,	Sabino,	Juniperus phœnicea L.
Safran,	Safrà, Safrò,	Crocus sativus L.
Sainbois,	Trentanèl,	Daphne gnidium L.
Sainfoin faux,	Esparcet,	Onobrychis sativa L.
— vrai,	Id .	Hedysarum coronarium L.
Saint-Michel,	Brugassou, San-Miquel, San-Miquelet,	Agaricus colubrinus Bull. (A. clypeatus L., A. procerus Scop.)
Salade menue ou d'hiver,	Salado menudo.	
Salicaire,	Mèco-de-piot,	Lythrum salicaria L.

FRANÇAIS	PATOIS	LATIN
Salsifis des jardins,	Sarsifi, Racinos,	Tragopogon porrifoliumL
— des prés,	Bouxibarbo, Bou-chibarbo,	— pratense L.
Santoline,	Ambròsi,	Santolina chamæcypa-rissus L.
Sapin,	Sapin,	Abies larix Lamk. — excelsa D. C.
Saponaire,	Sabouneto, Herbo-saboù, Sabounèlo,	Saponaria officinalis L.
Sarment,	Bise, Gabèl.	
Sarrasin,	Blat negre,	Polygonum fagopyrum L. — tataricum L.
Sauge,	Salbio,	Salvia officinalis L.
— des prés,	Bèni-me-quèrre-que-te-guerirèi,	— pratensis L.
— sauvage,	Salbio salbajo,	Phlomis lychnitis L.
Saule,	Sause,	Salix alba L. *et autres* Salix.
— pleureur,	Sause plouraire, Plouraire,	Salix babylonica L.
Sceau-de-Salomon,	Hèrbo de la roum-paduro,	Polygonatum vulgare Desf.
Scion de bois,	Broc.	
— de Saule,	Amarino, **Bedisso. Bim.**	
Scions, Jets de Peuplier,	Piboulado.	
Scirpe des bois,	Palinasses,	Scirpus sylvaticus L.
— des étangs,	Balco,	— lacustris L.
— des rivages, ou Triquètre,	Triangle,	— triqueter L.
Scolopendre,	Escalapandro,	Scolopendrium offici-nale Smith.
Scolyme d'Espagne,	Cardousses,	Scolymus hispanicus L.
Scorzonère,	Escoursounèlo, Racinos,	Scorzonera hispanica, *var.* latifolia Koch.
— petite ou des marais,	Aganèl de sagno,	Scorzonera humilis L.
Scrofulaire aquati-que,	Hèrbo de sètge ou de sèti,	Scrofularia aquatica L.
Seigle,	Sial, Sigal,	Secale cereale L.
— ergoté,	Sial carbounado,	Sclerotium clavus D.C.
Semailles,	Semenalhos.	
— petites,	Semenilhos.	
Semence,	Gràno, Semen.	
—de Concombre,de Courge,de Melon.	Couxou, Coujou.	

FRANÇAIS	PATOIS	LATIN
Semences petites,	Semenilhos.	
Semer, ensemencer,	Semenà.	
Semis,	Semenilhos.	
Senecon,	Sanissou,	Senecio vulgaris L.
Senelle,	Sinèlo.	
Seringat, Serynga,	Xeringla,	Philadelphus coronarius L
Serpolet,	Menudet, Serpoùl,	Thymus serpillum L.
Sétaire verte,	Sourrai,	Setaria viridis P.B.
Panic vert,		(Panicum viride L.)
Séve,	Sabo.	
Silène à calice ren-flé,	Caunìl,	Silene oleracea Bor.
		— puberula Jord.
— d'Italie,	Empeganto, Trapo-	Silene italica Pers.
— penché,	mousco,	— nutans L.
Smilax rude,	Clariège,	Smilax aspera L.
Soleil,	Biro-soulel,	Helianthus annuus L.
Son,	Bren.	
Sorbe, Corme,	Sèrbo.	
Sorbier, Cormier,	Serbiè,	Sorbus domestica L.
— des oiseleurs,	Fraisse-Cour-noulhé,	— aucuparia L.
Souche,	Souco.	
— petite,	Souquet, Souqueto.	
Souchet long ou odorant,	Cebiè, Jounc-cebiè, J. à tres costos,	Cyperus longus L.
Sóuci,	Souci,	Calendula arvensis L.
		— officinalis L.
Spargoute des champs,	Praussèli,	Spergula arvensis L.
Spéculaire miroir,	Perd-toun-tems,	Specularia speculum Al.DC
Spic,	Aspic,	Lavandula spica L.
		— latifolia Vill.
Stramoine,	Endourmidouiro, Hèrbo de las tal-pos, Talpiè,	Datura stramonium L.
Sucre-vert,	Sucre-bert.	
Sureau,	Sauc,	Sambucus nigra L.
Sycomore,	Asaròt,	Acer pseudo-platanus L.

T

FRANÇAIS	PATOIS	LATIN
Tabac,	Tabat,	Nicotiana tabacum L.
— des Vosges,	Broutounicà,	Betonica officinalis L.
Tailler (la vigne, un arbre),	Poudà.	
Tamarisque,	Tamarìs,	Tamarix gallica L.

FRANÇAIS	PATOIS	LATIN
Tan,	Rusco.	
Tanaisie,	Tanarido,	Tanacetum vulgare L.
Terre-noix,	Nissòl,	Bunium bulbocasta-num L. — Conopo-dium denudat. Koch.
Tête d'ail (impropre-ment gousse),	Cabosso d'al.	
— de maïs,	Cabosso de mil, Còco de mil.	
— de pavot,	Cap de pabot, Pabot.	
Thalle ou talle,	Tàno, Gaisso.	
Thaller ou taller,	Tanà, Gaissà.	
Thé,	Tè,	Thea bohea — viridis Stachys recta Chenopodium ambrosioides L. Centaurea montana Sideritis hirsuta
— velu,	Tè bourrut,	Stachys germanica L.
Thym,	Frigoulo,	Thymus vulgaris L.
Tige,	Pè, Cambo.	
— effeuillée de chou, de maïs,	Calòs de caulet, de mil.	
Tilleul,	Tel,	Tilia platyphyllos Sc.
Tournesol,	Biro-soulel,	Helianthus annuus L.
Tourteau de noix,	Nouat, nougat.	
Tranche de pomme tapée,	Coudèrlo.	
Trèfle à folioles étroites	Couo et Cougo-de-rat.	Trifolium angusti-folium L.
— cultivé,	Trèflo,	— sativum Rchb.
— des prés,	Id.	— pratense L.
— incarnat,	Farroux, Fe rouxe,	— incarnatum L.
— rampant,	Trefèl, Entrefèl, Trefiol, Entrefiol,	— repens L.
Treille,	Trilho.	
Tremelle-oreillette,	Aurelheto,	Tremella auricula Huds.
Troëne,	Bouis salbage,	Ligustrum vulgare L.
Trognon,	Calòs, Tanòc.	
Trompe-berger,	Troumpo-pastre.	
Tronc d'arbre,	Pesegòt, Souc.	
Tronçon d'arbre,	Roul.	
Truffe,	Trufo negro,	Tuber cibarium Bull.
Tulipe,	Tulipo,	Tulipa sylvestris L.— Fritillaria pyrenaica L. (F. aquitanica Clus.)
Tussilage,	Pè-pouli, Pè-de-pouli,	Tussilago farfara L.

FRANÇAIS	PATOIS	LATIN

U

Ulmaire,	Hèrbo d'abelho,	Spiræa ulmaria L.
Usnée hérissée,	Moufo d'albre,	Usnæa hirta Hoffm.

V

Valériane dioïque,	Hèrbo de bèrps,	Valeriana dioica L.
— officinale,	Baleriano,	— officinalis L.
Varaire, **Vératre blanc**,	Baraire,	Veratrum album L.
Vergne, Aulne,	Bèrgne,	Alnus glutinosa Gærtn.
Verjus,	Agràs.	
Véronique,	Berounico,	Veronica officinalis L. *et autres espèces*.
— des bois,	Roullà,	— chamædrys L.
Verveine **citronnelle**,	Berbeno, **Limouneto**,	Lippia **citriodora** Kunth.
— sauvage,	Berbeno, Bermeno,	Verbena officinalis L.
Vesce commune,	Besso,	Vicia sativa L.
— velue,	Nouaret, Nougaret,	Cracca minor Riv. (Ervum **hirsutum** L.)
Vesse-loup,	Loufo-de-co,	*Plusieurs* Lycoperdon.
Vigne,	Bigno,	Vitis vinifera L.
— blanche,	Bidalbo,	Clematis vitalba L.
— jeune,	Malhòl.	
Violette,	Bìuleto,	*Plusieurs* Viola.
— blanche,	Bìuleto blanco, Pensado salbajo,	Viola tricolor L.
— d'âne,	Bìuleto d'ase, Prou- benco,	Vinca major L. — minor L.
Violier jaune,	Bìuliè jaune, Flous jaunos,	Cheiranthus cheiri L.
Viorne,	Bidalbo,	Clematis vitalba L.
Vipérine,	Clabelino, Bourra- cho salbajo,	*Plusieurs* Echium.
Vulnéraire des paysans,	Bulnerèro,	Anthyllis vulneraria L. -- Dillenii Schultz.

Y

Yeuse,	Ausì, Euse,	Quercus ilex L.

TABLEAU SYNOPTIQUE

des noms d'espèces botaniques et de leurs équivalents patois et français
contenus dans ce Glossaire

—

A

ESPÈCES BOTANIQUES	PATOIS	FRANÇAIS
Abies excelsa D. C.,	Sapin.	Épicéa, Sapin.
— larix Lamk.,	Sapin,	Mélèze d'Europe, Sapin.
Acanthus mollis L ,	Acanto,	Acanthe, Brancursine.
Acer campestre L.,	Asedur.	Erable commun.
— monspessulanum L.,	Agast,	— de Montpellier.
— pseudo-platanus L.,	Asaròt,	Grand Erable, faux Platane, Sycomore.
Achillæa millefolium L ,	Fenoulheto, Hèrbo de talh, Milotèlhos,	Millefeuille, Herbe à la coupure.
Adianthum capilius-veneris L ,	Capillèro,	Capillaire.
Adonis æstivalis et autumnalis L.,	Jalbert salbage,	Persil sauvage, Adonide.
Æsculus hippocastanum L.,	Marrouniè, Castagno de Fièiral,	Marronnier, Châtaigne de Foirail.
Æthusa cynapium L .	Jalbertasso, Jalbertino,	Grande Ciguë, petite Ciguë
Agaricus albellus Schœff.	Moussairou,	Mousseron.
— asper Fries,	Crusolo missanto,	Agaric fausse crusolo , — rude.
— attenuatus D. C.,	Piboulado,	— des Peupliers, des Saules,
— bulbosus Bull.,	Iranget que empouisouno,	Fausse Oronge.
— cæsareus Scop. (Amanita aurantiaca Bull.).	Iranget, Rouget,	Oronge vraie.
— campestris L.	Boulet, Campairol, Pradelet	Boulet, Boule-de-neige, Agaric comestible, des champs, des prés.
— citrinus Schœf.,	Grapaudin jaune,	Agaric citrin, Crapaudin jaune.
— clypeatus L.,	Brugassoù, San-Miquèl,	Agaric marbré, Saint-Michel.
— colubrinus Bull.,	San-Miquelet,	

ESPÈCES BOTANIQUES	PATOIS	FRANÇAIS
Agaricus cortinellus D C.,	Piboulado,	— des Peupliers, des Saules.
— cylindraceus D. C.,	Id.	id.
— edulis Bull.,	Boulet, Campairol, Pradelet,	Boulet, Boule-de neige, Agaric comestible, des champs, des prés.
— eryngii D. C.,	Bridoulo,	Agaric du Panicaut, Oreille de chardon.
— ilicinus D. C.,	Piboulado d'euse,	— des Chênes,
— melleus Vahl.,	Piboulado,	— des Peupliers, des Saules.
— muscarius L.,	Iranget que empouisouno,	Fausse Oronge.
— ostreatus Jacq.,	Bridoulo,	Agaric en conque, A. du Panicaut.
— pantherinus D. C.,	Grapaudin gris,	Crapaudin gris, Agaric panthérin,
— pectinaceus Bull.,	Crusolo, Moussairou,	Agaric palomet, Mousseron.
— piperatus Bolt. (Ag. giganteus Willd.),	Pebri,	— poivré.
— procerus Scop.,	Brugassoù,San-Miquèl, San-Miquelet,	Agaric marbré, Saint-Michel.
— puella Batsch.,	Grapaudin rous,	Crapaudin roux.
— socialis D. C.,	Piboulado d'euse,	Agaric des Chênes.
— tortilis D. C.,	Moussairou.	Mousseron.
— vaginatus Bull.,	Boutaire,	Agaric engaîné.
— verrucosus Bull.,	Iranget que empouisouno,	Fausse Oronge.
Agrimonia eupatoria L.,	Grimouèno,	Aigremoine.
Agropyrum campestre G G.	Pelhenc,	Agropyre, gazon.
— glaucum Rœm et Sch.	Gram, Agram,	Chiendent.
— junceum P. B.,	Id.	id.
— repens P. B.,	Id.	id.
Agrostemma githago L.,	Anièlo, Agnèlo,	Nielle des champs.
Agrostis canina L.,	Hèrbo fourcadèlo, Pelhenc,	Agrostide des chiens, Herbe fourchue.
Aira cæspitosa L. (Deschampsia cæspitosa P.B.)	Hèrbo de talh.	Herbe qui coupe, Canche touffu.
Allium cepa L.,	Cebo,	Oignon.
— porrum L.,	Porre,	Poireau, Porreau
— oleraceum L.,	Al salbage,Alh salbage,	Ail sauvage,
— polyanthum R. et Sch.,	Id.	id.
— roseum L.,	Id.	id.
— sphærocephalum L.	Id.	id.
— vineale L.,	Id.	id.

ESPÈCES BOTANIQUES	PATOIS	FRANÇAIS
Allium sativum L.	Al, Alh,	Ail cultivé.
Alnus glutinosa Gærtn.,	Bèrgne,	Aulne commun, Vergne
Althæa officinalis L.,	Malbo blanco, Maubìs,	Guimauve.
— rosea D. C.,	Passo-roso,	Passe-rose, Rose tré- mière.
Amaranthus blitum L ,	Blet,	Amaranthe blette.
— caudatus L.,	Mèco-de-piot,	Amaranthe, Crète-de- coq.
Amelanchier vul- garis Mœnch.,	Malenkiè, Amalenkiè, Amalenco,	Amélanchier, Amélan- che.
Amygdalus communis L.,	Amelliè, Amèllo,	Amandier, Amande.
— persica L.,	Pessiè, Pèssio,	Pêcher, Pêche.
Anagallis arvensis L.,	Mourreloù,	Mouron des champs.
Anagyris fœtida L.,	Pudis,	Bois puant.
Angelica sylvestris, *var.* elatior Wahlenb.,	Angelico.	Angélique sauvage.
Anthriscus cerefolium H offm.,	Cerful, Surfun,	Cerfeuil cultivé.
— sylvestris Hoffm.,	Jalbertasso, Jalbertino, Cerful salbage,	Grande Ciguë, petite Ciguë, Cerfeuil sauva- ge, Anthrisque sauv.
Anthyllis Dillenii Schultz,	Bulnerèro,	Vulnéraire des pay- sans.
— vulneraria L.,	Id.	
Antirrhinum majus L ,	Gulo de-lioun,	Muflier, Mufle-de-veau.
Aphyllanthes monspeli- ensis L.,	Bragalou,	Aphyllanthe de Mont- pellier
Apium graveolens L.,	Api.	Céleri.
Aquilegia vulgaris L.,	Campanetos,	Ancolie, Églantine.
Arbutus unedo L.,	Arboussiè, Arbousso,	Arbousier, Arbouse.
Aristolochia longa L.,	Fautèrno, Fautèrlo,	Aristoloche longue.
— rotunda L.,	Id. id.	— ronde.
Arnica montana L..	Arnicà, Hèrbo de be- touèno,	Arnique, Bétoine des montagnes, Herbe de bétoine
Artemisia absinthium L.,	Giusses, Xiusses,	Absinthe.
— dracunculus L.,	Estragoun,	Estragon.
— vulgaris L.,	Cinto-de-San-Jan, Hèrbo de San-Jan,	Armoise.
Arum italicum Mill..	Glauxòl, Glaujòl,	Gouet, Pied-de-veau.
Arundo donax L..	Carabeno,	Canne de Provence, Roseau.
Asparagus (*plusieurs*).	Espargue, Esparguièiro,	Asperge, Mère des As- perges.
Asphodelus albus Willd..	Aledo, Taledo.	Asphodèle, Bâton royal.
Aster chinensis L.,	Rèino-Margarido.	Reine-Marguerite.
Astragalus hamosus L.,	Crocs.	Astragale en hameçon.

ESPÈCES BOTANIQUES	PATOIS	FRANÇAIS
Avena barbata L.,	Cibado couioulo,	Folle avoine.
— fatua Brot.,	Id	id.
— brevis Roth.,	Cibado,	Avoine cultivée.
— orientalis Schb.,	Id.	id.
— sativa L.,	Id.	id

B

Ballota fœtida Lamk.,	Marrible negre,	Marrube noir, Ballote fétide.
Balsamina hortensis L.,	Balsamì,	Balsamine.
Barbarea patula Fries,	Gras-capou,	Herbe de Ste-Barbe.
Bellis perennis L.,	Margarideto,	Petite Marguerite, Pâquerette.
Beta vulgaris L., *var.* cycla L.,	Bledo, Hèrboulat,	Petite Blette, Poirée.
— *var.* rapacea Koch.,	Bledorabo,	Betterave.
Betonica officinalis L.,	Broutounicà,	Bétoine, Tabac des Vosges.
Biscutella lævigata L.,	Hèrbo pinèlo,	Lunettière.
Boletus edulis Bull.,	Cep, Mol,	Bolet comestible, Cep, Mou,
— æreus Bull.,	Cep,	Bolet bronzé, Cep.
Borrago officinalis L.,	Bourracho,	Bourrache.
Brassica napus L., *var.* esculenta.	Nap,	Navet..
— oleracea L.,	Caulet,	Chou.
— — botrytis Mill.,	Caulet-flòri,	Chou fleur.
— — capitata Hort.,	Coulet capùs, poumat,	Chou cabus ou pommé.
— — rubra Hort.,	Caulet rouxe,	Chou rouge.
— — sabellica Hort.,	Caulet milanes,	Chou de Milan ou frisé.
— rapa L., *var.* esculenta,	Caulet-rabo, Rabo,	Rave, Chou-rave.
Briza media L.,	Amoureto, Hèrbo d'amour, Hèrbo tramblanto, Hèrbo à cimboul ou cimbour,	Amourette, Herbe d'amour, Brize tremblante.
— minor L,,	Hèrbo de cìmes,	Herbe aux punaises, Brize petite.
Bromus arvensis L. (Serrafalcus arvensis Godr.)	Espangassat,	Brôme des champs.
Bromus maximus Desf.,	Espado,	Brôme très-grand.
— rubens L.,	Pelhenc,	Brôme rouge.
— sterilis L.,	Espado, Trauco-sac.	Brôme stérile.
— tectorum L.,	Trauco-sac,	Brôme des toits.
Bryonia dioica Jacq.,	Couxèiro, Tuquiè,	Bryone, Courge sauvage.

ESPÈCES BOTANIQUES	PATOIS	FRANÇAIS
Bunium bulbocastanum L.,	Nissòl,	Terre-noix, Bunion.
Buplevrum fruticosum L.,	Lengo-de-cat,	Buplèvre frutescent.
Buxus sempervirens L ,	Bouis,	Buis.

C

ESPÈCES BOTANIQUES	PATOIS	FRANÇAIS
Calamintha clinopodium Benth..	Basèli salbage,	Clinopode commun Basilic sauvage
Calendula arvensis L.,	Soucl.	Souci des champs.
— officinalis L.,	—	— des jardins.
Calluna vulgaris Salisb.,	Brug, Brugo,	Bruyère commune.
Caltha palustris L. ,	Ardiol, Pairouleto,	Populage des marais.
Campanula pyramidalis L.,	Piramidalo,	Pyramidale.
— rapunculus L..	Aripounxoù, Aripoun-choù,	Campanule raiponce.
Camphorosma monspeliaca L.,	Camforàta,	Camphrée de Montpellier.
Cannabis sativa L.,	Canbe, Canaboù,	Chanvre. Chènevis.
Capparis spinosa L.	Capriè, Taperiè, Capro, Tapero,	Càprier, Càpre.
Capsicum annuum L. ,	Pebrino,	Poivron. Piment
Carex pallescens L.,	Hèrbo de coutèlo,	Herbe à couteau. Laiche pâle
Carlina cynara Pourr.,	Oco, Lòco,	Carline artichaut.
— vulgaris L.,	Cardounilho.	Carline commune.
Carpinus betulus L ,	Calpre,	Charme commun.
Castanea vulgaris Lamk.,	Castan, Castagno,	Châtaignier, Châtaigne.
Caucalis daucoides. L.,	Goussets,	Caucalide daucoïde.
Centaurea calcitrapa L..	Auriolo, Calcatreplo	Chardon étoilé, Chausse-trape.
— collina L..,	Caboussudo,	Centaurée des collines.
— caynus L.,	Bluet,	— bleuet.
— montana L.,	Tè,	— de montagne, Thé.
— nigrescens Willd.,	Peto-roussi.	— noirâtre.
— solstitialis L.,	Auriolo,	— du solstice.
Cerastium brachipetalum Desf , et viscosum L.	Mourelou salbage,	Mouron sauvage. — d'alouette.
Cerasus avium D. C.	Calprùs, Cerièis salbage,	Merisier, Cerisier sauvage.
— duracina D. C.,	Bigarrèu,	Bigarreau.
— mahaleb D. C.,	Calprùs,	Bois de Sainte-Lucie.
Ceratonia siliqua L.,	Courroupiè , Courroùpio	Caroubier, Caroube.

ESPÈCES BOTANIQUES	PATOIS	FRANÇAIS
Cercis siliquastrum L.,	Blasiniè,	Gaînier, Arbre de Jud.
Cheiranthus cheiri L.,	Biuliè jaune, Ginou-flado. Flous jaunos,	Giroflée-Violier, Violier jaune.
Chelidonium majus L..	Salarànio, Sarigònio,	Chélidoine, Éclaire.
Chenopodium album L.,	Farinèlo,	Ansérine blanche.
— vulvaria L.,	—	— fétide.
— ambrosioides L..	Tè,	— odorante, Thé.
Chondrilla juncea L.,	Aganèl, A. de camp,	Chondrille jonciforme.
Cicer arietinum L.,	Cese. Pese becut,	Pois chiche, P. pointu.
Cichorium endivia L.,	Endebio,	Endive.
— Var. latifolia,	Escarolo,	Escarolle.
— Var. angustifolia,	Endebieto,	Petite Endive.
— intybus L.,	Chicourèio, Xicourèo,	Chicorée sauvage.
Cirsium arvense Scop.,	Caussido.	Cirse des champs, Chardon hémorrhoïdal.
— eriophorum Scop.,	Cardou d'ase,	Cirse à tête laineuse, Chardon aux ânes.
Cistus albidus L.,	Mouxo blanco,	Ciste cotonneux.
— monspeliensis L.,	Mouxo negro,	Ciste de Montpellier.
Citrus aurantium Ris..	Irangè. Irange,	Oranger, Orange.
— bigaradia Ris..	Irange amargant, Cinouès,	Orange amère, Chinois.
— limonium Ris.,	Citrouniè, Limouniè,	Limonier, Citronnier.
Clavaria flava Schæff.,	Bouxibarbo, Bouchibarbo,	Barbe-de-chèvre, Clavaire
— coralloides L. amethystina Bull.,	Id.	id.
Clematis vitalba L.,	Bidalbo,	Clématite, Vigne blanble, Viorne.
— flammula L.,	Biradèlo,	Clématite odorante.
Conopodium denudatum Koch.,	Nissòl,	Bunion. Terre–noix
Convallaria majalis L.,	Muet, Muguet,	Muguet sauvage.
Convolvulus arvensis L.,	Courrejolo,	Liseron des champs.
— sepium L.,	Courrejolo,	Liseron des haies.
Coriaria myrtifolia L.,	Redou, Roudou,	Redoul.
Cornus mas L..	Cournoulhè,	Cornouiller mâle.
— sanguinea L.,	Sanguì,	Cornouiller sanguin.
Coronilla scorpioidesKoch.	Canitorto,	Coronille queue-de-scorpion.
Corvisartia helenium Mér. (Inula helenium L.),	Luno-campàno,	Aunée, Inule campane.
Corylus avellana L.,	Abelaniè, Abelano,	Avelinier, Coudrier, Noisetier, Aveline.
Cracca minor Riv. (Ervum hirsutum L.),	Nouaret, Nougaret,	Vesce velue.

ESPÈCES BOTANIQUES	PATOIS	FRANÇAIS
Cratægus monogyna Jacq.	Albrespì, Aubrespì, Bouissou,	Aubépine, Buisson.
— oxyacantha L.,	Id.	id. id.
Crocus sativus L.,	Safrà, Safrò,	Safran cultivé.
Cucumis colocynthis L.,	Colokinto,	Coloquinte.
— melo L.,	Melou,	Melon.
— sativus L.,	Coucoumbre, Cournissoun,	Concombre, Cornichon.
Cucurbita lagenaria L.,	Gourdo, Tuco,	Courge calebasse.
— maxima D. C.,	Couxo, Coujo.	Courge, Potiron
— pepo D. C.,	Couxo melouno,	Citrouille.
Cupularia viscosa God. Gr.,	Alibardo,	Cupulaire.
Cupressus sempervirens L,	Ciprié, Ciprissiè,	Cyprès.
Cuscuta trifolii Bab., Gip.,	Xancre, Chancre,	Cuscute.
Cydonia vulgaris Pers.,	Coudouniè, Coudoun,	Coignassier, Coing.
Cynara cardunculus L. Var. sativus L.,	Càrdo, Càrdou,	Carde, Cardon cultivé ou d'Espagne.
— Var. sylvestris L.,	Cardouno, Flou per enflourà,	Artichaut cardou, Chardonnette.
— scolymus L.,	Artixaut, Archichaut,	Artichaut cultivé.
Cynodon dactylon Pers.,	Gram, Agram,	Chiendent.
Cynoglossum officinale L.,	Lengo-de-co, Goussets,	Cynoglosse officinale.
— pictum Ait.,	Id.	— à fleurs bleues.
Cynosurus echinatus L.,	Moufeto,	Crételle hérissée.
Cyperus longus L.,	Cebiè, Jounc cebiè, Jounc à tres costos,	Souchet long ou odorant. Jonc à lier, Jonc à trois côtés.

D

Daphne gnidium L.,	Trentanèl,	Garou, Sainbois.
— laureola L.,	Lauriolo,	Lauréole.
Datura stramonium L.,	Endourmidouiro, Hèrbo de ias talpos, Talpiè,	Endormie, Stramoine, Pomme épineuse.
Daucus carotta L.,	Carroto,	Carotte.
Delphinum Ajacis L.,	Pè-de-iauseto,	Dauphinelle.
Deschampsia cæspitosa P. B.,	Coutelino, Hèrbo de taih,	Canche touffu, Herbe qui coupe.
Dianthus (plusieurs),	Massouquet,	OEillet.
— caryophyllus L,	Ulhet rouge,	OEillet rouge.
Digitalis purpurea L.,	Campànos, Bràgos-de-coucut,	Digitale, Gants-de-Notre-Dame.
Dipsacus fullonum Mill.,	Cardoù de fouloun,	Cardère, Chardon à foulon.
Drosera rotundifolia L.,	Talbero, Tarbero,	Rossolis.

ESPÈCES BOTANIQUES	PATOIS	FRANÇAIS

E

ESPÈCES BOTANIQUES	PATOIS	FRANÇAIS
Ecballium elaterium Rich.,	Coucoumbre d'ase ou salbage,	Concombre sauvage, Momordique.
Echium (*plusieurs*),	Bourracho salbajo, Clabelino,	Bourrache sauvage, Vipérine.
Elæagnus angustifolius L.,	Mìrro,	Chalef.
Epilobium (*plusieurs*),	Douceto d'aigo.	Doucette d'eau, Epilobe.
Equisetum arvense L ,	Escuret, Escureto, Cassaudo	Prêle des champs, Queue-de-cheval.
— hyemale L.,	Id.	Prêle d'hiver.
— ramosum Schl.,	Pìnto,	— rameuse.
Erica arborea L.,	Brug, Brugo,	Bruyère.
— scoparia L..	Id.	— à balai.
— cinerea L ,	Brugo salbajo,	— cendrée, sauv.
Eriophorum angustifolium Roth., *et* latifolium Hop ,	Coutou,	Linaigrette, Herbe au coton.
Eruca sativa Lamk. (Brassica eruca L.),	Rouqueto,	Roquette.
Ervilia sativa Link. (Ervum erviliaL.),	Esses,	Ervilier cultivé, Ers
Eryngium campestre L.,	Hèrbo-roullan, Paniscaut,	Chardon roulant. Panicaut
Erysimum alliaria L.,	Rumat,	Alliaire.
Erythræa centaurium Pers.,	Hèrbo de santurèo, Santurèo,	Erythrée centaurée. Petite Centaurée.
Erythronium dens-canis L..	Caniden,	Erythrone dent-de-chien.
Eupatorium cannabinum L.	Capoù,	Eupatoire
Euphorbia characias L ,	Laxusclo, Lantrèso,	Euphorbe des vallons.
— lathyris L.,	Catapusso,	— épurge.
— segetalis L.,	Lantrèso, Lantresou,	— des moissons.
Euphrasia officinalis L	Urfrèso,	Euphraise , Casse-lunettes.
— nemorosa Pers.,	Id.	

F

ESPÈCES BOTANIQUES	PATOIS	FRANÇAIS
Fagus sylvatica L..	Fau,	Hètre, Fayard.
Fœniculum vulgare Gœ.,	Fenoùl,	Fenouil commun.
Ferula asa-fœtida Lamk.,	Mèrdo-dal-diables,	Ase fétide.
Ficaria ranunculoides Mœnch ,	Poumpoun-d'or,	Bouton-d'or, Ficaire.

ESPÈCES BOTANIQUES	PATOIS	FRANÇAIS
Ficus carica L.,	Figuiè, Fihè, Fiheiro, Figo,	Figuier, Figue.
Fragaria (*plusieurs*),	Fresiè, Maxouflè, Frèso, Maxoufo,	Fraisier, Fraise.
Fraxinus excelsior L.,	Fraisse,	Frène commun
Fritillaria pyrenaica L. (F. aquitanica Clus.),	Tulipo.	Fritillaire, Tulipc, Damier.
Fumaria (*plusieurs*),	Fumotèrro,	Fumeterre.

G

Galeopsis angustifolia Ehrh.,	Courcoumal salbage,	Galéope à feuilles étroites.
— dubia Leers,	Cremal,	Galéope douteux.
— tetrahit L..	Courcoumal, Cremal,	Galéope tétrahit.
Galium aparine L.,	Hèrbo apeganto, Reboulo,	Grateron.
— verum L.,	Hèrbo d'abelho, Hèrbo de mèl,	Caille-lait jaune, Gaillet vrai.
Genista anglica L.,	Trèpe,	Genèt d'Angleterre.
— cinerea D. C.,	Pudis,	Bois puant.
— pilosa L.,	Arnigo,	Genèt à fleurs velues.
— scorpius D. C .	Arjalàs,	Genèt épineux.
Gentiana lutea L.,	Giussano,	Gentiane.
Geranium *et* Pelargonium (*plusieurs*),	Rosonion, Gulhetos, Agulhetos,	Géranion, Aiguillettes.
Geranium lucidum L.,	Malbo roujo,	Géranion luisant.
Gigartina helminthocorton Lamk.,	Mitocourdoun, Moufo de mar,	Mousse de Corse. Mousse de mer.
Gladiolus segetum Gawl.,	Coutèlo, Lengo, Lauiòl,	Glaïeul.
Glycyrrhiza glabra L.,	Regalùssio.	Réglisse.
Gypsophila vaccaria Sibth. et Sm..,	Caunil salbage.	Gypsophile des vaches.

H

Hæmatoxylon campechianum L..	Campet, Bouès de campet,	Campèche. Bois de Campèche.
Hedera helix L.,	Lèuno,	Lierre commun.
Hedysarum coronar^m L..	Esparcet,	Sainfoin (vrai).
Heleocharis palust' R. B.	Bàlco,	Jonc des marais.
Helianthus annuus L.,	Biro-soulel.	Soleil, Tournesol.
Helichrysum stœchas D.C ,	Catàrri, Hèrbo de catàrri,	Hélichryse, Herbe au catarrhe, Immortelle.
— serotinum Boiss.,	Immourtèlo.	

ESPÈCES BOTANIQUES	PATOIS	FRANÇAIS
Heliotropium europæum L.,	Liotrop,	Héliotrope d'Europe.
— peruvianum L.,	Liotrop,	Héliotrope du Pérou.
Helleborus fœtidus L.,	Marsiure, Massigoùl,	Hellebore fétide, Pied-de-griffon.
— viridis L.,	Baraire, Varaire,	— vert.
Helosciadium nodiflorum Koch.,	Api salbage,	Berle nodiflore. Céleri sauvage.
Helvella mitra L ,	Bounet-de-capelà,	Helvelle en mitre.
Heracleum Lecokii G. G.,	Pastenago,	Berce de Lecoq.
Herniaria glabra L.,	Hèrbo de mascloù, Hèr-	Herniaire.
— hisurta L.,	bo de matriço,	Turquette.
Hibiscus syriacus L.,	Altea,	Althéa, Ketmie de Syrie
Hieracium murorum L.,	Hèrbo dal fexo, dal pau-moù,	Epervière à feuilles tachées, Pulmonaire, Herbe du foie.
Hordeum distichon L.,	Paumoulo.	Paumèle, Orge à deux rangs.
— hexasticon L.,	Ordi,	Orge, Escourgeon.
— vulgare L.,	id.	Orge commune.
Humulus lupulus L.,	Oubloun,	Houblon.
Hyacinthus orientalis L.,	Muct, Muguet, Jacinto,	Muguet cultivé, Jacinthe d'Orient.
Hyosciamus (tous les),	Carelhado, Hèrbo care-lhado, Esquiloùs.	Jusquiame, Clochettes.
Hypericum perforatum L ,	Trescalan,	Millepertuis.
Hypochœris radicata L.,	Pèl-de-grapaut,	Porcelle, Peau-de-crapaud.
Hyssopus officinalis L.,	Isop,	Hyssope.

I

Iberis garrexiana All.,	Talaspic,	Ibéride des jardins. Taraspic.
— umbellata L ,	id.	raspic.
— pinnata Gouan,	Mauno-Margarido, Lan-soulado,	Ibéride pinnatifide.
Ilex aquifolium L.,	Grifoul,	Houx commun
Inula britannica L.,	Hèrbo d'esperoù, Lim-bardo,	Aunée de Bretagne.
Iris germanica L.,	Coutèlos, Lìrgo,	Iris d'Allemagne, Flambe.
— pseudo-acorus L.,	Lìrgo.	Iris jaune.

J

Espèces botaniques	Patois	Français
Jasminum fruticans L.,	Jaussemì salbage,	Jasmin sauvage.
— officinale L.,	Jaussemì,	Jasmin.
Juglans regia L.,	Nouiè, Nouo, Nougo,	Noyer, Noix.
Juncus acutus L.,	Jounc pounxut,	Jonc pointu.
— bufonius L ,	Jounc petit,	Jonc des crapauds.
— conglomeratus L.,	Jounc en cabosso,	Jonc à tête.
— lamprocarpus Ehrh (J. articulatus L.),	Jounc nousat,	Jonc noué.
— squarrosus L.,	Duret,	Jonc rude
Juniperus communis L.,	Genibre.	Genévrier, Genièvre
— oxycedrus L.,	Cade,	Cade, (Genévrier oxycèdre.
— phœnicea L.,	Sabino,	Genévrier de Phénicie.

L

Espèces botaniques	Patois	Français
Lactuca capitata Hort. P.,	Laxugart, Lachugart.	Laitue pommée.
— perennis L.,	Couscourilho.	Laitue vivace.
— sativa L.,	Laxugo, Lachugo.	Laitue des jardins.
— sylvestris Lamk.,	— salbajo,	— sauvage.
Lamium album L.,	Flou d'ourtigo,	Ortie blanche, Fleur d'ortie, Lamier.
Lappa minor D. C ,	Gafarot. Lapparasso,	Bardane, Herbe aux teigneux.
Lathyrus aphaca L ,	Miralholo,	Gesse sans feuilles.
— cicera L.,	Gairouto,	Gesse-chiche.
— latifolius L.,	Besso d'ase,	Gesse des bois.
— odorata L.,	Pese senteire.	Gesse odorante, Pois de senteur.
— pratensis L ,	Esparcet salbage,	Gesse des prés.
— sativus L.,	Géisso,	Gesse commune, Pois carré.
Laurus nobilis L.,	Lauriè-sauço, Rampan,	Laurier-sauce.
Lavandula spica L.,	Aspic, Estamoùs,	Lavande en épi, Spic.
— latifolia Vill.,	id. id.	id.
Lens esculenta Mœnch.,	Dentilho,	Lentille.
— Var. subsphærosperma Godr.,	Mendìl,	Lentillon.
Lepidium draba L.,	Boujo,	Passerage drave.

ESPÈCES BOTANIQUES	PATOIS	FRANÇAIS
Lepidium graminifolium L.,	Nanitor salbage,	Nasitort sauvage, petite Passerage.
— sativum L.,	Nanitor,	Nasitort, Passerage cultivée.
Leucanthemum (*plusieurs*)	Margarido, Grando Margarido,	Grande Marguerite Leucanthème.
Ligustrum vulgare L.,	Bouis salbage,	Troëne commun
Lilium candidum L.,	Lìri,	Lis blanc.
— Martagon L.,	Lìri salbage,	Lis martagon.
Linaria striata D. C ,	Hèrbo de la fairo, Palistre,	Linaire rayée.
Linum usitatissimum L.,	Li,	Lin cultivé.
— narbonense L.,	Li salbage,	Lin de Narbonne. Lin sauvage.
Lippia citriodora Kunth.,	Berbeno, Limouneto,	Verveine, Citronnelle.
Lithospermum officinale L.,	Hèrbo de las pèrlos,	Herbe aux perles, Grémil officinal.
Lolium perenne L.,	Amargàl,	Ivraie vivace.
— temulentum L.,	Gèl, Irago,	— enivrante.
Lonicera etrusca Cant.,	Couteto, Pantocousto,	Chèvrefeuille.
— periclymenum L.,	Couteto, Lìo-rènde,	Chèvrefeuille des bois.
Luzula pilosa Willd., (Juncus pilosus L.,)	Jounc pelut,	Luzule velue ou printanière, Jonc poilu.
Luzula sylvatica Gaud., (Juncus pilosus Vill.),	Jounc pelut, Liros,	Jonc poilu, Luzule des bois.
Lycoperdon (*plusieurs*),	Loufo-de-co,	Vesse-loup.
Lycopus europæus L.,	Canbe salbage,	Lycope d'Europe. Chanvre sauvage, d'eau.
Lythrum salicaria L.,	Mèco-de-piot,	Salicaire.

M

Malus acerba Mérat,	Poumiè salbage,	Pommier sauvage.
— communis Poi. *et ses* *variétés*,	Poumiè, Poumo,	Pommier cultivé, Pomme.
Malva (*plusieurs*),	Malbo,	Mauve.
Marrubium vulgare L.,	Marrible,	Marrube blanc.
Medicago minima L.,	Goussetous,	Luzerne petite.
— sativa L.,	Lausèrdo,	Luzerne cultivée.
— falcato-sativa Rch.,	Lausèrdo salbajo,	Luzerne sauvage.
Melissa officinalis L.,	Citrounèlo, Hèrbo d'abelho,	Citronnelle, Mélisse.
Melittis melissophyllum L.,	Citrounèlo salbajo,	Melitte, Citronnelle sauvage.

ESPÈCES BOTANIQUES	PATOIS	FRANÇAIS
Mentha gentilis L.,	Baume,	Baume des jardins.
-- piperita *et* sativa L.,	Mento.	Menthe cultivée.
— sylvestris L., *et au-*	Mentastre, Mento sal-	Menthe sauvage.
tres espèces,	bajo. Mento de mort,	
Mercurialis annua L.,	Mourtairòl.	Mercuriale annuelle.
Mespilus germanica L..	Nispouliè, Nispoulo.	Néflier, Néfle.
Mirtus communis L .	Mirto,	Myrte.
Montia rivularis Gmel.,	Mourreloù,	Mouron.
Morchella esculenta L ,	Mourilho,	Morille.
Morus alba *et* nigra L.,	Amouriè, Amouro,	Mûrier, Mûre.
Mucor mucedo L. *et autres*	Flouriduro, Mousiduro,	Moisissure.
genres,		
Muscari comosum L.,	Pourril, Pourrigàl.	Poireau sauvage, Vaciet
— neglectum Guss ,	Capèlà, Rasins de coulobro,	Muscari, Prêtre

N

Narcissus jonquilla L.,	Jounquilho.	Narcisse jonquille.
Narcissus pseudo-narcis-	Coucudo,	Narcisse des prés, Fleur
sus L.,		de coucou.
Nardus stricta L.,	Gresos, Pèl–de-co,	Nard raide.
Narthecium ossifragum H..	Coutelino petito,	Narthécie, Abama.
Nasturtium officin. R. Br..	Crussoun, Creissilhous,	Cresson
Nepeta cataria L.,	Catàrri,	Cataire commune.
Nerium oleander L ,	Lauriè-roso.	Laurier-rose.
Nicotiana tabacum L..	Tabat.	Tabac, Nicotiane.

O

Ocimum basilicum L..	Basèli, Alfasego,	Basilic
	Alfabrego.	
Olea europæa L..	Ouliu, Oulibo.	Olivier, Olive.
Onobrychis sativa L..	Esparcet.	Esparcette cultivée.
		Sainfoin (faux).
Ononis procurrens Wallr.,	Agaboussès, Agarous,	Arrête-bœuf, Bugrane .
Ophrys apifera Huds.,	Abelho, Aucèl-pico-	Abeille, Oiseau-qui-bec-
	l'abelho,	quète-l'abeille.
Orchis maculata L.,	Doumaisèlos.	Orchis taché
— ustulata L.,	Cap-negro,	Orchis brûlé, Tête-noire
Origanum majorana L..	Majourano,	Marjolaine cultivée.
— vulgare L ,	Majourano salbajo,	— sauvage, Origan.
Ornithogalum narbonense	Pourril blanc.	Ornithogale de Nar-
L.,		bonne.
Ornithopus compressus L.,	Penaucèl, Pè-d'aucèl.	Pied-d'oiseau.

ESPÈCES BOTANIQUES	PATOIS	FRANÇAIS
Orobanche rapum Thuil., *et autres espéces,*	Pa-de-lèbre,	Pain-de-lièvre, Orobanche.
Osyris alba L.,	Balajous,	Rouvet blanc.

P

ESPÈCES BOTANIQUES	PATOIS	FRANÇAIS
Pæonia peregrina Mill.,	Penolho,	Pivoine.
Panicum crus-galli L.,	Sarrais-panissiè,	Millet ou Panis pied-de-coq
— miliaceum L.,	Mil menud, Panis.	Petit millet.
— sanguinale L..	Sarrais,	Millet ou Panis sanguin
— viride L.,	Sourrai,	Panic vert, Setaire.
Papaver rhæas L.,	Rousèlo,	Coquelicot.
— argemone L.,	id.	id.
— dubium L.,	id.	id.
— hybridum L.,	id.	id.
— somniferum L.,	Pabot, Cap de Pabot,	Pavot, Tête de Pavot.
Parietaria diffusa M. *et* K.	Hèrbo lihèiro, Hèrbo	Pariétaire.
— erecta M. *et* K.,	paretalho, ou de paret,	
Passiflora cœrulea L ,	Hèrbo de la Passìu,	Fleur de la Passion, Grenadille.
Pastinaca sativa L.,	Panèu,	Panais.
Pedicularis sylvatica L.,	Juco-lait,	Pédiculaire des bois.
Petroselinum sativum H.,	Jalbert,	Persil.
Phaseolus vulgaris L. *et ses variétés,*	Mounjeto,	Haricot.
Philadelphus coronar. L.,	Xeringla,	Seringat, Serynga,
Phlomis herba-venti L.,	Hèrbo batudo,	Phlomide piquant. Herbe du vent.
— lychnitis L.,	Salbio salbajo,	Phlomide à f. de Sauge.
Picridium vulgare Desf.,	Toural ienco,	Picridie commune.
Pimpinella anisum L.,	Anìs. Fenoul d'anis,	Anis.
Pinus (*plusieurs*),	Pin,	Pin.
— pinea L.,	Pignè, Pigno,	Pin pignon, Cône de Pin
Piper nigrum L.,	Pebre.	Poivre noir.
Pistacia terebinthus L.,	Pudìs,	Bois puant.
Pisum arvense L.,	Pese salbage,	Pois sauvage.
— sativum L.,	Pese,	Pois cultivé.
Plantago carinata Schrad.,	Hèrbo de fìc,	Plantain caréné.
— intermedia Gilib.	Plantage,	Plantain.
— lanceolata L.,	id. Hèrbo de talh, de cinq costos,	id. Herbe à la coupure.
— major L.	Plantage,	Grand Plantain.

ESPECES BOTANIQUES	PATOIS	FRANÇAIS
Platanus orientalis L.,	Plataniè, Platano,	Platane
— occidentalis L.,	Id. id.	Id.
Plumbago europæa L.,	Hèrbo de la rougno, Matucel, Catifèl.	Dentelaire d'Europe.
Polygonatum vulgare Desf.	Hèrbo de la roumpu-duro.	Sceau-de-Salomon.
Polygonum convolvulus L.,	Courrejolo,	Renouée liseron.
— aviculare L.,	Hèrbo nousado,	Renouée des oiseaux.
— fagopyrum L.,	Blat negre,	Blé noir, Sarrasin.
— tataricum L.,	Id.	Id.
— hydropiper L,	Hèrbo de piuse blanco,	Persicaire brûlante, Poivre d'eau.
— persicaria L,	Hèrbo de piuse,	Persicaire commune.
Polypodium vulgare L.,	Alencados,	Polypode de chêne.
Polypogon monspeliense Desf.	Pelhenc,	Gazon, Foin.
Polyporus igniarius Fries,	Esco, Amadou,	Amadouvier, Amadou.
— fomentarius Fries,	Id.	Id.
— frondosus Fries,	Endebieto,	Polypore touffu
Polystichum filix mas Roth.,	Falièiro de crabo, Falièiro salbajo,	Fougère de chèvre, mâle ou sauvage.
Polytrichum piliferum Sch.	Moufo negro,	Mousse noire, Polytric.
Populus (plusieurs),	Pìboul,	Peuplier.
Portulaca oleracea L.,	Bourdoulaigo.	Pourpier commun.
Primula officinalis Jacq.,	Bragos-de-coucut, Coucudos, Printanièiros,	Fleur de coucou, Primevère.
Prismatocarpus speculum L'Hérit.,	Pèrd-toun-tems.	Prismatocarpe, Spéculaire, Miroir-de-Vénus
Prunus armeniaca L.,	Auricoutiè, Auricot,	Abricotier, Abricot.
— avium L. (var. du),	Cerièis, Cerièiro,	Cerisier, Cerise.
— avium L. (Cerasus avium D. C.),	Calprùs.	Merisier.
— cerasus L.,	Aguiniè, Aguino.	Cerisier aigre, Guignier.
— domestica L.,	Pruniè, Pruno.	Prunier cultivé, Prune.
— mahaleb L,	Calprùs,	Cerisier mahaleb, Bois. de Ste-Lucie.
— padus L.,	Pudis,	Bois puant, Merisier à grappes.
— lauro-cerasus L.,	Lauriè-crèmo,	Laurier-crème, Laurier-amande.
— spinosa L,	Agruneliè, Agrunèl, Aubrespi, Bouissoù, Pruniè salbage,	Aubépine, Buisson, Prunellier, Prunier sauvage.
Psoralea bituminosa L.,	Caramèlo,	Psoralier bitumineux
— plumosa Rchb.,	Id.	P. plumeux, Trèfle od-
Pteris aquilina L.,	Falièiro.	Fougère commune.

ESPÈCES BOTANIQUES	PATOIS	FRANÇAIS
Pulmonaria tuberosa Sch.	Hèrbo dal fexe, Hèrbo dal paumou,	Pulmonaire.
Punica granatum L.,	Milgraniè, Milgrano,	Grenadier, Grenade.
Pyrus amygdaliformis Vill. et communis L..	Peroutiè, Periè salbage,	Poirier sauvage.
— communis L. et ses variétés.	Periè, Pero,	Poirier cultivé, Poire.
— malus L. et acerba D.C.,	Poumiè salbage,	Pommier sauvage.

Q

Quercus coccifera L.,	Garroulho,	Chêne-kermès.
— ilex L.,	Ausi, Euze, Ausino,	Chêne-vert, Yeuse.
— pedunculata Ehrh.,	Garric, Xaine, Chaine,	Chêne blanc.
— pubescens Willd.,	Id.	Id.
— sessiliflora Smith.,	Id.	Id.
— suber L.,	Siure,	Liége, Chêne-liége.

R

Racodium cellare Pers.,	Moufo de barrico,	Mousse de barrique.
Ranunculus acer L.,	Pato-de-loup, Poum-poun-d'or, Louti-paudos,	Patte-de-loup. Bouton-d'or, Renoncule.
— flammula L.,	Tarbero, Talbero,	Renoncule flammette
— repens L..	Crèbo-biòu, Fresiè salbage,	— rampante.
Raphanus landra Moretti.,	Rabe salbage, Rous-sergue,	Radis sauvage.
— raphanistrum L.,		
— sativus L., var. ra-diculata D. C.,	Rabe, Rafe,	Radis cultivé. Id.
Rapistrum rugosum All.,	Rabuscle,	Rapistre rugueux.
Reseda odorata L.,	Resera,	Réséda odorant.
— lutea et phyteuma L.	Resera salbage,	Réséda sauvage.
— luteola L.,	Gaudo,	Gaude
Rhagadiolus stellatus DC	Pato-de-passerat,	Rhagadiole comestible.
Rhamnus alaternus L,	Aladèr,	Alaterne.
Rhinanthus (plusieurs),	Tartaliège, Tartariège,	Crête-de-coq.
Ribes alpinum L.,	Grouselhè salbage,	Groseillier sauvage ou des Alpes.
— nigrum L.,	Cassis,	Groseillier noir, Cassis
— rubrum L.,	Grouselhè, Grosèlho,	Groseillier, Groseille.
Robinia pseudo-Acacia L.,	Acacia,	Acacia, Robinier faux Acacia.

ESPÈCES BOTANIQUES	PATOIS	FRANÇAIS
Rosa centifolia L. — R. damascena Willd, *etc.*,	Rousiè, Roso.	Rosier cultivé, Rose.
Rosa (*plusieurs*),	Batotiouliè, Garrabiè, Ratotiouliè, Rousiè salbage, Roso muscadèlo,	Cynorrhodon, Églantier Eglantine. Rosier sauvage, Rose musquée.
Rosmarinus officinalis L.,	Roumanì,	Romarin.
Rubus (*plusieurs*).	Bartàs, Roume, Roume de camp,	Ronce.
— idæus L.,	Amourèu, Frambouèsiè Flambouèso,	Framboisier, Framboise.
Rumex acetosa L.,	Agreto,	Oseille.
— acetosella L.,	Binagrèlo.	Oseille de brebis, petite.
— (*plusieurs, tous à saveur non acide*),	Lengo-de-biòu, Paciènço. Rousenabro.	Patience officinale. P. commune.
Ruscus aculeatus L.,	Bresegoù.	Fragon piquant, Petit houx.
Ruta graveolens L..	Rudo.	Rue fétide.
— angustifolia Pers.,	id.	— à feuilles étroites.

S

ESPÈCES BOTANIQUES	PATOIS	FRANÇAIS
Salix alba L.,	Amarino, Bim, Bedisso, Bourdièiro, Saleces, Sause,	Osier. Oseraie, Saule. Scion de saule.
— vitellina L.,		
— viminalis L.,		
— babylonica L.,	Plouraire, Sause plouraire,	Saule pleureur.
— purpurea L. *et autres espèces*,	Bourdièiro,	Bordure, Saule.
Salvia officinalis L.,	Salbio.	Sauge officinale.
- pratensis L ,	Bèni-me-quèrre-que-te-guerirèi.	Sauge des prés.
Sambucus ebulus L.,	Èusses, Èules, Èbles,	Sureau hièble.
— nigra L.,	Saüc,	Sureau noir.
Santolina chamœcyparissus L.,	Ambròsi,	Santoline, Garde-Robe.
Saponaria officinalis L.,	Sabouneto, Herbo-Sabou	Saponaire.
Sarothamnus purgans Godr.	Pudìs, Reguèrg,	Genèt purgatif, Bois puant.
— vulgaris Wimmer.,	Ginèst.	Genèt commun.
Scandix pecten-Veneris L.,	Aguihou.	Aiguille-de-berger, Piegne-de-Vénus.
Scirpus lacustris L.,	Balco.	Scirpe des étangs.
— sylvaticus L ,	Palinàsses.	Scirpe des bois.
— triqueter L.,	Triangle.	Scirpe triquètre ou des rivages.

ESPÈCES BOTANIQUES	PATOIS	FRANÇAIS
Sclerotium clavus D. C.,	Sial carbounado,	Ergot de seigle, Seigle ergoté.
Scolopendrium officinale S,	Escalapandro,	Scolopendre.
Scolymus hispanicus L.,	Cardousses,	Scolyme d'Espagne.
Scorzonera hispanica L.,	Escoursounèlo, Raci-	Scorzonère, Racines.
var. latifolia Koch ,	nos,	
— humilis L.,	Aganèl de sagno,	Scorzonère des marais, basse. d'Allemagne.
Scrofularia aquatica L.,	Hèrbo de sètge ou de sèti.	Scrofulaire aquatique
Secale cereale L.,	Sial, Sigàl,	Seigle.
Sedum (plusieurs à feuil-	Rasins de sèrp,	Orpins, Raisins de ser-
les cylindriques),		pent.
— fabaria Koch.,	Hèrbo de Nostro-Damo,	Orpin reprise.
— maximum Sut.,	Id.	Id.
— telephium L.,	Id.	Id.
Sempervivum tectorum L ,	Cussòudo.	Joubarbe
Senecio vulgaris L.,	Sanissou,	Séneçon.
Serrafalcus arvensis Godr.	Espangassat,	Brôme des champs.
Setaria italica P. B.	Mil menud, Panìs,	Petit millet.
— viridis P B.	Sourrai.	Sétaire verte, Panic
Sideritis hirsuta L.,	Tè,	Thé.
Silene italica Pers.	Empeganto, Tra-	Silène d'Italie.
— nutans L.,	po-mousco.	— penchée.
— oleracea Bor.	Caunìl,	— à calice renflé.
— puberula Jord.,	Id.	Id
Smilax aspera L ,	Clariège, Clarièxe,	Smilax rude.
Solanum dulcamara L.,	Belperiè, Douçamèro,	Douce-amère.
— lycopersicum L.,	Toumato,	Pomme d'amour, To-mate.
— melongena L.,	Aubergino, Biètdase,	Aubergine, Mélongène.
— nigrum L ,	Maurèlo, Hèrbo mau-rèlo,	Morelle noire.
— tuberosum L ,	Trufo, Patano,	Pomme de terre.
Sonchus asper Vill.	Laxairou, Lachichou,	Laiteron commun.
— oleraceus L.	Laitissou,	Id.
— tenerrimus L.,	Id	Id.
Sorbus aria Crantz,	Albiè, Alblo,	Alisier, Alise.
— aucuparia L ,	Fraisse-Cournoulhè,	Sorbier des oiseleurs, Frêne-Cornouiller.
— domestica L.,	Serbiè, Sèrbo,	Cormier, Sorbier, Sorbe.
— torminalis Crantz,	Pudìs,	Bois puant, Alisier des bois.
Spartium junceum L.,	Ginèsto,	Genêt jonciforme ou d'Espagne.

ESPÈCES BOTANIQUES	PATOIS	FRANÇAIS
Specularia speculum Al. D C.,	Pèrd-toun-tems,	Spéculaire , Prismato-carpe, Miroir-de-Vénus
Spergula arvensis L.,	Prausséli,	Spargoute des champs
Spinacia inermis *et* spinosa Mœnch.,	Espinart,	Epinard.
Spiræa ulmaria L.,	Hèrbo d'abelho,	Reine des prés, Ulmaire
Stachys germanica L.,	Tè bourrut.	Thé velu. Epiaire d'Allemagne.
— recta L.,	Tè,	Thé, Epiaire dressée
Stellaria media Vill.,	Mourrelou,	Mouron des oiseaux.
— uliginosa Murr.,	Id.	Stellaire morgeline.
Sticta pulmonacea Ach.,	Moufo de garric,	Pulmonaire de chêne.
Strychnos nux vomica L.,	Coudèrlo,	Noix vomique.
Symphitum tuberosum L.,	Empes.	Consoude.

T

ESPÈCES BOTANIQUES	PATOIS	FRANÇAIS
Tamarix gallica L.,	Tamaris,	Tamarisque.
Tanacetum balsamita L.,	Cost,	Menthe-coq.
— vulgare L.,	Tanarido,	Tanaisie.
Taraxacum officinale Wig.,	Xicourèio, Mal-d'èls. etc .	Pissenlit.
Teucrium aureum Schreb.	Genepi,	Germandrée dorée.
— chamædris L.,	Hèrbo de garroulho,	Petit-Chêne.
— scorodonia L.,	Hèrbo d'abelho,	Germandrée des bois
Thea bohea *et* viridis L.,	Tè.	Thé.
Thymus serpillum L.,	Sèrpoûl. Menudet.	Serpolet.
— vulgaris L.,	Frigoulo,	Thym commun.
Tilia platyphyllos Scop.,	Tel,	Tilleul.
Tragopogon porrifolium L.,	Sarsifi, Racinos,	Salsifis cultivé, Racines.
— pratense L.,	Bouxibarbo, Bouchi-barbo.	Barbe-de-bouc, Salsifis des prés.
Tremella auricula Huds.,	Aurelheto,	Tremelle oreillette.
Trifolium angustifolium L.,	Couo. Cougo-de-rat.	Trèfle à feuil. étroites, Queue-de-rat.
— incarnatum L.,	Farroux, Fe rouxe,	Farouch, Trèfle incarnat.
— pratense L.	Trèflo,	Trèfle des prés. Trèfle cultivé.
— sativum Rchb.,	Id.	
— repens L.,	Trefèl, Entrefèl, Treliol, Entrefiol.	Trèfle rampant.
Trigonella fœnum græcum L.,	Sinegrè, Senegrè,	Fenugrec. Saine graine.
Triticum vulgare Vill.,	Blat, Blad, Froumen, Fourmen,	Blé, Froment.
— *Var.* æstivum L.,	Seroudo, Bladeto,	Blé de mars, Blé d'été.

ESPÈCES BOTANIQUES	PATOIS	FRANÇAIS
Triticum vulgare, *var.* hibernum L.,	Tousélo,	Froment d'hiver.
Tropœolum majus L.,	Capucino,	Capucine.
Tuber cibarium Bull.,	Trufo negro,	Truffe.
Tussilago farfara L.,	Pè-pouli, Pè-de-pouli,	Tussilage.
Typha latifolia L.,	Boso,	Masse d'eau, Massette
— angustifolia L.,	Id.	Roseau des étangs.

U

Ulmus campestris Smith.,	Oulmo, Ourme, Oumat.	Orme, Ormeau.
Umbilicus pendulinus DC,	Couparèlo,	Nombril-de-Vénus.
Uredo carbo D.C.,	Carboù.	Nielle des blés, Charbon.
Urtica urens L.	Ourtigo,	Ortie brûlante.
— dioica L,	Id.	— dioïque.
Usnea hirta Hoffm.,	Moufo d'albro.	Usnée hérissée.
Ustilago segetum Cord ,	Carbou ,	Charbon, Nielle des blés

V

Vaccinium myrtillus L.,	Aires,	Airelle, Myrtile.
Valeriana dioica L.,	Hèrbo de bèrps,	Valériane dioïque.
Valeriana officinalis L.,	Baleriano,	Valériane officinale.
Valerianella (*plusieurs*),	Douceto,	Doucette, Mâche.
Veratrum album L.,	Baraire, Varaire,	Ellébore blanc, Vératre.
— sabadilla Retz.,	Cibadeto, Cibadìl,	Cévadille.
Verbascum (*plusieurs*).	Brisan,	Bouillon blanc, Molène.
Verbena officinalis L.,	Berbeno, Bermeno,	Verveine sauvage.
Veronica anagallis L..	Laxugo d'aigo,	Laitue d'eau, Véronique comestible.
— beccabunga L.,	Id.	
— chamædrys L.,	Roullà,	Véronique des bois.
— officinalis L.*et autres*	Berounico,	Véronique.
Vicia faba L.,	Fabo,	Fève.
— sativa L.,	Besso,	Vesce commune.
Vinca major L.,	Biuleto d'ase, Proubenco,	Pervenche, Violette d'âne.
— minor L.,		
Viola odorata L. *etc.*,	Biuleto,	Violette.
— tricolor L.,	Biuleto blanco, Pensado salbajo,	Pensée sauvage, Violette blanche.
— — *et ses variétés.*	Pensado,	Pensée cultivée.
Viscum album L.	Besc, Besc de poumié, Hèrbo de besc,	Glu, Gui commun ou de chène.
Vitis vinifera L.,	Bigno, Malhòl,	Vigne, jeune Vigne.

ESPÈCES BOTANIQUES	PATOIS	FRANÇAIS

X

Xanthium macrocarpon D. C., *et* spinosum L.,	Aubergino salbajo, Gafaròt,	Aubergine sauvage, Lampourde.

Z

Zea mais L ,	Mil,	Maïs, Millet.
Zizyphus vulgaris Lamk.	Jousibiè, Jousibo, Jujùo,	Jujubier, Jujube.
Zostera marina L.,	Moufo de mar.	Mousse de mer ou d'emballage.

UNO BELHADO D'IBÈR

ou

LOU PRINTEMS AL PÈ DAL FIOC

Qu'un baume per lou nas! qu'un regal per la bisto!
De tous bijous, printems, cal pourriò fa la listo?
PEYROT.

Cadun soun goust:
En decembre as cafès, as cafès en agoust,
   A b'autres la gourrino
As trabals de l'esprit bous fa bira l'esquino,
   E ieu, ma panto es de rima.
Aro, la carto as dets, siès à beure, à fuma ;
Lous pès sus caufouiès ou dins la calibado,
Pla'spatat, coumo'n rei ieu passi ma belhado,
Ma pensado courris sans brido, ni licol,
Coumo'no fado qu'es me carrejo anount bol ;
Moun cor s'alaugèiris de la peno que rairo,
Lou bounur me demaco e moun amo s'ennairo,
Soùsqui besiadomen jusquos à mièjo-nèit,
Qu'es tems, ou jamai nou, d'ana s'ensourra'l lèit.
   Aro que la tèrro es jalado,

UNE VEILLÉE D'HIVER

ou

LE PRINTEMPS AUPRÉS DU FEU

Quel baume pour le nez ! quelle jouissance pour la vue !
De tes bijoux, printemps, qui pourrait faire l'énumération ?
PEYROT.

Chacun son goût :
En décembre aux cafés, aux cafés en août,
A vous autres la paresse
Aux travaux de l'esprit vous fait tourner le dos,
Et moi, mon grand plaisir est de rimer.
Maintenant, les cartes aux mains, vous êtes à boire, à fumer,
Les pieds sur les chenêts ou dans la cendre chaude,
Les jambes étendues, comme un roi, moi, je passe ma veillée.
Ma pensée court sans frein,
Comme une fée qu'elle est, elle me transporte là ou elle veut.
Mon cœur s'allége de la peine qui s'enfuit.
Le bonheur adoucit mes meurtrissures et mon âme s'élève :
Je songe douillettement jusqu'à minuit,
L'heure à laquelle il faut, oui ou non, aller s'enfoncer dans le lit,
Maintenant que la terre est si glacée

Que semblo'no closco pelado,
Que las nius mascàrou lou cèl,
Que s'arruco lou paure aucèl ;
Aro deforo es la mal'ouro,
Lou ben fa de soun fol e la sisampo plouro ;
Re que de ie pensa tremòli ! Aqueste souèr
Fa, Dìus me salbe ! un tems de desespouèr ;
E ieu, pla recatat dins ma raubo de crambo,
Prèp dal meu brabe fioc que flambo,
Me bòu faire un poulit printems
Incounegut à fosso gens.

L'ibèr n'a pas fenit sas darnièiros espèrros,
Que la planto premargo asarto de flouri [1] ;
Espèço de pèl-foulatì,
L'hèrbo fa berdeja las tèrros.
Gueitas : alà besi lusì
De matos de quicon coulou de canarì.
Acò's de flous ! Amai de las prumièiros,
E pla batisados aumens ;
Sou l'aban-gardo dal printems,
Aqui perque s'appèlou *Printanièiros* [2] :
Aro, adìu lous jours escousens.

B'autros tabe, *Margaridetos* [3],
Siès espelidos ? Tamilhoù ;
Beni, mas jantios amiguetos,
Beni bous faire un pauc l'elhoù.

L'aire es tebes et l'albrariè ramado,
L'aigo es claro coumo'n miral,
L'engragno a desparrat de soun amagatal
E l'aucèl bastis sa nisado.
Dejà tindou pertout las timbalos dal ric,

[1] La Galantine perce-neige, la Nivéole du printemps, la Gagée de Bohème, dont les fleurs apparaissent en février ; la Scille à deux feuilles, l'Érythrone dent-de-chien, qui fleurissent vers la fin du mois de mars.

Qu'elle ressemble à un crâne chauve.

Que les nuages noircissent le ciel,

Que s'abrite le pauvre oiseau :

Maintenant dehors c'est la mauvaise heure :

Le vent fait le furieux et l'ouragan pleure :

Seulement d'y penser je grelotte ! Ce soir

Il fait, Dieu me sauve ! un temps de désespoir :

Et moi. bien calfeutré dans ma robe de chambre,

Près de mon bon feu qui flambe,

Je vais me faire un joli printemps

Inconnu à bien des gens.

L'hiver n'a pas mis fin aux convulsions qui précèdent sa mort,

Que la plante hâtive se hasarde à fleurir :

Espèce de poil follet.

L'herbe fait verdoyer les terres .

Regardez : là je vois briller

Des touffes de quelque chose couleur de canari.

Ce sont des fleurs ! même des premières,

Et bien baptisées au moins :

Elles sont l'avant-garde du printemps.

Voilà pourquoi elles s'appellent *printanières (primevères)* :

Maintenant. adieu les jours cuisants (très-froids .

Vous autres aussi. *Pâquerelles.*

Vous êtes écloses ? Tant mieux :

Je viens, mes gentilles petites amies,

Je viens vous faire un peu les yeux doux.

L'air est tiède et les arbres (sont) feuillés,

L'eau est claire comme un miroir.

La grenouille est sortie de sa cachette

Et l'oiseau construit son nid.

Déjà résonnent partout les cymbales du grillon.

¹ Les Primevères.
² Les Pâquerettes.

La lauseto, en cantan, mounto, se pèr dins l'aire ;
L'iroundèlo, aucèl bouiajaire,
A sapiut [1] atrouba lou teulat soun amic,
E lou bluet guirau-pescaire
Fìulo demest lous bims ount se met à l'abric ;
E dins aquel tems las coulàbios,
Su las turros, se fòu de làbios.
Aicì 'n pople laugè : quantes de parpalhols ! —
Dins lou tems que sas femes poundou,
Ausissi milo roussignols
Que, joust la fèlho, se respoundou.

As enbirouns dal mes de mai
Que tout es fresc ! que tout es gai !
Un amourous per sa mèstresso
Acampariò 'n crane bouquet,
Recoumpensat apèi d'uno douço caresso ;
Mès ieu, fol de las flous, ne bóu faire un paquet
Per ne cabì lous noums al founds de ma cabesso.
Boulès èstre sapiens de ma recreacìu ?
Lou bèrs amme la flou toutarreu se marido :
Lous unes dins l'ibèr, las autros dins l'estìu,
Bèrses et flous se partajou ma bido.
Bèrses et flous, siès ma passìu !
I'a pas enloc de cèl sans nìu,
Mès toujour dins lou meu fasès uno esclarcido.

Cal a pintrat aquel tablèu
E fait las raretats que besi ?
Acò's Dìus soul, — amai ba cresi,
E i'a pas à dire : Belèu.
Demest las fèlhos que berdejou
Toutos las coulous se barrejou :
Besi de flous pu blancos que la nèu,
De toutos roujos, de rougencos,

---

[1] Ce mot, par exception, se prononce *sapiut* et non *sapiout*.

L'alouette, en chantant, monte, se perd dans les airs :
L'hirondelle, oiseau voyageur,
A su retrouver le toit, son ami,
Et le bleu martin-pêcheur
Siffle dans les osiers où il se met à l'abri :
Et dans ce temps-là les culs-blancs,
Sur les mottes, se font des caresses.
Voici un peuple léger : que de papillons ! —
Pendant que leurs femelles font les œufs,
J'entends mille rossignols
Qui, sous la feuillée, se répondent.

Aux environs du mois de mai
Que tout est frais ! que tout est gai !
Un amoureux pour sa maîtresse
Cueillerait un crâne bouquet,
Récompensé ensuite d'une douce caresse ;
Mais moi, fou des fleurs, je vais en faire un paquet
Pour loger leurs noms au fond de mon cerveau.
Voulez-vous savoir quelle est ma récréation ?
Les vers avec les fleurs sans cesse se marient :
Les uns en hiver, les autres en été,
Vers et fleurs se partagent ma vie.
Vers et fleurs, vous êtes ma passion !
Il n'y a nulle part de ciel sans nuage,
Mais toujours dans le mien vous faites une éclaircie.

Qui a peint ce tableau
Et fait les raretés que je vois ?
C'est Dieu seul, même je le crois.
Et il n'y a pas à dire : Peut-être.
Parmi les feuilles qui verdoient
Toutes les couleurs se mêlent :
Je vois des fleurs plus blanches que la neige
De tout à fait rouges, de rougeâtres.

De rosos et de biuletencos :

Ie n'a qu'ennairou 'n froun roussèl,

D'unos de belous se bestissou ;

N'i'a de bluos coumo lou cèl,

Coumo l'argen d'autros lusissou ,

E de l'or dal soulel foss'autros se tapissou;

Lou tres quarts òu de casaquins

Mirgalhats à-n-un pun que semblou d'arlequins

Mès couci lou soulel pot èstre

Un pintre ta famous ? Sigur lou seu pincèl

Es pus adrex que lou de Rafaèl,

Paimens Rafaèl n'èro 'n mèstre !

Couci pot tout al cop pintra de flous en blanc,

D'autros en jaune, en blu. d'autros coulou de sang ?

Dount benou tant de differençøs

Dins las coulous, dins las nuençøs ?

Abucle que sièn ! Mespresan

Lou miracles que Dius fa per nautres cad' an.

Aimi be pla lous camps daurats d'espigos,

Mès bous aimi pla mai, flouretos, mas amigos !

Acò n'es un poulit cop d'èl !

Besi de rocs toutes blus de *Proubencos* [1].

Un pauc mai naut toutes blancs de *Malencos* [2].

La *Penolho* poumpouso enroujo lou trukèl [3].

Demest tantos de flous que lou boun Dius semeno,

Ne rancountri de touto meno;

Coumo tout cè qu'a fait, aici tout es parfèt.

D'unos, espelidos à fèt,

Òu la formo d'un paroplèxo [4] :

[1] Les Pervenches.

[2] Il s'agit ici des fleurs blanches de l'Amelanchier, et non de ses fruits noirs-bleuâtres. connus sous le nom de *malencos*.

[3] La Pivoine voyageuse, à grandes et superbes fleurs rouges, habite les sommets arides et pierreux.

De roses, de presque violettes ;
Il y en a qui lèvent leur front blond :
Les unes de velours s'habillent :
Il y en a de bleues comme le ciel,
Comme l'argent d'autres brillent.
Et de l'or du soleil beaucoup d'autres se revêtent :
Les trois quarts ont des vêtements
Bariolés à tel point qu'elles ressemblent à des arlequins.

Mais comment le soleil peut-il être
Un peintre si fameux ? Certainement son pinceau
Est plus habile que celui de Raphaël :
Cependant Raphaël en était un maitre !
Comment peut-il tout à la fois peindre des fleurs en blanc,
D'autres en jaune, en bleu, d'autres couleur de sang ?
D'où proviennent tant de différences
Dans les couleurs, dans les nuances ?
Aveugles que nous sommes ! Nous méprisons
Le miracle que Dieu fait pour nous chaque année.

J'aime beaucoup, en vérité, les champs dorés d'épis,
Mais je vous aime beaucoup plus, fleurettes, mes amies !
Celui-là en est un joli aspect !
Je vois des rochers tout bleus de *Pervenches*,
Un peu plus haut tout blancs de fleurs d'*Amélanchier* :
La *Pivoine* superbe rougit le sommet (de la montagne).
Parmi tant de fleurs que le bon Dieu sème,
J'en rencontre de toute espèce :
Comme tout ce qu'il a fait, ici tout est parfait.
Les unes, entièrement écloses,
Ont la forme d'un parapluie :

1 Les fleurs des *Ombelliféres*, des *Corymbiféres*. Les feuilles *peltées*,
comme celles de la Capucine, de l'Écuelle-d'eau, des *Couparéos*, Nombril-
de-Vénus, etc. ; beaucoup de Champignons.

l'a de fèlhos en cor [1], loungarudos [2], en flèxo [3],

E, se s'endeben qu'aje set,

Aquestos qu'òu parat la plèxo

Me la mantènou fresco al founds d'un goubelet [4].

De flous, n'i'a que tout n'es !

Prumièiromen l'*Abelho* [5]

Subre sa planto se soulelho ;

L'*aucèl*, pardì, la finto be,

Mès d'aquel, rai, nou risquo re.

Besi la *Mousco* [6], apèi la *Tariagno* bourrudo[7],

Lou *Singe* que me fa sa grimaço pounchudo[8];

Las d'alà que n'òu pas de fortes gargalhols [9],

S'on las frègo, fòu *ziu ziu* coumo las cigalos.

Diriès pas, coumo ieu, que sou de *parpalhols* [10].

Tout'aquelos d'aici qu'espandissou las alos ?

Se n'èrou pas de flous, ai ! couci fusariòu !

L'uno a de *banos* commo'n biòu [11].

Coumo'n *damiè* l'autro es pintrado [12],

l'a de *crestos de poul* [13], de *mourres de budèl* [14];

Quantos dins d'ancro roso òu saussat soun *pincèl* [15],

Ou que d'un *tiro-tap* òu la formo birado [16] !

D'unos, quand òu flourit, se càrgou de *plumets* [17].

[1] Les feuilles *cordiformes*.

[2] Les feuilles *lineaires*.

[3] Les feuilles *sagittées*, comme dans la Sagittaire, le Gouet.

[4] Tels sont plusieurs *Cardoùs,* Cardères ; la grande Gentiane, la Chlore perfoliée, les feuilles supérieures de certains Chèvrefeuilles, et généralement toutes les feuilles *connées*, c'est-à-dire réunies par leur base.

[5] L'*Abelho* ou l'*Aucèl-pico-l'abelho* est l'Ophrys-abeille.

[6] L'Ophrys-mouche.

[7] L'Ophrys-araignée.

[8] L'Orchis-singe.

[9] *Lous Capelas.* Muscari.

[10] Les *Papilionacées* ou *Légumineuses*.

[11] On trouve des appendices en forme de cornes dans les fleurs d'un

Il y a des feuilles en cœur, allongées, en (forme de) flèche,

Et, s'il advient que j'aie soif,

Celles-ci qui ont reçu et conservé la pluie

Me la maintiennent fraiche au fond d'un gobelet.

Des fleurs, tout n'est que fleurs !

Premièrement l'*Abeille*

Sur sa plante s'expose au soleil :

L'*oiseau*, parbleu, la convoite bien.

Mais (de la part) de celui-là, à la bonne heure, elle ne risque rien.

Je vois la *Mouche,* ensuite l'*Araignée* velue,

Le *Singe* qui me fait sa grimace pointue ;

Celles-là, qui n'ont pas de robustes larynx,

Si on les froisse, elles font *ziu, ziu,* comme les cigales.

Ne diriez-vous pas, comme moi, qu'elles sont des *papillons,*

Toutes celles-ci qui étendent leurs ailes ?

Si elles n'étaient pas des fleurs, ah ! comme elles s'envoleraient !

L'une a des *cornes* comme un bœuf,

Comme un *damier* l'autre est peinte :

Il y a des *crêtes de coq*, des *mufles de veau:*

Combien dans l'encre rose ont trempé leur *pinceau.*

Ou qui d'un *tire-bouchon* ont la forme contournée !

Certaines, quand elles ont fleuri, se mettent des *plumets,*

grand nombre d'Euphorbes, ainsi que sur les anthères des fleurs de l *Ar-bousiè,* Arbousier fraisier. Les anthères des *Ericinees* sont souvent bifides à leur base et prolongées en deux sortes de cornes.

[12] Les Fritillaires.

[13] Les Rhinanthes crête-de-coq.

[14] Les Mufliers, et notamment le Muflier à grandes fleurs, mufle de veau; les Liniares.

[15] Les fleurs femelles de la Pimprenelle ont le stigmate *rose* et *en forme de pinceau.*

[16] Les Néotties ou Spiranthes. Le pédoncule des fleurs femelles de la Valiisnérie est roulé en spirale ou tire-bouchon. Le Cyclame d'Europe offre aussi cette singulière disposition, lorsque son fruit approche de la maturité.

[17] Un grand nombre de *Synanthérees* ont les fruits surmontés d'une aigrette qui se déploie à la maturité.

De las autros, al ben, dansou lous *pindoulets* [1].

Ausissi rounfla de *troumpetos* [2],
Brounzina de *cournuts* [3], tinda de *campanetos* [4].
Qu'es aiçò ? de crimes henjats?
Oi ! moun Dius ! quant d'*homes penjats* [5] !
Urousomen sou que de flouses !
Couro tròbi d'*embuts* [6], d'*estèlos* [7], de *soulels* [8];
Couro acampi'n *esclop* [9], de *ròdos* [10] et de *crouses* [11],
Jusquos de plantos qu'òu d'*artels* [12].

Las dal *càscou* sul cap acò sou de guerrièiros [13];
Aici passi'sans crento al mièx de cabalièiros
Que toutos portou d'*esperous* [14].
E besi dal Bauxun brandi lous *esquilous* [15].
Adissiès, jantios courdurièiros [16].
Se pot dire qu'abès de poulides *dedals !*
Lou *Caunil*, prèp de ieu, aluco sous *fanals* [17],
E, dins d'espèços de *capèlos* [18],
Lou *Glaujòl*, per fa fèsto, a quilhat sas *candèlos*.

---

[1] Les Linaigrettes laissent flotter au vent leurs fruits entourés de poils soyeux, très-longs et abondants ; on dirait des glands (*pindoulets*) de couleur blanche.

[2] Les fleurs des Convolvulus, celles surtout du Liseron des haies, sont évasées comme le pavillon d'une trompette.

[3] Les *cornets* des Ancolies, des Hellébores. La spathe de l'*Arum* est aussi roulée en cornet.

[4] Les Campanulés, certaines *Liliacées*, les calices du *Melittis melissophyllum* et autres Labiées sont en forme de cloche.

[5] Les Ophrys hommes-pendus.

[6] Ce sont les fleurs *infundibuliformes* ou en entonnoir; par exemple, un grand nombre de *Borraginées*, plusieurs *Rubiacées*, tous les fleurons des *Synanthérées*.

[7] Les fleurs en étoile, les Phalangères, les Scilles, les Ornithogales, la Chlore perfoliée, etc.

[8] Sont de petits Soleils, pour la couleur et la forme, les nombreuses fleurs *Chicoracées*, jaunes pour la plupart, et dont les demi-fleurons extérieurs sont les rayons; les *Radiées* à fleurs jaunes, dont les fleurons forment le disque et les demi-fleurons les rayons.

Des autres, au vent, se balancent les *glands*.

J'entends retentir des *trompettes*,

Résonner des *cornets*, tinter des *clochettes*.

Qu'est ceci? Des crimes vengés?

Oh! mon Dieu! que d'*hommes pendus!*

Heureusement ils ne sont que des fleurs !

Tantôt je trouve des *entonnoirs*, des *étoiles*, des *soleils:*

Tantôt je ramasse un *sabot*, des *roues* et des *croix*.

Même des plantes qui ont des *orteils*.

Celles à *casque* sur la tête, ce sont des guerrières :

Ici je passe sans crainte au milieu d'écuyeres

Qui toutes portent des *éperons*,

Et je vois de la Folie secouer les *grelots*.

Adieu, gentilles couturières,

Il peut se dire que vous avez de jolis *dés*.

Le *Silène renflé*, près de moi, allume ses *fanaux*.

Et, dans des espéces de *chapelles*,

Le *Gouet*, pour faire fête, a dressé ses *chandelles*.

---

9 Le Sabot-de-Vénus.

10 Les fleurs en roue ou Rotacées : les Prismatocarpes, les Lysimachies, les *Anagallis*, les Molènes, les jolies petites Véroniques bleues, la plupart des *Solanum*, etc.

11 La nombreuse famille des *Crucifères*, dont les fleurs se composent de 4 pétales en croix; les corolles des Caille-lait, etc.; les anthères de certaines *Labiées*.

12 Tous les Orchis à tubercules palmés.

13 Au nombre des plantes dont les fleurs sont *en casque* se trouvent les Aconits, les *Orchidées*.

14 La Capucine, les Dauphinelles, les Limodores, les Linaires, les Orchis, les Violettes, etc., ont les fleurs munies d'éperons.

15 Les Bruyères, les Arbousiers, les Muscaris, etc., ont les fleurs en forme de grelots.

16 Les Digitales notamment la magnifique Digitale pourprée.

17 Le Silène à calice renflé.

18 Le Gouet d'Italie dresse dans ses spathes *(capelos)* ses spadices *(candelos)* jaunâtres.

A qun douna lou près d'aquestes dous ribals ?
    L'*Aledo* [1] e lou *Lìri salbage* [2]
En bèutat, à mous èls, sou toutes dous egals.
    En esperan que gràne lou *Plantage* [3]
      Lous aucelous fòu soun ramage,
        E m'es abis que l'*Aganèl* [4]
    Es à fial drex amme la *Couscourilho* [5].
Cal pas s'en estouna ; sou cousìs. Sul ramèl
      Se balanço, danso, bresilho.
      Uno affispado *cardounilho ;*
      Es panadouno ! Oi ! gàro se me bei !
      Es courounado coumo'n rei,
E sa courouno d'or es uno *Courounilho* [6].

      E bautros, pèrlos de las flous,
      Abès lou cor de l'amourous
      Amai sa càro risouleto,
      Que toujour badàs la *bouqueto*,
Toujour prèstos que siès a bous fa de poutous [7].

      Tout arreu dal plantun s'ennairo
Un mescladìs micut d'olgos qu'òu bouno flairo,
Lou nas, de lou miffa, l'atrobo à soun agrat
Et l'enboio al paumou, que n'es rebiscoulat.

Qun plase d'escouta lou pople bresilhaire !
Es pas ieu que dirèi : « Lou campèstre es desèrt. »
Dabant Dìus, qu'ausis tout, tout se fa musicaire,
Canto, tindo, brounzino et formo 'n grand councèrt.

---

[1] L'Asphodèle ou Bâton royal.

[2] Le Lis Martagon.

[3] Tous les Plantains. Les oiseaux granivores sont très-friands de leurs fruits.

[4] La Chondrille cililée. Des cultivateurs, des jardiniers même, m'ont affirmé que cette plante ne portait jamais de fleurs. Quelle erreur !

[5] La Laitue vivace. La *Couscourilho* et l'*Aganèl* sont deux plantes de la même tribu, deux *Chicoracées* qui, presque toujours, on le sait, font partie de la même salade.

Auquel de ces deux rivaux donner le prix?

L'*Asphodèle* et le *Lis sauvage* (*Lis martagon*)

En beauté, à mes yeux, sont tous deux égaux.

En attendant que graine le *Plantain*,

Les oiseaux font leur ramage,

Et m'est avis que la *Chondrille*

Est à fil droit (en bons termes) avec la *Laitue vivace*.

Il ne faut pas s'en étonner ; ils sont cousins. Sur un rameau

Se balance, danse, gazouille,

Un alerte *chardonneret :*

Il est convoitable ! ah ! gare s'il me voit !

Il est couronné comme un roi,

Et sa couronne d'or est une *Coronille*.

Et vous autres, perles des fleurs,

Vous avez le cœur de l'amoureux

Et son visage souriant.

Puisque toujours vous ouvrez votre *petite bouche*,

Toujours prêtes que vous êtes à vous faire des baisers.

Sans cesse des plantes s'élève

Un mélange bien nourri de senteurs qui embaument :

Le nez, en l'aspirant, le trouve à sa convenance

Et l'envoie au poumon, qui est revivifié.

Quel plaisir d'écouter le peuple gazouillant !

Ce n'est pas moi qui dirai : « La campagne est déserte. »

Devant Dieu, qui entend tout, tout se fait musicien.

Chante, tinte, résonne et forme un grand concert.

⁶ Coronille émerus. Les Coronilles ont des fleurs d'un jaune d'or au nombre de six, douze et jusqu'à vingt, disposées très-régulièrement en couronne ; de là leur nom de *Coronille* ou petite couronne.

⁷ Ce sont les plantes dont les fleurs ont deux lèvres bien distinctes : l'une supérieure, l'autre inférieure. Leur ensemble forme la nombreuse et odorante famille des *Labiées*.

Cé que mai me fa gaux acò sou las merbèlhos
Ount tròbi de countun poulit subre poulit;
Tout, dins las mendros flous e dins las mendros fèlhos,
M'es lou regal das èls e l'apais de l'esprit.

L'home a fosso estrumens, outisses e machinos :
— « Es ieu, s'ou dis, es ieu que lous èi enbentats. »
— « N'as pas enbentat re; dins las obros dibinos
» As troubat lous patrous e lous as coupiats [1]. »

E soui dabant lou fioc? Jèsus ! s'uno belugo
M'abiò pas resclitat su la ma trop paurugo,
   Soui soulide que moun *printems*
   Auriò durat encaro mai de tems.
Qual a, milhou que ieu, passat l'après-soupado ?
Anas, n'èi pas languit, l'èi pas bisto passa.
   De mous trabals de la journado
   Aital me sàbi delassa.
   Es mièjo-nèit, lou som me gagno:
   Fòu mous adius à la campagno,
M'en bòu, countent, urous, m'espatà dins lou lèit
E droumi coumo'n sourt lou restant de la nèit.

Melchior BARTHÈS.

13 *Janbiè* 1859

---

[1] L'exagération ne saurait détruire ce qu'il y a de vrai dans ces deux vers.

Ce qui le plus me fait de joie, ce sont les merveilles
Où je trouve continuellement beau sur beau :
Tout, dans les moindres fleurs et dans les moindres feuilles,
M'est la jouissance des yeux et l'apaisement de l'esprit.

L'homme a beaucoup d'instruments, d'outils et de machines :
— « C'est moi, dit-il, c'est moi qui les ai inventés. »
— « Tu n'as rien inventé, dans les œuvres divines
» Tu as trouvé les modèles et tu les as copiés. »

Et je suis devant le feu ? Jésus ! Si une étincelle
N'avait pas rejailli sur ma main trop peureuse.
Je suis sûr que mon *printemps*
Aurait duré encore plus longtemps.
Qui, mieux que moi, a passé l'après-soupée ?
Allez, je ne me suis pas ennuyé. — je ne l'ai pas vue passer.
De mes travaux de la journée
Ainsi je sais me délasser.
Il est minuit, le sommeil s'empare de moi :
Je fais mes adieux à la campagne.
Je m'en vais, content, heureux, m'étendre tout de mon long dans
{le lit
Et dormir comme un sourd le reste de la nuit.

13 janvier 1859.

ERRATA

Page 24, *ligne* 30 *au lieu de :* ou   *lisez :* òu
—	31	—	11	—	pour les mieux	— pour mieux se les
—	32	—	13	—	cabalus	— caballus
—	40	—	15	—	commun	— commune
—	61	—	21	—	blauk	— blank
—	74	—	13	—	kosten	— kesten
—	101	—	31	—	VIII	— Vill.
—	105	—	34	—	pet	— petit
—	106	—	33	—	*grosselus.*	— *grossulus*
—	107	—	21	—	du	— en
—	112	—	1	—	*Cinaria.*	— *Linaria*
—	121	—	37	—	*ἰσμἀη*	— *ἰάσμη*
—	132	—	17	—	*Enulo*	— *Eluno*
—	224	—	23	—	arvense	— arvensis
—	233	—	31	—	caynus	— cyanus
—	240	—	20	—	cant	— santi
—	251	—	21	—	siglacée	— glacée

TABLE DES MATIÈRES

MONTPELLIER

IMPRIMERIE GÉNÉRALE DU MIDI. — RICATTE, HAMELIN

www.ingramcontent.com/pod-product-compliance
Ingram Content Group UK Ltd.
Pitfield, Milton Keynes, MK11 3LW, UK
UKHW020238180726
13839UKWH00001B/46